需水管理

Water Demand Management

〔英〕大卫·巴特勒　法耶兹·阿里·麦蒙 著

王建华　王明娜　徐文新　肖玉泉 等译

科学出版社

北京

图字：01-2010-0658

内 容 简 介

20 世纪 60 年代以来，人口爆炸式增长和社会发展致使人类社会对水资源的需求急剧增加，造成全球性的"水资源危机"。世界大部分地区，特别是干旱地区，水的供应正面临严重压力。为缓解缺水危机，必须实行需水管理，通过有效控制耗水量来延缓或减少新的水源开发。本书以英国为例，从社会、技术和法律层面全面讲解需水管理中涉及的主要问题，并推而及之，介绍了发展中国家面临的主要水问题及解决之道。

本书既可作为水资源规划和水资源管理相关的科研工作者、工程技术人员、管理人员工作中的参考书，也可作为高等学校相关专业研究生的教材。

图书在版编目 (CIP) 数据

需水管理／（英）巴特勒（Buitler, D.），（英）麦蒙（Memon, F. A.）著；王建华等译．—北京：科学出版社，2011
Water Demand Management
ISBN 978-7-03-029622-1

Ⅰ. 需⋯ Ⅱ. ①巴⋯ ②麦⋯ ③王⋯ Ⅲ. 需水量–水资源管理–研究–世界
Ⅳ. TU991. 31

中国版本图书馆 CIP 数据核字（2010）第 225103 号

责任编辑：李 敏 王 倩／责任校对：刘小梅
责任印制：徐晓晨／封面设计：王 浩

科 学 出 版 社 出版
北京东黄城根北街 16 号
邮政编码：100717
http://www.sciencep.com

北京京华虎彩印刷有限公司 印刷
科学出版社发行 各地新华书店经销

*

2011 年 1 月第 一 版 开本：B5（720×1000）
2017 年 4 月第二次印刷 印张：18 1/2
字数：350 000
定价：**168. 00 元**
（如有印装质量问题，我社负责调换）

中译本序

近年来，在承担中国工程院有关我国水资源的咨询工作中，逐步认识到：我国正面临水环境退化的危机。不少地方由于水质污染和水资源过度开发，造成水质恶化、地下水位下降、河湖干涸、湿地消失。这种水环境退化的趋势如果不及时扭转，将威胁到我国水资源的可持续利用。因此提出：水利工作必须转变发展方式，从以开发水资源为重点转变为以管理水资源为重点，进入一个加强水资源管理、全面建设节水防污型社会的新时期。要以提高用水效率和效益、保护水环境为目标，从传统的以供水管理为主转向以需水管理为基础，将水利工作提升到一个新的水平。但长期以来，我国水科学技术主要面向防洪减灾和水资源的开发利用，有关需水管理的知识体系尚未建立，亟须在研究国内外有关经验的基础上，逐步建立和发展。

20世纪80年代以来，国外就开始注重通过需水管理来解决水资源的供需平衡，一些发达国家深入开展了需水管理的实践探索。本书介绍了英国在雨水利用、中水回用、用水器具节水、降低管网漏损，以及节水法规、公众参与等方面的知识和做法，不仅在微观用水效率最大化和减少损耗量等方面提供了有益的经验，而且在政策制度和经济分析等方面进行了深入探讨。本书包括学术界、公共管理部门、行业网络等在内的多主体视角的编写方式，也拓展了受众的范围。

借鉴国际先进经验是知识创新的重要途径之一。我相信，本书的翻译出版，对于我国需水管理知识体系的构建和需水管理的实践，都将发挥积极的作用。

特为之序。

鹏飞英

2010 年 12 月 27 日

译者的话

随着经济社会的不断发展，有限的水资源可利用量与不断增长的用水需求之间的矛盾日益突出，缺水地区尤为明显。水资源供给与需求的矛盾在发达国家和发展中国家普遍存在，针对这一问题有两种典型的解决途径：一是针对"供水端"，即通过开源来满足用水需求；二是针对"需水端"，即通过有效控制耗水量来延缓或者减少新的水源开发。为了最大限度地减轻新建工程带来的影响（如新建水库或者实施区域内调水方案），社会组织、行政机构和政府部门都承担着很大的压力，因此需水管理的重点应该放在对现存水资源量的最大程度利用上。

本书从社会、技术和法律层面，以专业、批判性的视角对需水管理进行了文献综述，旨在为读者提供一个全面、概括性的印象，本书讲解的深度和覆盖的广度在此领域研究中是独一无二的。鉴于中国水资源分布时空不均匀性，北方地区缺水和南方地区水资源污染严重的现状，国家提出新时期治水新思路，其中在水资源管理方面要实现从供水管理向需水管理转变，通过建设节水型社会实现水资源可持续利用。基于这一背景和实践需求，我们着手翻译本书，就是为了学习国际上在需水管理方面的先进经验，推进中国需水管理的实践进程。

为此，在国家自然科学基金重点项目"社会水循环系统演化机制与过程模拟研究"（项目编号：40830637）、国家自然科学基金创新群体项目"流域水循环模拟与调控"（51021006）、水利部重点项目"从供水管理向需水管理转变及其对策研究"以及"十一五"国家科技支撑计划重大课题"南水北调水资源综合配置关键技术研究"（项目编号：2006BAB04A16）的支持下，我们开展了社会水循环和需水管理方面的研究。本书作为项目研究的重要基础性工作，对英国变化环境下水资源的合理利用和节水情况做了全面阐述，同时对发展中国家需水管理中存在的问题做了深入剖析。全书共分13章。第1章：用水趋势和需水预测技术，简要介绍家庭用水模式、用水趋势变化的驱动因素及当前使用的需水预测方法，由王建华、徐卫红、刘永攀译；第2章：雨水集蓄系统的技术、设计与应用，讲解小规模的雨水集蓄系统的技术、设计与应用，主要介绍居民收集并利用自家屋顶的雨水，由王明娜、张俊娥、肖玉泉译；第3章：了解生活灰水处理，介绍了中水处理技术、中水的特征及其风险评估，由肖玉泉、吕彩霞、刘永攀译；第4章：节水产品，总结了当前的主要节水产品，如洗衣机和冲水马桶的设计和发展及管网优化技术，由王建华、彭辉、刘永攀译；第5章：节水和排水系统，从经济、环境和社会三个方面介绍了水资源的高效利用，由李玮、秦韬译；第6章：水系统的生命周期与回弹效应简介，介绍生命周期及回弹效应的概念，以及其在节水产品和供水系统中的应用，由王建华、贺华翔、徐文新译；第7章：配水管网中的水损失管理策略研究，探讨了跑漏水的形成原因及主要处理对策，由张诚、王明娜、刘永攀译；第8章：发展中国家的需求管理，以南非、亚洲的一些国家为例，对发展中国家的供水现状、存在主要问题、需水管理的重要性做了阐述，并从制度建设和公众意识的提高等方面提出成功实施需水管理的解决之道，由徐文新、朱启林和陈强译；第9章：英国节水和再生水利用的驱动力和障碍，从政府机构、地方部门、水务公司、咨询顾问、开发商、教育研究界、制造业、用水户的不同角度提出了节水和再生水利用的驱动力和主要阻碍，由于赢东、王明娜译，第10章：需水管理经济学分析，通过经济学的评估方法，对需水管理的措施和项目的成本效益进行定量的鉴定和评估，由肖玉泉、桑学锋和苟思译；第11章：英格兰与威尔士高效用水法津法规，回顾了强有力的监管体制在水务私有化的过程中是怎样保障公众利益不受损害的，并探讨了法津法规如何作用于供水链的各个环节，由葛怀凤、王明娜和王建华译；第12章：消费者对节水政策的反应，从英国用水现状入手，介绍了一些与节水政策制定相关的新理论及人们对用水政策的反应，主要对象为家庭生活用水，由郭迎新、徐文新和王建华译；第13章：需水管理的决策支持工具，讨论节水和需水管理相关领域的决策支持软件工具，由丁冉、王明娜和徐文新译。全书由王建华、王明娜、徐文新、肖玉泉统稿并校核。

当然，水的问题十分复杂，水资源科学管理是一个不断发展、不断完善的过程。希望本书的出版对提高中国水资源科学管理、加强节约用水、缓解供用水矛盾能够起到借鉴和参考作用。由于译者水平有限，书中不足之处在所难免，欢迎广大读者批评指正。

译　者

2010 年 10 月

序

全球城市需水的共同特征是用水需求的无情增长性，及未来几十年中可预见的持续增加趋势。其主要影响因素是人口增长、人口向城市迁移、生活方式改变、人口结构变化和气候变化。气候变化的具体影响尚不清楚，而且它受城市所处地理位置的制约，但它必将增加供水安全的不确定性。由于混合了社会经济的快速发展、城市化蔓延和一些地区生活水平的提高等因素，水问题更为复杂。

不言而喻，以现有的水资源量满足日益增长的用水需求是一场艰苦卓绝的斗争，这在用水紧张地区或缺水地区尤为突出。在水资源问题上，发达国家与发展中国家是平等的。通常有两种典型应对措施：在"供水端"，通过开发新的资源来满足日益增长的需求；或在"需水端"，通过控制消耗性需求来延缓或避免开发新的资源。来自社会公众、监管机构和一些政府部门的压力都要求尽量减少新的供水工程（如新建水库、区域间调水等）带来的影响，这表明我们应将重点转移到需水管理上来，最大限度地利用好现有的水资源量。

英国在解决未来用水需求方面做出了巨大的努力，需水管理已成为政府可持续发展政策的一个重要组成部分，该项工作的重心是控制跑漏水和实现用水效率最大化。开发、研究和实施一种环境可持续的、技术可行的、经济能承受的、社会可接受的解决用水方法从未如此迫切过。

本书由来自于学术界、政府部门和行业网络共同组成的节水小组编写。英国工程物理科学和工程研究理事会为本小组和相关小组的工作由提供了为期三年的资助，宗旨是为了促进重要产业部门间的合作与技术交流。

本书是该项目的系列成果之一，其他成果还包括六次国内工作讨论，一次国际会议和一个网站。具体可参见：http：//www.watersave.uk.net

本书的中心思想是通过专家审核过的文献综述方式，来构造一幅完整的需水管理画面，涵盖技术、社会和法律层面。我们相信，本书的广度和深度在相关研究领域是独一无二的。

最后，完成这样一本书中任何一章都是一项艰苦的工作，我们要感谢作者团队的不懈努力。通读全书，你会发现不同的风格、内容和方法。本书作为一个整体，不仅仅是各个章节的简单拼凑。事实上，这种多样性也反映了在 21 世纪，要安全明智地解决水问题，其途径是多种多样的。

大卫·巴特勒

法耶兹·阿里·麦蒙

目　　录

1 用水趋势和需水预测技术

Fayyaz Ali Memon   David Butler

1.1 绪论

本章介绍了家庭用水模式、用水趋势变化的驱动因素以及当前使用的需水预测方法。本章大部分内容是基于英国的研究工作，但是也引用了其他国家的研究成果，以便更加全面地分析有关情况，对比用水趋势的相似与不同之处。

1.2 大方向

如果当前的用水趋势保持不变，那么淡水资源可利用量能否满足未来的用水需求？这是一个非常重要的问题，但是不容易回答。因为回答之前需要对一些复杂因素的影响做出彻底评价，包括人口增长速度、新兴社会经济发展趋势以及气候变化的范围等。全世界生活用水的需求总量大约是 $200km^3/a$，约占平均径流总量的 0.5% (Stephenson，2003)。理论上，淡水资源总量能够满足现在及将来的生活用水需求，但是时空分布不均性及用户承受能力的地区差异等问题，导致世界上许多地方淡水资源供需不平衡的缺口越来越大。

联合国 (1997) 依据相对需水量 (relative water demand，RWD) (即用水总量与水资源可利用总量的比值) 对水资源胁迫做了等级划分，如表 1.1 所示。Vörösmarty 等 (2000) 将一个水量平衡模型与两个全球气候环流模式 (CGCM1 和 HadCM2) 结合起来，在预测人口增长及气候变化对需水的影响及评估世界不同区域的水资源胁迫水平方面做出了尝试。表 1.2 列出了各大洲 1985 年水资源胁迫的观测值和 2025 年水资源胁迫的预测值。

表 1.1 依据相对需水量 (RWD) 衡量的水资源胁迫

水资源胁迫等级	RWD
低	<0.1
中等	0.1~0.2
中高	0.2~0.4
高	>0.4

表 1.2　1985 年水资源胁迫的观测值和 2025 年水资源胁迫的预测值（Vörösmarty et al., 2000）

区域	人口/10^2 万人		水资源可利用量 / (km³/a)		水资源胁迫 (1985 年)	2025 年相对于 1985 年水资源胁迫的变化百分比/%		
	1985 年	2025 年	1985 年	2025 年		气候	人口	两者结合
非洲	543	1 440	4 520	4 100	0.032	10	73	92
亚洲	2 930	4 800	13 700	13 300	0.129	2.3	60	66
澳洲	22	33	714	692	0.025	2.0	30	44
欧洲	667	682	2 770	2 790	0.154	−1.9	30	31
北美洲	395	601	5 890	5 870	0.105	−4.4	23	28
南美洲	267	454	11 700	10 400	0.009	12	93	121
全球	4 830	8 010	39 300	37 100	0.078	4.0	50	61

　　结果显示，所有区域的水资源相对胁迫都有大幅增加，其中人口增长的影响大于气候变化的影响。利用表 1.1 水资源胁迫的等级标准对 2025 年的预测值做等级评价，看起来形势非常好。然而，这种全球尺度的调查评价掩盖了局部地区缺水和干旱的情况，当把范围限制在较小尺度（国家或区域）内做调查评价时，这些问题就都暴露出来了。例如，在 1993～1994 年（50 年一遇干旱年），英格兰和威尔士大约一半区域（环境署管辖范围内）的用水量占水资源可利用量的80% 以上，其中一个区域用水占到 90% 以上（DoE, 1996）。气候的显著变化可能会影响水资源储量补给的可靠性，从而使上述问题更加恶化（Mitchell,1999）。有资料表明，降水的时间分布也将改变，带来更潮湿的冬季和更干旱的夏季（Wigley and Jones, 1987）。因此，即使是多年平均年降水量"正常"的区域，也不能保证有充足的水可以供应。英国 1995 年发生的干旱引起了严重的问题，为了满足该年的供水需求，增加了大约 4700 万英镑的额外支出。对于整个英国来说，自 1989 年发布干旱指令（法律上对非基本用水的强制性约束）以来，1997 年已经是第 7 个年头了（Mitchell, 1999）。因此，更好地认识用水趋势并开展适当的和有计划的需水管理研究是非常必要的。

　　在英国，主要的用水类型有 4 种：生活用水（公用供水）、发电用水、工业用水和农业用水。图 1.1 显示了 1971～1991 年，每年用于这 4 种用水类型的抽引水总量（英格兰和威尔士地区）。从图 1.1 可以看出，这些年来，公用供水有大幅度增长，工业和发电用水逐渐减少，农业用水呈少量增长。虽然公共供水增加了，但是 1991 年的抽引水总量与 1971 年的基数相比减少了 16%。上述 4 种用水类型中，本章只讨论与生活供给有关的用水。

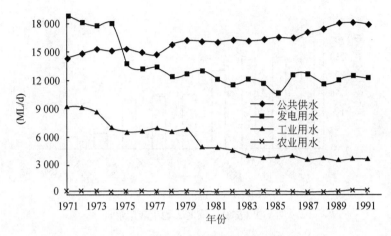

图 1.1 英格兰和威尔士地区获得许可的非感潮水体抽水量（Herrington，1996）

1.3 人均用水量

为家庭供水的首要目的是满足居民的基本用水需求。Gleick（1996）提出了为满足人类基本需求的 4 项需求，最小用水量是 50L/（人·d），这 4 种需求为生存饮用水、个人卫生用水、卫生设施用水和适度的家庭烹饪用水。不幸的是，全球有超过 50 个独立国家不能满足这些基本的生活用水需求。这些国家中大约 70% 只能提供低于 30L/（人·d）的生活用水，包括尼日利亚这种石油高产国。不同国家的人均生活用水量各不相同，主要依赖于经济状况、传统的卫生习惯、淡水资源可利用量以及提高用水效率的政治意愿。图 1.2 显示了多个国家的人均生活用水量。处于上端的是美国，人均生活用水量高于 300L/d。处于下端的国家，如冈比亚和尼日利亚，人均生活用水量只有 4~30L/d。

不同国家用水之间的用水变化趋势是不同的，这依赖于气候、资源可利用量、科技进步、水价结构、鼓励措施以及立法规定等因素。例如，对经济合作与发展组织（OECD）成员国的 27 年人均用水量数据做分析，结果表明，自从 1990 年以来，日本的人均用水量相当稳定；英格兰、威尔士和韩国的人均用水量持续增加；而德国人均用水量则处于下降状态（Herrington，1999）。

在英国，人均用水量大约是 150L/d，并且一直在增加，但是平均值掩盖了个体之间的巨大差异。如图 1.3 所示，对数正态分布图曲线尾部伸展很长，反映了样本人群中有小部分人群的用水量很高。

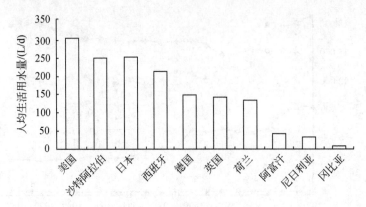

图 1.2 部分国家的人均生活用水量

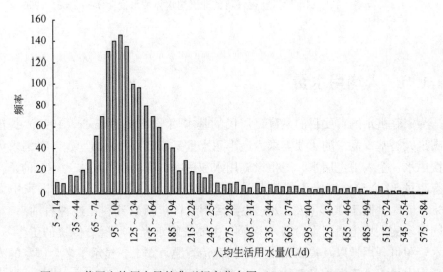

图 1.3 英国人均用水量的典型频率分布图 (Edwards and Martin, 1995)

1.4 影响用水的因素

不同家庭的生活用水需求有很大差异，这依赖于社会经济因素和家庭特征。对这些因素的影响进行调查研究，结果表明，人均用水量随着家庭人数、物业类型、家庭成员的年龄以及季节的改变而改变。下面对这些研究结果做简要回顾。

家庭居住者数量（即住在该家庭中的人数）对人均用水量有直接影响。虽然家庭成员的增加使得生活用水总量随之增加，但是普遍认为人均用水量是随着家庭居住者数量的增加而减少的（Butler，1991；Edwards and Martin，1995）。例如，只有一个人居住的家庭人均用水量与两人居住的家庭相比要高出40%，与4人居住的家庭相比要高出73%，与5人或以上人口的家庭相比要高出2倍多（POST，2000）。图1.4显示了这种趋势。从未来需水的角度来看，家庭居住者数量与人均用水量的关系非常紧密，因为根据对未来几十年的发达经济背景下家庭数量的预测，家庭数量的增长主要来自于单人家庭或其他小型住宅。根据英国政府的预测，1996~2016年，英格兰和威尔士将新增330万户新家庭，并且是朝着更少的家庭人数方向发展（EA，2001）。

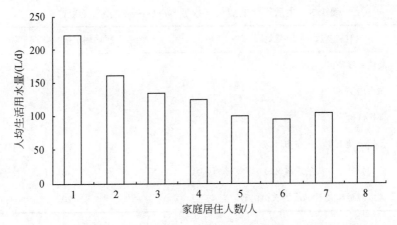

图1.4　家庭人数对人均用水量的影响（Edward and Martin，1995）

Russac 等（1991）调查了住宅类型（如独立式住宅、半独立式住宅、公寓）对每户平均用水量的影响。他发现独立式住宅的用水需求最高而公寓最少，这是因为公寓里人均园艺灌溉需水相对较低。此外，独立式住宅的高用水需求可能与空间较大便于器具的使用或者社会经济因素有关。英国建筑服务研究与信息协会（BSRIA，1998）和美国用水工程协会（AWWA，1999）则发现这与建筑面积有关。

Russac 等（1991）同时对用户的年龄组和需水量做了一个有趣的调查。独居的退休人员平均每天用水 200L，而独居的成人每天用水 140L。这可能是由于退休人员待在家里的时间更长。同时，与年龄相关的疾病，如糖尿病，以及男人的前列腺问题，经常导致排尿频率增加，从而增加了使用马桶的次数（Green，2003）。

据报告，季节变化也是引起需水水平变化的因素，通常与花园的浇水有关。根据 Herrington（1996）的研究，在英格兰东南部，20 世纪 90 年代初期的5~8月，家庭花园每 6 天洒一次水。每个灌溉季平均浇水量约为 1000~1200L。约

40%的家庭使用橡胶软管，在干燥炎热的气候下平均每星期浇水3次，每次大约消耗水315L（Three Valleys，1991）。根据英国用水量监控项目，高峰需水量相当一部分是由于花园浇水形成的，约年耗水量的4%用于8个星期灌溉期内的花园浇水（CC：DW，2001）。在长期干旱时期，某些月份的花园浇水可达总用水量的40%。

很明显，富裕程度是影响用水量的一个关键因素，尤其在发展中国家表现得更为明显（表1.3），其人均用水量依据社会经济状况的不同而有很大的差别。第8章有更详细的描述。

表1.3　生活用水的变化（根据 Stephenson 改编，2003）

住处类型/水源类型	平均用水量/（L/d）
高质量住宅区	225
城市居民区	180
郊区低价序	95
使用公共水龙头的城市区域	60
使用公共水龙头的农村区域	40
离水源距离大于1km的农村住宅	20

1.5　用水量微观成分

为了更深入地理解用水模式及其趋势，有必要研究住宅内（微观成分）的个人用水，既包括个人卫生用水（如盥洗池用水、冲厕用水、淋浴器和浴缸用水）也包括公共用水（如洗衣机用水、洗碗机用水、花园浇水和洗车用水）。

现在，大量信息表明，对于用水的微观成分模式已经开展了许多研究，涉及各个微观成分占家庭总需水量的比例、每次的使用量、使用频率、器具普及率以及高峰使用时间。下面介绍部分关键研究的主要成果。

在英国，盎格鲁水公司自1991年起就已开展了一项针对生活用水模式的综合研究。这项研究包括对盎格鲁地区（英格兰东部）约3000户家庭的用水量监测，其中100户家庭进行了用水微观成分的专项监测。图1.5显示了1993~1998年SoDCon数据的平均值。年内个人卫生用水量最大（60%），其次是洗衣机和洗碗机用水（21%）、厨房水龙头用水（15%）和室外水龙头用水（4%）。

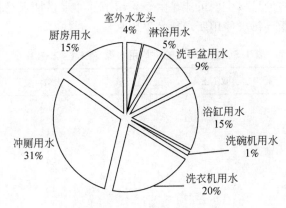

图 1.5　不同微观成分占总用水量的比例（POST，2000）

美国用水工程协会（1999）研究了处于不同气候区的 12 座不同城市的单个家庭的生活用水模式。结果显示，平均用水量最高的是冲厕（27.6%），其次是洗衣机用水（21.7%）、淋浴用水（16.8%）、龙头用水（13.7%）、浴缸（1.7%）、洗碗机用水（1.4%）以及其他生活用水（2.2%）。

荷兰的最高用水量是冲厕（37%），其次是浴室用水（26%）、厨房用水（16%）和洗衣机用水（16%）。在瑞典，这些器具的用水分配有些不同。最高用水量是浴室用水（32%），其次是厨房用水（23%）、冲厕用水（18%）和洗衣机用水（13%）（EEA，2001）。

Butler（1991）对英格兰南部的 28 户家庭做了逐日调查，观察了家庭内部全天使用不同器具的模式。每种微观成分的使用量和使用模式随着时间而变化。表1.4 显示了部分器具的高峰频率和成峰时间，结果基于英国的数据。

表 1.4　不同器具高峰使用的峰值频率和成峰时间

微观成分	峰值频率/（使用次数/h）（Butler，1993）	成峰时间（Edwards and Martin，1995）
洗衣机	0.03	10：45
洗碗机	—	03：15
浴缸	0.14	18：45
淋浴器	0.32	07：30
洗手间	1.20	08：00

在一项单独的研究中，Herrington（1996）观察到在 1976～1990 年，沐浴（淋浴）的频率增加了，表明个人的洗浴习惯发生了改变并将继续变化。图 1.6 显示了英格兰东南部 25 年的生活用水模式的变化对比。沐浴（淋浴）的人均用水量占总用水量的比例从 1976 年的 27% 增加到了 2001 年的 33%。图 1.6 也显示

了人均冲厕用水的少量减少，可能是由于采用了低冲水量抽水马桶。表1.5显示了不同国家每种器具每次使用所消耗的平均水量。

表1.5　生活器具的平均用水量（EEA，2001）

用具	英格兰、威尔士	芬兰	法国	德国
厕所/（L/冲）	9.5	6	9	9
洗衣机/（L/循环）	80	74~117	75	72~90
洗碗机/（L/循环）	35	25	24	27~47
淋浴器/（L/淋浴）	35	60	16	30~50
浴缸/（L/沐浴）	80	150~200	100	120~150

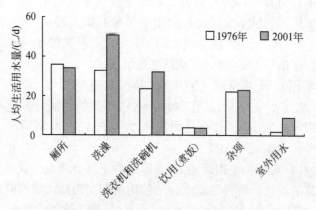

图1.6　英格兰东南部生活用水量的变化

1.6　用水趋势和节水潜力

生活用水量的累积图显示了上述微观成分的使用频率和流量模式，在全天的不同时段有很大的差异（图1.7）。有4个明显的时段：早上8：00左右有个明显的早高峰，中午到下午4：00有个持续的中等流量，晚上有个相对较小的晚间高峰，其后水量持续减弱直到第二天早上4：00。早晨，厕所、淋浴器、浴缸和洗涤槽的用水高峰几乎是同时发生的。洗漱池和洗衣机的用水流量曲线分布比较均匀，而洗衣机的使用在正午过后增加。在美国，观察到了相似的日用水模式（AWWA，1999）。

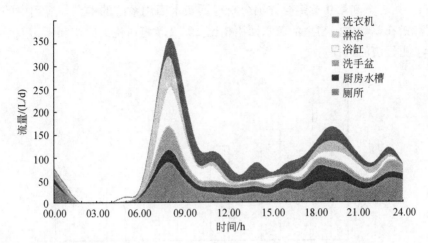

图 1.7　器具的日污水排放模式（Butler and Davies，2004）

　　表 1.5 中的数据指已经安装的器具的用水。但是，新的规章和政策导向应该确保将来安装的器具更为节水。例如，英国 1999 年的供水（供水装置）规章规定，到 2001 年单个抽水马桶的最大用水量不能超过 6L。由于可利用淡水供给量的短缺，在新加坡和澳大利亚等国家，提出了新抽水马桶用水量低于 6L 的要求。对于常规使用，新加坡规定新安装的马桶的最大冲水量为 4.5L，澳大利亚规定为 4L。澳大利亚为可以直接连接到下水道系统的马桶规定的冲水量最低。由于有了这个规定，澳大利亚马桶用水量已经从 20 世纪 50 年代中期的 55L/（人·d）降低到 90 年代早期的 18L/（人·d）（Cummings，2001）。低冲水量马桶的使用越来越普遍，并且一些低冲水量马桶改造工程已在世界的不同角落展开。据报道，这些工程的经济和财务收益是相当可观的（Green，2003）。

　　旨在鼓励高效用水的技术进步和政策方针已经大量减少了不同设备的用水量。如图 1.8 所示，节水措施和技术进步使洗衣机的用水量随着时间推移而逐渐降低。各种节水设备的效果以及对用水量趋势的相关影响在第 4 章有展开论述。

　　英国建筑服务研究与信息协会（1998）调查了低用水量设备的影响，并且基于情景分析对环境署辖下的英格兰和威尔士地区的 8 个区域的各种建筑的（包括住宅）节水潜力和成本做了评估。表 1.6 显示了该研究的主要统计结果。据报道，英格兰和威尔士的节水总量占当前用水量的 2.0%～2.8%，并且还有 24% 的节约潜力。对于成本的回收期，工厂最低（1.7 年），住宅最高（29.6 年）。如此长的回收期，对于住宅来说是需要克服的主要障碍之一。同时，在家庭中推广生活灰水（greywater）回用的趋势也不容乐观。环境署（EA，2001）预计，即使过了 2016 年，在家庭中采用生活灰水回用系统的比例也不大可能超过 10%。据估计，30 年后，生活灰水回用设备的普及率可达 18%（EA and UKWIR，

1996）。第3章和第9章将会详细分析生活灰水回用系统的推广与应用中的主要障碍和潜在驱动力。与生活灰水回用相比，第2章将讨论的雨水集蓄，似乎是更实际、更经济的选择。

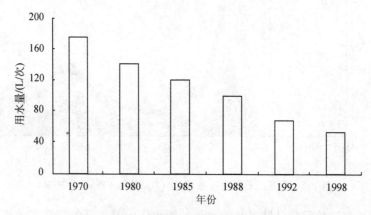

图1.8 过去30年间洗衣机用水量的减少（EEA, 2001）

表1.6 英格兰和威尔士地区不同类型建筑的已有节水和节水潜力（BSRIA, 1998）[*]

建筑类型	已有节水		当前节水潜力	
	水/（10^6 L/d）	资金/（10^3 英镑/a）	水/（10^6 L/d）	资金/（10^3 英镑/a）
住宅	55	2 627	335	15 958
工厂[**]	49.6	28 545	37.2	21 408
医院	0.6	305	2.6	1 271
宾馆/汽车旅馆	30.2	15 989	11.6	53 296
休闲中心	1.0	524	2.7	1 399
疗养院	0.4	221	8.3	4 865
办公室	24.9	13 778	24.9	13 778
学校	43.9	23 264	124.3	66 219
大学	30.5	15 459	14.1	7 135
零售店	3.6	2 447	4.7	3 389

[*]英国建筑服务研究与信息协会提出，在查阅表格中的数值之前，有必要对假设与局限性有充分的理解。节约的资金是根据英国水厂的水价费率表计算的。

[**]不包括工艺用水。

1.7 需求预测技术

为了满足未来的供水需求，评估各种需求管理的环境和经济的可持续性，精确的需水预测是很有必要的。根据 Herrington（1987），需水预测有助于实现以下目标：

（1）战略规划；

（2）投资评价；

（3）运作规划；

（4）需求管理政策和革新评价；

（5）危机时期的需求管理；

（6）计算未来价格趋势作为效率信号；

（7）一些供给预测（通过污水回用）。

如今，单凭经验的需水预测或简单的外推法被认为是不合理的，因为用这种方法获得的预测值与观测值有很大偏离，对评价节水方案没有帮助（Herrington，1987）。由于人口增长、淡水供给的制约、开发新水源的相关成本持续增加（经济和环境的），有必要研究与实际需求高度相关的方法。理想情况下，这些方法应该能够考虑以下因素的影响：

（1）时空变化；

（2）经过合理评价的节水政策，如计量、节水设备、水循环措施以及未来消费者采用这些措施的速度；

（3）与器具使用相关的特征（如普及率、使用这些器具的频率和每次消耗的水量）；

（4）以前预测技术的经验教训；

（5）历史用水趋势。

同时，预测方法应该具有科学基础，对于监管机构来说具有可接受性，合理的成本便于数据的收集和验证。

预测方法的选择也依赖于被预测对象的性质。需水随着时间而变化。据观察，日用水峰值是平均小时流量的 1.8 倍，季需水峰值是日需水的 1.4 ~ 1.8 倍（Green，2003）。小时和日需水峰值预测值对配水管网的建设与管理有很大帮助。对于战略决策和规划决策来说，从微观尺度到宏观尺度（包括季节性的）的需水变化信息往往是必要的。

预测方法大体上分为两类。

（1）概念性方法，利用有限数据对未来的需水做预测。这种方法普遍用于长期预测。

（2）需要广泛收集数据的方法。这些数据被用来创建统计关系（常常很复杂），并推导反映需水水平的规律。这种方法通常用于短期预测。

由于多种资源的约束，以及难以获取有关用水模式的大量数据，要研究出能够体现上述方面的预测方法非常困难。但是，为了满足英国水厂的需求，英国水工业研究所（UKWIR，1997）尝试研究了预测方法。这些方法考虑了用水的三种不同组成，即计量的和非计量的家庭需水，以及计量的非家庭需水。下面将回顾家庭需水的预测方法，这些方法适用于长期预测。

1.7.1　非计量的家庭需水

英国水工业研究所（UKWIR，1997）推荐了两种预测方法，包括微观成分分析法和微观成分群分析法。

在微观成分分析法中，利用器具普及率、使用频率和每个器具（或住宅用水活动）的用水量信息来计算需水。通过累计非计量家庭中每个器具（或活动）的用水量来计算人均用水量，公式为

$$pcc = \sum_i (O_i \cdot F_i \cdot V_i) + pcr \tag{1.1}$$

式中：pcc 为人均用水量；O_i 为使用器具（或从事活动）i 的家庭比例；F_i 为这部分家庭中器具（或活动）i 的人均使用频率；V_i 为器具（或从事活动）i 每次使用的水量；pcr 为人均剩余（杂项）需求。

pcr 实际上是研究期内所有器具（活动）的总需水量预测值与实际观测用水量的差。在进行预测时，pcr 通常取常量，或者假设为 pcc 总值的一个分数进行预测。这种方法不需要数年的历史时间序列数据，并且很灵活，可以适应器具使用模式的变化（如个人行为、高效用水设备）。但是，根据预测精度的要求，该方法确实需要花费大量资源来搜集与器具有关的特征数据（如普及率、使用频率、每次使用水量）。

在微观成分群分析法中，拥有相似的器具普及率、使用频率等特点的住宅被分在了同一群体。群体分类标准由对用水模式有直接或间接影响的因素决定。部分标准如下：社会经济（指特定家庭的购买能力）、住房类型（如公寓、独立式住宅、半独立式住宅、排屋）和家庭组成（如退休人员、单身成人、家庭拥有两个或两个以上孩子的家庭）。英国水厂广泛地应用 ACORN 住宅区分类法来根据人口统计学特征划分用户群体（Mitchell，1999）。在群分析中，在微观成分法基础上采用以下预测公式，即

$$pcc_g = \sum_i (O_{i,g} \cdot F_{i,g} \cdot V_{i,g}) + pcr_g \tag{1.2}$$

式中：g 为划分的群体数。

因此，非计量家庭（NMHH）需水能够用下式估算，即

$$NMHH = \sum_g (pcc_g \cdot pop_g) \tag{1.3}$$

式中：pop_g 为群体 g 的人口数量。

群体辨识是该方法的关键特征，这有助于检验节水政策的影响。当家庭拥有水表比例有明显增长（因此此类用户数量发生改变）预期时，基于群体方法的重要性会增加。

1.7.2　计量家庭的需水

家庭供水的计量对用水趋势有一定的影响。英国 1989 ~ 1992 年开展的国家测量试验发现，11 个小范围站点的家庭用水平均下降 10.8%。在盎格鲁地区，计量对平均需水的影响为 15% ~ 20%，对峰值需水的影响为 25% ~ 30%（EA and UKWIR，1996）。但是，安装家庭用水表的进度却相当缓慢。根据水务办公室（Ofwat，2001）的研究，在英格兰和威尔士地区，大约 22% 的家庭安装了水表。因此目前还没有足够的计量家庭用水量历史数据来评估消费模式。但是，由于在某些区域节水的重要性越来越高，扩大家庭水表安装比例的预期也越来越强，这些将在第 11 章讨论。

英国水工业研究所（1997）研究了多种计量家庭需水预测方法，建议采用微观成分群分析法，该方法与非计量家庭需水预测方法大体相似。对于计量家庭，建议首先对每个可辨识的群体分别进行微观成分分析，然后预测各个群体的大小。这种方法强调辨识不同群体的重要性，因为计量家庭的组成结构正在发生重大变化。除了前面提到的非计量家庭需水群体分类标准外，可采用的其他标准包括新家庭和水价结构。

这些方法的效果，尤其是群体分析法的效果，还有待检验。在群体分析中假设搜集的小部分样本的数据能够代表整个群体的用水情况。但是这种假设在实际运用中可能并不普遍适用。例如，Russac 等（1991）发现，在不同的 ACORN 住宅分类群体之间有类似的需水要求，而在同一 ACORN 住宅分类群体内需水却有明显不同。

1.7.3　基于情景的预测

英国环境署（EA，2001）提出了一种不同的基于假设情景的方法，用来预测英格兰和威尔士地区水厂下辖的 125 个资源区在 2010 年和 2025 年的公共供水需求。该方法本质上是对英国水工业研究所（1997）提出的微观成分法的应用，但是全面考虑了社会经济变化的影响，这种影响将会随着英国未来的社会价值观和治理体系的变化而显现。根据英国政府的"前瞻研究计划"（Foresight Programme）提出了以下 4 种不同的情景。

Alpha 情景（地方化经营）：在这种情景下，由于经济增长缓慢及缺乏投资，社会对环境问题和社会公平的关注度不高。

Beta 情景（世界市场）：这种情景假设经济高水平增长，但是很少关注社会公平。尤其是社会中的不富裕群体对环境的关注度很低。

Gamma 情景（全球可持续性）：该情景的主要特征是，考虑了由全球公共机构推动的可持续经济增长和社会公平。这种情景假设在环境研究方面有很大的投资，能够提供清洁技术来帮助节约资源。

Delta 情景（地方治理）：在这种情景下，地方领导阶层会采取集体行动来解决环境问题。

英国环境署利用几个影响生活需水的因素，并根据这些情景对家庭需水进行了预测。这些因素包括以下四个方面。

（1）水政策因素（计量和水规章、水价）：这些因素将影响家庭的用水量，限制高耗水器具的使用。

（2）技术因素（高效用水器具、生活灰水回用、雨水利用）：由于投资进行技术研究以及监管部门也有此要求，将通过技术创新节约用水。

（3）行为因素（个人洗漱和花园浇水的类型和模式）：这将改变器具的使用频率模式和普及率。

（4）经济因素（支付能力）：这些将影响器具普及率和对低（高）耗水设备的购买力。

英国环境署（2001）给出了详细的预测方法，表1.7按照关键的微观成分分别总结了关键的假设，以反映四种情景对用水量的影响。

使用上述假设，预测了2025年的平均计量和非计量的人均需水和家庭总需水，图1.9显示了2025年需水预测相对于1997~1998年的相对增长（减少）量。

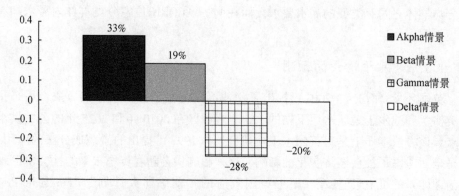

图 1.9　2025 年每种情景预测的家庭总需水量相对于 1997~1998 年的变化百分比

表 1.7 基于情景的预测方法中的关键假设

因　素		假　设
卫生间	普及率	Alpha 和 Delta：由于技术发展较慢且缺乏国家规章，以节水设备替代老一代卫生间设备的速率是 40 年一次 Beta：通过现有规章的有效执行和利用现有技术，替换速率为 30 年一次 Gamma：富裕程度的增长，对环境问题认识的提高，有严格规章，以及努力发展有效技术，使得替换速率为 20 年一次
	水量	考虑了 6 种不同设备的节水水平，每种情景下特定设备的用水量和使用频率是固定的。在整个预测时期，依据不同情景的具体假设，马桶的普及率不同
强力淋浴器	普及率	Alpha：假设在 2025 年，强力淋浴器的普及率不超过 50% Beta：由于富裕程度高，2025 年 59% 的家庭会采用强力淋浴器 Gamma：由于限制最大流速的规章得到强制执行以及人们用常规设备替代强力淋浴器的意愿，强力淋浴器的发展趋势出现逆转。假设的替换速率是 20 年一次 Delta：地方社区考虑到强力淋浴器的低效率，加上使个人对环境的影响最小化的努力，强力淋浴器在 2025 年几乎消失
	水量	Alpha 和 Beta：假设到 2025 年每次使用强力淋浴器的用水量最大为 150L（15L/min，用 10min） Gamma 和 Delta：严格的规章将限制流速超过 6L/min 的强力淋浴器的使用
洗衣机	普及率	Alpha、Beta 和 Gamma：普及率达到 94%，并在整个预测时期保持稳定 Delta：2015～2025 年，洗衣机普及率下降 4%，体现了社区洗衣店的发展
	水量	Alpha：2010 年洗衣机用水量减少到 80L，且以后保持恒定 Beta：2025 年减少到 50L Gamma 和 Delta：2025 年减少到 40L
洗碗机	普及率	Alpha：普及率每年增长 1.7%，此后以 1.5% 的速率增长至 2025 年 Beta：由于富裕水平提高，普及率每年以 2% 速率增长 Gamma 和 Delta：普及率每年以 1.7% 的速率增长，此后以每年 1% 的速率增长至 2025 年
	水量	Alpha：2010 年为 30L，此后保持恒定 Beta：2025 年为 20L Gamma 和 Delta：2025 年为 15L
水的再循环措施		Alpha 和 Beta：非常有限的循环 Gamma 和 Delta：假设 2010 年之后，节水将使用水量大大减少。假设 2025 年 10% 的家庭将拥有生活灰水回用设备

　　利用英国环境署（2001）需水预测方法为环境署辖下英格兰和威尔士地区的每个资源区提供了需水预测值。但是，人们发现，在做更小尺度分析时，同一资

源区的不同地区，生活用水有很大差异（Williamson，1998）。这种差异归因于人口统计学特征、住宅大小、社会因素（如社区中结婚和离婚群体比例的变化）、年龄群体以及出生率、死亡率等随时间的变化。Williamson 使用了约克郡西部Kirkless 市的官方数据库，评估了上述因素对未来需水（选民区尺度）的影响。通过在微观模拟框架中使用静态时效方法预测了人口增长和家庭组成的变化，该方法是社会和保健服务研究中使用的常规方法。虽然需水预测所采用的这种假设比较粗糙是公认的，但研究显示，在预测过程中加上空间特征参数增加了预测的复杂性，生活需水在空间上的差异是明显的。Williamson（1998）对此微观模拟方法有详细介绍。

1.7.4　统计学方法

美国用水工程协会（AWWA，1999）提出了不同的预测方法。该方法采用了根据处在美国不同气候区的 12 座城市中超过 2 年的单独家庭住宅实测用水数据建立了多个复杂的统计关系。家庭中每个用水微观成分日用水量被表示成几个需求影响参数的函数，如家庭人数和收入、住宅面积、节水器具的普及程度和水的边际价格。美国用水工程协会（AWWA，1999）完整地给出了导出微观用水成分公式的统计学方法。这里，我们只介绍最相关的公式。式（1.4）至式（1.10）用来模拟不同微观成分的需水。

1. 卫生间用水模型［美国：gal[①]/（户·d）］

$$\hat{q}_{卫生间} = 14.483 \cdot (MPW)^{-0.225} \cdot (HS)^{0.509} \cdot (HSQFT)^{0.117} \cdot$$
$$e^{-0.091(PRE60s)-0.164(POST80s)-0.076(ULTRATIO)-0.539(ULTONLY)} \tag{1.4}$$

式中：MPW 为边际水价；HS 为家庭人数（平均成员数量）；HSQFT 为以平方英尺[②]计算的住宅面积（平均）；PRE60s 为 1960 年以前建造的住宅比例；POST80s 为 1980 年以后建造的住宅比例；ULTRATIO 为所有卫生间都是低流量的住宅比例；ULTONLY 为完全翻新为低流量卫生间的用户住宅比例。

2. 淋浴器（浴缸）用水模型［美国：gal/（户·d）］

$$\hat{q}_{淋浴} = 3.251 \cdot (MPW)^{0.514} \cdot (HS)^{0.885} \cdot (INC)^{0.171} \cdot e^{0.349(PENT)-0.16(ULTSRATIC)}$$
$$\tag{1.5}$$

式中：INC 为家庭收入（美元，平均）；RENT 为租房户比例；ULSRATIO 为所有的淋浴喷头都为低流量的住宅比例。

---

① 1gal（英制）=4.546 09L；1gal（美制）=3.785 43L；1gal（美制，干物质）=4.405L。

② 1 英尺 =0.3048 米。

3. 水龙头用水模型 ［美国：gal/ （户·d）］

$$\hat{q}_{\text{水龙头}} = 7.972 \cdot (\text{HS})^{0.498} \cdot (\text{HSQFT})^{0.077} \cdot e^{-0.254(\text{RENT})+0.238(\text{TRTMENT})} \quad (1.6)$$

式中：TRTMENT 为拥有家庭式水处理系统的用户比例。

4. 洗碗机用水模型 ［美国：gal/ （户·d）］

$$\hat{q}_{\text{洗碗机}} = 0.409 \cdot (\text{MPW})^{-0.5171} \cdot (\text{HS})^{0.345} \cdot (\text{INC})^{0.196} \quad (1.7)$$

5. 洗衣机用水模型 ［美国：gal/ （户·d）］

$$\hat{q}_{\text{洗衣机}} = 2.293 \cdot (\text{HS})^{0.852} \cdot (\text{INC})^{0.162} \quad (1.8)$$

6. 渗漏用水模型 ［美国：gal/ （户·d）］

$$\hat{q}_{\text{LEAKS}} = 1.459 \cdot (\text{MPW})^{-0.485} \cdot (\text{MPS})^{-0.160} \cdot (\text{HS})^{0.392} \cdot (\text{HSQFT})^{0.214} \cdot$$
$$e^{-0.2641(\text{PENT})+0.712(\text{POOL})} \quad (1.9)$$

式中：MPS 为下水道边际价格 ［美元/千加仑，（$/kgal）］；POOL 为拥有游泳池的用户比例。

7. 户外用水模型 ［美国：gal/ （户·d）］

$$\hat{q}_{\text{户外}} = 0.046 \cdot (\text{MPW})^{-0.485} \cdot (\text{HSQFT})^{0.634} \cdot (\text{LOTSIZE})^{0.237} \cdot$$
$$e^{1.116(\text{SPRINKLER})+1.039(\text{POOL})} \quad (1.10)$$

表1.8　用水量的观测值和预测值（AWWA, 1999）

［单位：美国：gal/ （户·d）］

微观成分	波尔德*		西雅图		滑铁卢	
	观测值	预测值	观测值	预测值	观测值	预测值
卫生间	43.7	40.8	44.9	39.7	51.4	43.9
洗衣机	35	28.6	30.5	31.3	37.5	36
淋浴器/浴缸	32.4	28.4	34.3	26.4	28.5	33.3
水龙头	25.4	21.3	22.8	22.9	50.3	28.7
渗漏	5.5	5.9	9.3	5.4	17	6.6
洗碗机	3.6	2.8	2.6	2.4	2.1	2.9
其他/未知	2.6	3	2.8	2.5	3.8	2.9
室内	148.1	130.9	147.2	130.6	190.4	154.3
户外	198.3	58	204.2	21.1	74.2	27.6

* 城市名称——译注

给定某特定供水服务区的人口组成假设，就可以用这些公式预测每种微观成分的用水量。理论上，可以通过家庭和财产特征随时间的变化并利用这些公式推导出终端用水随时间的变化（如研究家庭人口、收入、住宅和用地大小增长的影响）。此外，卫生间和淋浴器模型提供了研究特定更换低效率设施节水规划的影响的机制（AWWA, 1999）。

为了评估所开发模型的预测能力，分别从 13 个不同的城市搜集数据，对这些统计关系公式进行计算。表1.8 显示了 3 个城市的结果。对于所有的微观成分（除了户外用水外）来说，观测值和预测值的差异很小。但是，户外模型的预测能力很差。这可能是由于户外用水预测公式［公式（1.10）］缺乏一些需水影响参数，如气候（温度和降水）和季节（一年中的月份）。为了解决这个问题，提出了一个扩充版本的模型。这个改进的版本使用了微观成分公式的输出、月收费账单记录和温度、降水数据，以预测月需水总量。对该改进模型的测试显示预测效果有显著的提高（AWWA，1999）。

1.7.5　管网操作预测技术

预测日需水总量还采用了一些其他的方法。采用这些方法预测需水是为了解决配水管网操作问题，即配水池水头的优化，按照需要调节配水管网压力水平，减少抽水量，因此降低相关成本。人们认识到瞬时需水预测不精确会对配水管网最佳操作效率产生影响，因此开展了更深入的研究，并使用了统计方法和复杂的计算手段。这里简要介绍其中部分需水预测技术。

An 等（1996）提出一个基于粗糙集方法的专家系统方法，用来自动构建预测日需水总量所需要的概率规则。该方法应用严格的统计处理，并考虑了影响需水水平的各种因素的可利用时间序列数据的不确定性。这些因素包括最低最高温度逐日变化、降水、降雪、平均湿度、风速和日照时间。下面举例说明这种规则最普通的形式：

$$(53 < a_4 \leqslant 58) \wedge (22.98 < a_{14} \leqslant 28.45) \wedge$$
$$(13.30 < a_{18} \leqslant 15.20) \xrightarrow{\quad 1 \quad} (124 < D \leqslant 134)$$

这种规则表明：如果当天的平均湿度（a_4）为 53% ~ 58%，且前天的最大温度（a_{14}）为 22.98 ~ 28.45℃，前天的日照时间（a_{18}）为 13.30 ~ 15.20h，则需水量（D）为 124 ~ 134mL，确定性系数为 1。据报道，采用这种方法构建的规则应用于预测的平均误差大约是 10%。

虽然在过去已经采用了统计方法，特别是累积式自回归移动平均模型（ARIMA），根据气候条件和实测流量时间序列观测值预测消费者需求，得出的预测值经常带有相当大的预测误差。近期已经转向使用更复杂的方法，如模糊逻辑和神经网络方法。这些方法往往能够得出更好的结果。

例如，Lertpalangsunti 等（1999）描述了一种软件包的发展：智能预测程序集（IFCS）。这个软件包提供了一套智能工具［如人工神经网络（NN）、模糊逻辑（FL）、基于知识和基于范例的推理（CBR）］，这些工具能够单独使用，也能组合起来用于特定的用途。这个软件包已经被用于需水预测。一个使用上述智能工具所做的类似研究表明，多元人工神经网络（即每个神经网络预测单独特征，如工作日需水和周末需水）方法的误差最小。Mukhopadhyay 等（2001）利用时长一年的数据集建立了一个基于神经网络的模型，该数据集包括科威特地区 48

个住宅单元的用水量以及相关的社会、经济和季节特征数据。

上述需求预测方法需要大量的种类繁多的数据来训练神经元。因此，精确的预测值置信域将依赖于输入数据和建模数据的类似程度。

1.8 结论

在英国，人均用水量呈现随着时间变化而稳定增长的趋势。看来这是收入增加、服务水平提高和传统价值观念变化共同作用的结果。用水量的日间变化模式表明，卫生间和洗涤槽分别是用水最多和使用频率最高的器具。人均用水量随着家庭人数的降低而增加，这对需水量增长有相当大的影响，因为预计单人和双人家庭的数量会有大幅增长。如果以低冲水量抽水马桶代替高用水量马桶，将有相当可观的节水量。市场上有多种家庭高效用水技术出售。与其他许多发达国家相比，节水措施（装配高效用水设备、生活灰水回用系统和雨水集蓄系统）的采用相对较慢。其中一个明显的原因是成本高，且缺少政府补助。

现在，人们已经认识到对需水进行可靠预测的重要性，在设计需水预测策略方面也做了一些尝试。这些预测策略存在的典型问题是缺乏适当的有关用水量趋势、微观成分的特征、社会经济影响和影响现有消费群体构成的时空因素的历史数据。微观成分特征整合技术看来是预测长期需水的最有前途的方法，因为它为考虑新兴社会经济变化带来的影响提供了一个灵活的框架。

1.9 致谢

感谢 David Howarth 为作者访问环境署国家需水管理中心藏书库提供便利。真诚地感谢节水管网（WATERSAVE Network）的成员，特别是 Paul Herrington 的意见。感谢环境署的 Helen Perish 和 Rob Westcott。

1.10 参考文献

An, A., Shan, N., Chan, C., Cercone, N. and Ziarko, W. (1996) Discovering rules for water demand prediction: An enhanced rough-set approach. *Engineering Applications in Artificial Intelligence* **9** (6), 645-653

AWWA (1999) *Residential End Uses of Water*. Amcrican Water Works Association and AWWA Research Foundation, USA.

BSRIA (1998). *Water Consumption and Conservation in Buildings: Potential for Water Conservation*. Building Services Research and Information Association Report No. 12586B/3.

Butler, D. (1991) A small-scale study of wastewater discharges from domestic appliances. *J.IWEM* **5**, 178-185.

Butler, D. (1993) The influence of dwelling occupancy and day of the week on domestic appliance wastewater discharges. *Building and Environment* **28**(1), 73-79.

Butler, D. and Davies, J.W. (2004) *Urban Drainage*, 2nd Edn., SponPress, London

Butler, D., Friedler, E. and Gatt, K. (1995) Characterising the quantity and quality of domestic wastewater flows. *Water Science and Technology* **31** (7), 13-24.

CC:DW (2001) *Climate Change and Demand for Water*. Progress Report by the Environmental Change Institute, University of Oxford. http://www.eci.ox.ac.uk/.

Cummings, S. (2001) *Future directions for water closet and sanitation systems*. National Water Conservation Group Meeting on 14-9-2001, London.

DoE (1996) *Indicators of sustainable development for the United Kingdom*. Department of the Environment/Government Statistical Service, March 1996, HMSO.

EA (2001) *A scenario approach to water demand forecasting*. Environment Agency, Worthing.

EA and UKWIR (1996) *Economics of Demand Management – Practical Guidelines*. Environment Agency and UK Water Industry Research Ltd., (SO-8/96-B-AVQC).

Edwards, K. & Martin, L. (1995) A methodology for surveying domestic consumption. *J.CIWEM*, **9**, Oct., 477-488.

EEA (2001) *Sustainable Water Use in Europe (Part II): Demand Management*. European Environment Agency. Environmental Issue Report No. 19.

Gleick, P. H. (1996) Basic water requirements for human activities: Meeting basic needs. *Water International*, **21**, 83-92.

Green, C. (2003) *Handbook of Water Economics- Principles & Practice*. John Wiley & Sons Ltd.

Herrington, P. R. (1987), *Water Demand Forecasting in OECD Countries*. Organization for Economic Co-operation and Development (OECD), Environment Monograph No. 7. OECD Environment Directorate, Paris.

Herrington, P. R. (1996) *Climate Change and the Demand for Water*. HMSO: London

Herrington, P. R. (1999) *Household water pricing in OECD countries*. Organization for Economic Co-operation and Development. Environment Directorate document: ENV/EPOC/GEEI(98)12/FINAL [Please note that most of this text is reproduced with minimal amendments in the more accessible publication by the OECD (1999)]

Lertpalangsunti, N., Chan, C. W., Mason, R. and Tontiwachwuthikul, P. (1999) A toolset for construction of hybrid intelligent forecasting systems: application for water demand prediction. *Artificial Intelligence in Engineering* **13** (1), 21-42.

Mukhopadhyay, A., Akber, A. and Al-Awadi, E. (2001) Analysis of freshwater consumption patterns in the private residences of Kuwait. *Urban Water* **3** (1-2), 53-62.

Mitchell, G. (1999) Demand forecasting as a tool for sustainable water resource management. *International Journal of Sustainable Development and World Ecology* **6**, 231-241.

OECD (1999) *The Price of Water: Trends in OECD Countries*. Organisation for Economic Co-operation and Development: Paris.

Ofwat (2001) *Tariff Structure and Charges: 2001-2002 Report*. Office of Water Services.

Russac, D.A.V, Rushton, K.R. and Simpson, R.J. (1991) Insight into domestic demand from metering trial. *J.IWEM*, **5**, June, 342-51.

POST (2000) *Water efficiency in the home*. Parliamentary Office of Science and Technology Note 135, London.

Stephenson, D (2003). *Water Resources Management*. A. A. Balkema Publishers.

Three Valleys (1991). *Domestic Demand Study*. Three Valleys Water Services PLC

UKWIR (1997) *Forecasting Water Demand Components: Best Practice Manual*. UK Water Industry Research Report No. 97/WR/ 07/1.

UN (1997) *Comprehensive Assessment of the Freshwater Resources of the World (overview document)*. World Meteorological Organization, Geneva.

Vörösmarty, C. J., Green, P., Salisbury, J. and Lammers, R. B. (2000) Global water resources: Vulnerability from climate change and population growth. *Science* **289** (7), 284-288.

Wigley,T.M.L. and Jones P.D. (1987) England and Wales precipitation: a discussion and an update of recent changes in variability and an update to 1985. *Journal of Climatology*, **1**, 231-44.

Williamson P (1998) Estimating and projecting private household water demand for small areas. *Workshop on micro-simulation in the new millennium: challenges and innovations*, Cambridge 22-23 August.

2 雨水集蓄系统的技术、设计与应用

Alan Fewkes

2.1 概述

本章主要介绍小规模的雨水集蓄系统的技术、设计与应用，主要是居民收集利用自家屋顶的雨水。第一部分介绍发展中国家与发达国家利用雨水集蓄系统提供饮用水和非饮用水源的状况。指出了过去的 20 年内，人们重新对雨水集蓄系统感兴趣的原因，一般来说，这是因为集中式供水系统存在经济、运营与环境等方面的困难。第二部分主要介绍不同类型的雨水集蓄系统，在发达国家可利用这些雨水系统提供非饮用水源。可以根据住宅内雨水的储存和提取方式或者根据其水力特征对雨水集蓄系统进行分类。接下来，文中介绍系统的主要组成部分，即集水区、处理方法与蓄水池如何影响系统的性能。详细讨论了用来确定雨水储存能力的方法这对系统的经济效益与操作，蓄水能力都是非常重要的。蓄水池的尺寸影响集蓄水量、安装成本及集蓄装置供水水质。最后，本章对集蓄系统所供雨水的物理、化学及微生物性质进行了评价。用户能否接受雨水集蓄系统取决于水的感官特性，即颜色、气味与浊度。水的微生物特性决定着雨水集蓄系统对用户造成的潜在健康风险，而化学物理参数，如 pH 和可溶性固体，则会影响系统各组成部分的选择。

2.2 雨水集蓄系统的背景与应用

2.2.1 历史

雨水集蓄系统的概念非常简单，它包括雨水的收集、储存以及利用，以作为主要水源或者补充水源。雨水集蓄系统便于建造与维护，能独立于集中供水系统运行。本章主要介绍小规模的雨水集蓄系统，主要是由居民收集利用自家屋顶的雨水。较大的集水系统常常以马路和地面作为集水区，主要用于牲畜饮用和农田灌溉，在 Pacey 和 Cullis（1986）对雨水集蓄方法的全面介绍中包括这样的系统。

雨水集蓄系统有漫长的发展史，Gould 和 Nissen-Petersen（1999）对此做了详细介绍。文中提到，公元前 2000 年在以色列的内格夫沙漠、非洲及印度就有利用雨水集蓄的例子。在地中海区，考古学家也发现了公元前1700年的克诺索斯皇宫利用雨水的系统。公元前6至公元前7年，萨丁尼亚人在基岩上开辟成蓄水池并抹上灰泥以防止漏水。在西欧，史料记载16世纪以前威尼斯就利用雨水集蓄系统。实际上，利用雨水集蓄系统的实例遍布全世界。

20世纪许多国家发展了更复杂的技术，导致雨水集蓄系统的利用逐渐减少。但是现在，雨水正在逐步被世界上的许多国家视为一种供水水源来加以利用。雨水集蓄系统可以用于提供：

（1）主要的饮用水水源；

（2）饮用水的补充水源；

（3）非饮用水的补充水源，如冲厕水、绿化及洗车用水。

在发展中国家主要用于提供饮用水。在发达国家3种用途都有，但是在农村更普遍的是用作饮用水，而在城镇则主要用于非饮用水。

2.2.2　雨水集蓄系统在发展中国家的应用

在发展中国家，无论是农村还是城镇，雨水集蓄系统的使用都有良好的文献记载。典型的利用雨水系统的国家包括孟加拉国、博茨瓦纳、加勒比海群岛、印度、印度尼西亚、肯尼亚、马来西亚、新几内亚、南太平洋群岛以及斯里兰卡（Schiller，1987）。在Gould（1993）以及Wirojanagud和Vanarothorn（1990）、Appan等（1989）的文章中都提到雨水集蓄系统在非洲、泰国和菲律宾有所发展。在过去的20年中，雨水集蓄系统重新被认可并大量利用，这与许多因素有关。这些因素包括：集中管网系统由于操作与维护问题而失效；地下水与地表水供水污染问题；随着农村人口的增长需水量也随之增加；与传统的用茅草做屋顶相比，现在的房屋屋顶普遍使用瓦、玻璃钢等不透水材料；低成本高效的储水箱设计。发展中国家的需水管理将在第8章进行详细阐述。

2.2.3　雨水集蓄系统在发达国家的应用

2.2.3.1　可供饮用的雨水系统

发达国家的雨水集蓄系统用于提供饮用水的地区主要为农村。据估计，澳大利亚的农村中有100万的人口依赖雨水为主要的水源供给（Perrens，1982）。由于人口密度太低，在农村使用集中管网供水系统通常很不经济。而与此类似，由于经济、水质或者供水安全性各方面的原因，地下水供水系统不可行。在过去的10年中，澳大利亚的许多城市也采用雨水集蓄系统，主要是因为各级政府倡导保护生态环境可持续性设计的理念。与这个倡导相关的更加深入的改革之一是水环境友好型城市设计（WSUD），该理念认为，雨水集蓄系统能够替代或者补充城镇的集中供水设施。在昆士兰州西南部建造的一种房屋被称为"健康家园"，这种房屋的设计展示了生态可持续发展的理念。除了各种低能源战略改革之外，雨水被收集并用于满足家庭包括饮用在内的所有用水需求（Gardner et al.，1999）。澳大利亚政府也颁布了蓄水池尺寸、材料及运行维护的指南（Cunliffe，1998）。

在加拿大新斯科舍省的乡村也存在类似的现象。由于地下水资源短缺或被污染，当地居民将雨水作为饮用水替代水源已有 50 多年的历史。新斯科舍省的卫生组织已经颁布了雨水系统运行及建设导则（Scott and Waller，1991）。在城镇，加拿大抵押和住房研究部在多伦多市主持设计与建造了自我维持的、"健康"的房屋。先用石灰石碎石做缓冲层，再经过多介质砂砾层、细砂层及活性炭过滤后雨水被收集在蓄水池中。最后再经过紫外线消毒就可作为饮用水源或非饮用水源（Townshend et al，1997）。

在美国的许多乡村，雨水集蓄系统被广泛地的利用。Grove（1993）曾指出，约有 2 万个雨水集蓄系统为小商业区和分散的居民区提供生活用水。有的州对施工实施监管，而州及联邦机构都颁布了有关材料和系统建设方面的指南（Latham and Schiller，1987）。

百慕大群岛是一个广泛利用雨水集蓄系统的国家。直到 20 世纪 30 年代，百慕大群岛的水资源利用完全依赖于雨水系统。现在，雨水仍然提供全国大约 50% 的总用水量，并且几乎全部用于生活用水。酒店和商业机构用地下淡水和淡化的地下咸水及海水。

百慕大群岛典型的雨水集蓄系统平均拥有 139m^2 的屋顶集水面积和 68m^3 的蓄水容量。这个系统在特枯季节可以为平均 3.5 口人的家庭提供每人每天 106L 的用水。1949 年的公共健康法及而后发布的法规规定，新建筑物内需提供蓄水池，并规定蓄水池的尺寸、系统的设计及维护方案。居民的屋顶一般都是用当地的石灰石料衬砌，乳胶漆密封。雨水沿屋顶的楔形石灰岩"滑道"，直接落到房屋下面的蓄水池。与压力容器相连的电泵再将雨水从蓄水池抽到管路中（Waller，1982）。

2.2.3.2 非饮用雨水系统

在过去的 15 ~ 20 年中，许多发达国家的城镇盛行利用雨水集蓄系统为居民提供非饮用水。人们认识到集中供水和水处理系统存在一系列问题，因此雨水集蓄系统得到推广（Pratt，1999；Geiger，1995）。这些问题包括以下几个方面：

（1）需水量不断增加。不开发利用新资源，日益增长的用水需求不能得到满足。

（2）高需水地区没有可利用的水资源，要使需求得到满足就要通过长距离调水。

（3）地下水资源的过度开采致使河流流量减小。

（4）城镇化与高速公路的发展使地表径流量增加，从而加剧了洪水灾害的风险，并且给受纳水体的水质与水生态系统也带来不利。

解决这些问题的传统方法是开发新水源、建设配水管网、建设减洪工程，但是这些传统的方法对环境不利并且需要相当大的资金支出。一个可供选择的并且可持续的方案是利用分散供水技术（Konig，1999）。例如：

（1）采用植草或绿化屋顶，这样能滞留部分雨水并减少进入雨水管网的高峰径流量。

（2）使雨水径流就地下渗，一方面可以补给地下水，另一方面不用提供雨水管网接口。

（3）利用雨水集蓄系统，减少饮用水源的使用，以利于保护传统水资源，缓解对公共供水的需求，还可能削减进入雨水管网的高峰径流以及减少下水道的总溢流量。

1970~1975年，德国在供水管理和污水处理系统方面出现的问题，使得雨水集蓄系统的应用前景突显。德国主要遇到两个方面的问题：一方面，大量饮用水抽取自地下水。在许多城镇，不断增加的地下水开采量致使地下水位下降，对环境造成不利影响。同时地下水资源也受到污染，从而带来潜在的健康风险。另一方面，德国的雨污合流系统占主导地位。在下大雨期间，雨污合流系统频繁地达到它们的最大设计能力。对于这两个问题，雨水集蓄系统的开发利用被看作是一种可行的解决方案（Sayers，1999）。

最初，为了改进雨水集蓄系统的利用，许多城市议会采取了经济鼓励措施。现在的趋势是将城镇排水收费分为两个部分：一部分是与取决于用水量的废水排放相联系，另一部分是与房屋不透水表面面积相联系。因此，德国具有永久性的经济鼓励措施促使屋顶上的雨水不进入污水系统（Herrmann and Schmida，1999）。德国不同地区供水系统和污水处理系统的总费用不同，平均比英国高45%（Sayers，1999）。德国不同地区的供水污水系统投资回收期也不同，预计需要12~19年（Wessels，1994）。

Vaes 和 Berlamont（1999）曾经研究雨水系统对雨污合流溢流量的影响。一般来说，为达到相同的溢流频率，雨水蓄水池需要比集中式雨水滞留池储存更多的水量。Herrmann 和 Hasse（1997）指出，雨水蓄水池具体需要的容量是$500m^3/hm^2$，而集中式滞留池只需 $20 \sim 100m^3/hm^2$。但是，由于建设成本的不同，雨水蓄水池与集中式滞留池相比更具有经济竞争力。一个私人雨水池成本大约为 250 欧元/m^3，取决于建设方法的不同，集中式滞留池的成本为 600~3400 欧元/m^3。

在欧洲，德国在雨水集蓄系统的安装上率先开辟了一条道路。据估算，在过去的 10 年中，在低层、高层楼房以及商业建筑物中已经安装了 10 万套雨水集蓄系统（Herman and Schmida，1999）。举例来讲，Konig（2000a）阐述了柏林针对高层居民楼的一个创新工程。为满足该居民楼非饮用水的需求，除屋顶雨水外，停车场、道路及周边街道上的雨水也被收集利用。雨水蓄水池的蓄水能力为 $160m^3$，经过几个简单的处理阶段后用于冲厕所和浇花园。Konig（2001）还对欧洲尤其是德国的更多建筑类型中雨水系统的利用进行了深入的研究。

在英国，雨水集蓄系统的数量也日趋增加，Hassel（2001）指出，大约安装了 1000 套系统。其中许多用于试验和方案测试，正在收集有关水质和系统性能方面的数据（Brewer et al.，2001；Ratcliffe，2002；Day，2002；Chilton et al.，1999）。这些项目既包括单栋房屋也包括较大建筑物，如购物中心、学校、高速公路服务区以及商业建筑。英国最大的试用方案可能是"千年穹顶"，起初是想将千年穹顶建成展览馆。此穹顶高 50m，直径 320m，屋顶总面积 10 万 m^2，屋盖采用张力膜结构，有 12 根穿出屋面高达 100m 的桅杆。作为展览馆使用时，每天冲厕所需水 $500m^3$，雨水可以满足约 20% 的需求（Lodge，2000）。

英国雨水集蓄系统的经济优势在很大程度上并没有得到证实。Brewer 等（2001）在两个办公楼和生态住宅中模拟使用雨水集蓄系统的运行，但是只能得出结论：雨水系统的运行费用可与自来水按照水量收取的费用相当，且依赖于降雨量的大小。另一个案例研究中（Chilton et al.，1999），在一个超市安装的雨水集蓄系统具有较明显的经济优势。据报道，该雨水系统的投资回报期为 12 年，如果安装 $10m^3$ 容量的更经济的蓄水池，估计回报期会缩短至 4 年。第 9 章将会探索包括雨水系统在内的用水技术的经济性。

雨水集蓄系统可持续性方面的优势需要更深入的研究证实。雨水系统的建设需要许多原料，例如，池子、管道的建设需要利用能源和资源。雨水蓄集系统和自来水管道供水哪个消耗的能源更多？至今尚未见相关报道（Leggett et al.，2001）。雨水系统在水泵抽水期间也耗电。但是，雨水系统的耗电量与自来水系统的耗电量相当。Mikkelsen 等（1999）指出，从蓄水池中抽雨水所消耗的能量为 $0.3 \sim 0.5 kW \cdot h/m^3$，与之相比自来水在生产和配水过程中耗能 $0.39 kW \cdot h/m^3$。与需水管理相关的系统生命周期评估将在第 6 章进行阐述。

在亚洲，日本正推行在城镇地区利用雨水、在许多地区采用发放补贴的形式鼓励当地居民收集雨水作为非饮用水（Murase，1998）。在东京、名古屋和福冈也有用于类似圆顶体育馆之类的较大规模的雨水系统，这些体育馆主要用于棒球比赛、开音乐会和举办展览。雨水可以用来冲厕所，但是同时也有重要的辅助功能，例如，提高洪水控制能力、减少河水污染、降低地下水开采量以及缓解与之相关的地面下沉问题。名古屋的雨水集蓄系统最大，集水面积为 35 000m²，总蓄水能力达 28 000m³（其中有 1300m³ 的蓄水能力用于控制地表径流）（Zarizen et al.，1999）。

2.3 雨水集蓄系统的种类与组成

2.3.1 系统种类

雨水集蓄系统的基本结构如图 2.1 所示。作为非饮用水利用时，只需将雨水在注入蓄水池前过滤即可（Konig，2000b）。作为饮用水利用时，还需要经过诸如氯消毒或者紫外线消毒等处理措施。本节主要介绍发达国家作为非饮用水利用的雨水集蓄系统的种类和组成部分。Gould（1999）详细介绍了发展中国家用于饮用水的雨水系统的组成部分和使用的原料。Gardner 等（1999）和 Townshend 等（1997）介绍了发达国家用于饮用水的雨水系统。

Leggett 等（2001）确定了 3 种基本的雨水集蓄系统类型。

（1）直接抽水式系统（图 2.1）。用泵直接从雨水蓄水池中抽水，提供建筑物内的设备使用。自来水管路也向蓄水池中补水。

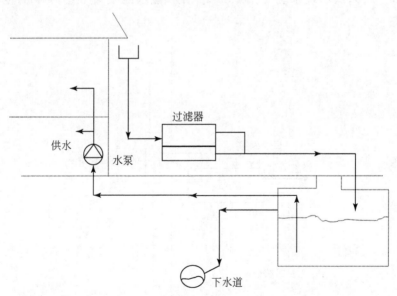

图 2.1　直接抽水式雨水集蓄系统示意图（Leggett et al.，2001）

（2）间接抽水式系统（图 2.2）。用泵将雨水从蓄水池抽入建筑物内的给水箱，然后给水箱利用重力供水给用水设备。自来水管路也向给水箱中补水。

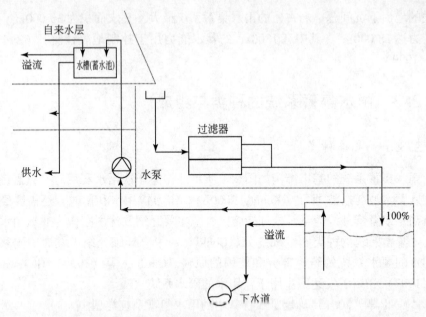

图 2.2　间接抽水式雨水集蓄系统示意图（Leggett et al.，2001）

（3）重力供水式系统（图 2.3）。雨水蓄水池安置在屋顶下的空间，通

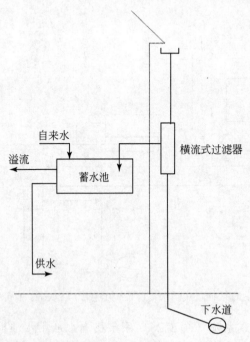

图 2.3　重力供水式雨水集蓄系统示意图（Leggett et al.，2001）

过重力向用水设备供水。这种系统的优点是不需要水泵和电力供应。但是，Konig（2000b）指出，这种系统仅适用于工厂和农用棚舍。对这种系统的主要担忧在于，建筑物负载大，可能会存在渗漏和蓄水水温波动带来的潜在危害。

Hermann 等（1999）基于水力特性将雨水集蓄系统进行分类：

（1）全流型（图2.1）。通过过滤器，所有的径流都流入蓄水池。设计过滤器时，应遵循这样的原则：即使过滤器堵塞，其上游的来水管道也不会溢流。蓄水池集满后雨水将溢出，流入排水管网。

（2）分流型（图2.4）。使用专用横流式过滤器将雨水引入蓄水池，有一部分雨水绕过蓄水池。绕过蓄水池的水量依赖于横流式过滤器上游集水管中的流速。

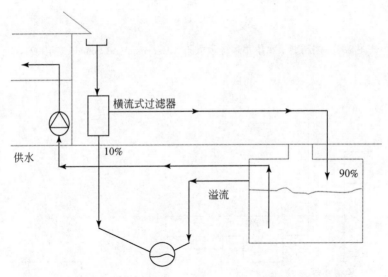

图2.4 分流型雨水集蓄系统示意图（Herrmam and Schmida, 1999）

（3）滞留控制型（图2.5）。这种类型的蓄水池中集蓄额外的水量（滞留水量），并通过控制阀将这部分水量以较低流速流入排水管网。这种系统降低了流入排水系统的最大流量，在大雨期间，可以减少排水管网超载和发生洪水的风险。

（4）下渗型（图2.6）。水池蓄满后，溢出的雨水可下渗到周围地下，以补给当地地下水位。

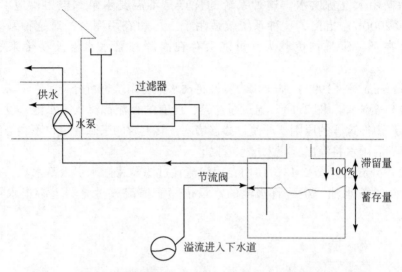

图 2.5 控制型雨水集蓄系统示意图（Horrmam and Schmida，1999）

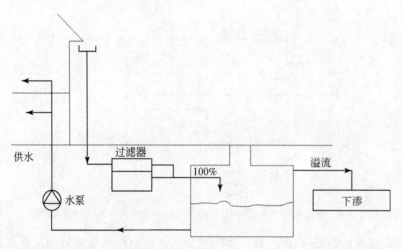

图 2.6 下渗型雨水集蓄系统示意图（Herrmam and Schmida，1999）

2.3.2 系统组成

2.3.2.1 集水区

雨水集蓄系统最普遍的集水区是屋顶，其表面一般选择如石板瓦之类的化学惰性材料。金属表面的屋顶也可以接受，但是雨水的弱酸性会溶解表面的金属离子。表面是沥青的屋顶收集到的雨水会受到污染并会产生很浓的气味（Konig，2001）。建筑物周围铺有路面的道路上收集的雨水也可以用，但是由于可能受到较重污染，需要经过处理才能使用。而透水路面没有这个问题，因为底基层可以有一定的过滤作用，并可以降解油类物质（Pratt，1999）。通过透水路面收集到的雨水特别适用于灌溉。

绿化屋顶也可以作为雨水系统的集水区。这种屋顶能截留50%以上的降雨，但是植被底层根据其构成的情况可以对雨水起到过滤的作用（Konig，1999）。

一般来讲，收集过程中的雨水损失可以用径流系数来定量，这个径流系数表示从屋顶收集到的实际雨水量与从无损失的理想屋顶上收集到的雨水量的比值。不同屋顶不同系统类型和组成部分的径流系数的取值范围如表2.1所示（Fewkes and Warm，2000）。

表 2.1　不同类型的屋顶与结构的径流系数取值范围

屋顶及系统类型	径流系数
由砖瓦覆盖的斜屋顶（全流型）	0.9 ~ 1.00
由砖瓦覆盖的斜屋顶（分流型）	0.75 ~ 0.95
由不透水薄膜覆盖的平屋顶	0 ~ 0.5
绿化平屋顶（包括植被和生长介质）	0 ~ 0.5

2.3.2.2　初流分流器

无降雨期间，屋顶会被大气中的颗粒物和鸟的粪便污染。屋顶的初次降雨水流往往比后续径流的污染程度大（Fewkes，1996；Forster，1991）。初流分流器有不同的设计方法（Michaelides，1989），但是，Konig（2000b）认为，这种雨水的初级分离没有必要。

2.3.2.3　处理系统

用于非饮用水的雨水在注入蓄水池之前一般只需经过过滤处理。Leggett 等（2001）提出了一系列的过滤器类型，包括网式过滤器、横流式过滤器、滤筒、慢沙滤器、快沙滤器过滤膜及活性炭过滤器。在德国，由于易堵塞和需要频繁的维修，目前的做法是不推荐使用太细的过滤装置（Konig，2001）。推荐使用渗透率为 0.2 ~ 1.00mm 的横流式过滤器或者网式过滤器。德国的规章制度也规定，过滤器的管路要通畅，假如网球不小心从屋顶进入过滤器中，它必须能通过溢流口流出。这样可确保即使过滤器被堵塞，雨水系统也不会超负荷。

2.3.2.4 蓄水池

蓄水池是雨水集蓄系统中必不可少的一部分，蓄水池可以用多种材料建设，如塑料、混凝土、钢铁等。池子最好置于地面以下，以避免日光的照射，最大限度地减少采集雨水中藻类的生长（Konig，2001）。蓄水池的容量非常重要，因为它显著影响系统的初始建设成本和储存的饮用水量。除了进行初次过滤之外，在蓄水池中通过浮选和沉淀对雨水进行进一步处理。当池中花粉之类的小于水的密度的颗粒物浮到水面时，用浮选法去除。蓄水池应设计为一年至少溢流两次，以便于将颗粒物移除。相似地，密度比水大的颗粒物沉淀到池底。在沉淀层，有益的曝气生物膜可以增加一个额外的生物处理阶段（Sayers，1999）。

在刚好位于表层下的雨水是最干净的。常常利用浮动吸管抽取表层下的雨水。将雨水输送到蓄水池时也用类似的各种构造，以免扰动池底的沉淀物（Konig，2001）。

此外还有许多其他形式的蓄水设施。雨水可以储存在透水铺面的底基层材料内，还可以储存在"地质细胞模块"（箱型蜂窝状模块，用塑料等材料制成——译注）的孔隙内（Courier，2002）。

2.4 雨水集蓄系统的集水能力

2.4.1 背景

需要采用蓄水池收集雨水径流，因为与系统需水相比降雨发生的随机性更强。从经济性和系统操作方面考虑，雨水的储存能力非常重要。例如，蓄水池的尺寸将影响以下几个方面：

(1) 储存的水量；

(2) 系统安装成本；

(3) 雨水停留时间，这将影响系统供水最终的水质；

(4) 系统溢流频率，这将影响表面污染物的去除率；

(5) 溢流进入地面排水系统或者渗水坑的水量。

雨水采集器或者储存器就是一座水库，接纳一段时间内的随机入流（雨水），其容量要满足系统的需水要求（如冲厕和花园灌溉）。最基本的问题就是分析入流和出流的数据特征，使系统达到一定的可靠性。McMahon 和 Mein（1978）综述了蓄水池确定尺寸的方法，提出了两大类确定尺寸的方法：莫兰相关法和关键期法。

2.4.2　莫兰相关方法

莫兰相关方法（Moran related method）是莫兰（Moran，1959）储存理论的发展。莫兰推导出入流量与水库容积和下泄量相关的积分方程，通过这个方程可以得知任意时刻水库蓄水量可能的状态。用这种方法，只有在理想状态下才能求解。莫兰把时间与水量看作是离散变量开发了这种方法的实际应用方式。可通过一组联立方程建立库容、下泄量与入流量之间的关系。这种方法随后被 Gould（1961）修改成供工程师应用的通用程序。尽管 Piggot 等（1982）用 Gould 矩阵方法针对澳大利亚布里斯班地区多种屋顶面积、蓄水池容量与需水量评价了系统的失效概率，但是，这种方法还没有广泛地应用于雨水集蓄系统。

2.4.3　关键期法

2.4.3.1　累积曲线法

关键期法用需水量与来水量的系列差值流量确定蓄水能力。这种用于确定水库尺寸的方法，最著名和最早的例子是累积曲线法（Rippl，1883）。如果符合如下关系式，一个简单的雨水集蓄系统可以满足需要（图2.7），即

$$S \geqslant \max\left\{\int_{t_1}^{t_2}[D_t - Q_t]\mathrm{d}t\right\} \tag{2.1}$$

式中：S 为蓄水容量；D_t 为时段 t 内的需水量；Q_t 为时段 t 内的入流量；t 为时间，$t_1 < t_2$。

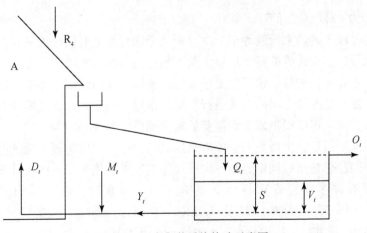

图2.7　雨水集蓄系统构造示意图

在 Ripple 提出的累积曲线法中，从不变的需水中减去变化的来水（降雨）。最大的累计差值就是系统所需要的蓄水能力，这个蓄水能力的保证程度或者说效率是 100%。累积曲线法被 Grover（1971）用于确定雨水蓄水池的尺寸，最近又被 Ngigi（1999）所使用。为减少计算量，人们使用了简化的累计曲线法。Watt（1978）用月平均数据，Keller（1982）取月平均值的 $\frac{2}{3}$。而这种方法本身适合采用计算机计算，简化的方法往往只用于前期设计阶段。

这种方法的主要局限性是不能在给定失效概率下计算蓄水池的尺寸。为了克服这一缺陷，在此基础上发展了许多统计学方法，这些方法与累积曲线法相结合能够确定供水可靠性和系统失效的概率。Ree 等（1971）描述了这样一种方法，这种方法建立在 Waitt（1945）提出方法的基础上。此方法基于 75 年连续月降雨记录，分析了 2~84 个月各个时段最小降雨的发生频率。通过利用标准统计技术，能够确定不同时段给定概率的最小降雨。然后选择所有时段的给定概率的降雨量值，对生成的系列进行了累积曲线计算。因此，这种方法是试图将既定的保证率或失效概率赋予所选择的蓄水池容量。

2.4.3.2 行为分析

McMahon 和 Mein（1978）在一般性的关键期法中纳入了行为分析或者模拟分析过程，来模拟水库运行随时间的变化。采用了一般形式的水量平衡方程计算一个有限的水库蓄水量变化，公式为

$$\begin{cases} V_t = V_{t-1} + Q_t - D_t \\ 0 \leqslant V_t \leqslant S \end{cases} \qquad (2.2)$$

式中：V_t 为 t 时段末的储存水量。

指定时段末的储水量就等于上时段剩余储水量加上时段内入流量再减去时段内的需水量。假设计算的蓄水池储水量不超过池体的蓄水能力，因此，行为模型通过描述水库运行的算法进行水量平衡模拟演算，从而模拟水库运行随时间的变化情况。通常会模拟多年的系统运行情况。采用时间序列输入数据通过模型进行水量模拟，并且可以根据用途和需要的精度把模拟时段确定为小时、日、月或者年。时间序列可以是历史数据也可以为生成的数据。可以将蓄水池的容积确定为在输入时间序列整个时期中放空一次。这样其结果与用累积曲线法计算的结果相同。已经有许多研究者用行为模型确定雨水蓄水池容量，例如，Jenkins 等（1978）、Chu 等（1999）以及 Walther 和 Thanasekaren（2001）。Jenkins 等（1978）指出两种用来描述雨水蓄水池运行的基本算法（图 2.7）。

蓄水后产水量法（YAS）的运行规则为

$$Y_t = \min \begin{cases} D_t \\ V_{t-1} \end{cases} \tag{2.3}$$

$$V_t = \min \begin{cases} V_{t-1} + Q_t - Y_t \\ S - Y_t \end{cases} \tag{2.4}$$

式中：Y_t 为时段 t 内蓄水池的产水量。

YAS 运行规则是使时段内蓄水池的产水量取上时段末蓄水池中的蓄水量与当前时段的需水量中的较小值。然后使当前时段雨水径流量加时段末蓄水池内蓄水量，多于多余水量溢出，再减去产水量。

蓄水前产水量法（YBS）的运行规则为

$$Y_t = \min \begin{cases} D_t \\ V_{t-1} + Q_t \end{cases} \tag{2.5}$$

$$V_t = \min \begin{cases} V_{t-1} + Q_t - Y_t \\ S \end{cases} \tag{2.6}$$

YBS 运行规则是使时段内蓄水池的产水量等于上时段末蓄水池蓄水量加上当前时段径流量与当前时段的需水量中的较小值。然后使当前时段雨水径流量加上时段末蓄水池蓄水量，再减去产水量并使多余水量溢出。Jenkins 等（1978）用 YAS 运算方法，并且以月为时段，研究了北美洲雨水蓄水池的运行情况。雨水蓄水池的保证率或者操作性能可以以时间或者水量为标准进行衡量。不管用哪种方式，100% 的保证率都表示系统非常安全或者可以充分供水。

2.4.3.3 不同运行策略与行为模型的整合

雨水集蓄系统的性能或者效率与集水面积、降水量及系统的需水量有关。当雨水集蓄系统是唯一的或者主要的供水水源时，能够通过操作者认真遵守分配制度来提高系统的运行效率。许多研究都阐述了配水对系统性能的影响，尤其是在季节性或者干旱气候条件下的影响（Perrens，1982；Gieske et al.，1995）。

Perrens（1982）在行为模型中综合考虑了限量配水方案和外部水源。如果月初蓄水池中的水量少于月内需水量，就要考虑限量分配用水量。在研究中，雨水的可利用量减少到正常水平的 75%。其外部蓄水的使用策略是，如果限量分配用水量后还不能满足需求，按照 5m³ 的标准水量提供外部水源。根据使用外部水源的次数来确定失效率，从而判断系统性能。对于每一个屋顶面积和需水水平，绘制蓄水能力与失效率的关系曲线。选定符合需要的一个失效率，根据曲线确定相对于给定面积和需水水平的蓄水能力。

2.4.3.4 行为模型与输入数据的时段

本模型所考察的模型使用月降雨数据。使用周或日时间序列数据的行为模型可以对系统性能进行更准确的预测（Fewkes，1995；Heggen，1993）。对于较长时段，如降雨数据采用月序列，可以使模型和数据集体积紧凑。但是，月时段不能反映月内的降雨变化，通常会导致系统性能预测的不准确。

Latham（1983）利用行为模型解决了这个问题，并用更一般的形式表达水库的运行算法，即

$$Y_t = \min \begin{cases} D_t \\ V_{t-1} + \theta Q_t \end{cases} \tag{2.7}$$

$$V_t = \min \begin{cases} (V_{t-1} + Q_t - \theta Y_t) - (1 - \theta)Y_t \\ S - (1 - \theta)Y_t \end{cases} \tag{2.8}$$

这里，θ 是取值 $0 \sim 1$ 的参数。如果 $\theta = 0$，此算法是 YAS；如果 $\theta = 1$，此算法是 YBS。与日时段模型相比，月时段模型精度较低的问题可以通过引入这个参数加以解决，该项参数称为蓄水池运行参数。月尺度模型通过设置蓄水池运行参数（θ），可以重现在日时段模型中的短时间内的波动性。Latham（1983）确定了一个参数值，使月时段模型模拟的系统性能与日时段模型模拟结果一致。这种方式为模拟雨水集蓄设施的性能提供了一种简单且通用的方法，能够考虑降雨的时间波动性。

随后，Latham 和 Schiller（1987）用这个模型评价了其他学者的设计方法，例如，Jenkins 等（1978）、Perrens（1982）、Rippl（1883）和 Ree（1971）开发的设计方法。Latham 和 Schiller（1987）的模型采用水量来衡量的保证率，而其他模型采用时间来衡量保证率。Latham 和 Schiller（1987）对比了这两类模型均按照 98.3% 保证率预测的蓄水能力。与 Latham 和 Schiller 的模型相比，Jenkins 等（1978）和 Rippl（1883）的模型高估了对蓄水能力的需要，Perrens（1982）模型大体一致，而 Ree（1971）则低估了对蓄水能力的需要。目前，还没有报告说明把基于时间的保证率与基于水量的保证率进行对比使比较结果失真的程度。

2.4.3.5 英国用行为模型确定雨水集蓄设施的尺寸的应用

对于用 YAS 模型预测雨水集蓄设施性能的可靠性和 YAS 模型对序列数据输入时间尺度的敏感性方面，Fewkes（1999a）曾在英国进行了相关调查研究。他对于商业化雨水集蓄系统进行了现场测试，并将测试的系统性能与 YAS 模型用小时和日时段预测的系统性能进行对比。雨水集蓄系统的性能用节水效率（E_T）描述（Dixon et al.，1999）。节水效率是衡量与总需水量相比节约的自来水量的

指标，用下式表示，即

$$E_{\text{T}} = \frac{\sum_{t=1}^{T} Y_t}{\sum_{t=1}^{T} D_t} \times 100 \tag{2.9}$$

式中：E_{T} 为节水效率；T 为总时间。

对结果的初步分析可见，不管是用小时时间序列还是用日时间序列，YAS 模型都可以用来预测雨水系统的性能。

在更深入的研究中，Fewkes 和 Butler（2000）采用图形分析方法，就一系列蓄水池容量和集水面积评价了利用不同时段和不同水库运行算法的行为模型预测雨水集蓄系统容量的准确性。他们调查研究了小容量的蓄水池，这些蓄水池虽然集蓄水量较少，但是节省了家庭用水中很有用的一部分（小于等于 50%）。在此之前，研究者重点对保证率或者节水效率较高的（大于等于 95%）大容量蓄水池进行了研究。例如，Latham 和 Schiller（1987）的研究表明，渥太华（Lemieux）地区的蓄水能力为 10~150m³，取决于集水区面积和需水水平。并利用蓄水能力和集水面积的不同组合，对模拟系统性能的最佳时段（小时、日或者月）进行了调查研究。

屋顶面积、蓄水能力和需水量之间的不同组合由两个无量纲的比率表示，即需水率和蓄水率。需水率用 D/AR 表示，其中 D 为年需水量（m³），A 为集水面积（m²），R 为年降雨量（m）。蓄水率用 S/AR 表示，其中 S 为蓄水能力（m³）。

Fewkes 和 Butler（2000）进行的详细研究指出了用蓄水率表示的小时尺度、日尺度和月尺度模型的应用范围。他们提出，小时尺度的模型适用于蓄水率小于等于 0.01 的小尺寸蓄水池。日尺度模型适用于蓄水率范围为 0.01~0.125 的雨水系统。月尺度模型则仅被推荐用于蓄水率大于 0.125 的情况。总的来讲，除蓄水率小于等于 0.01 的小蓄水池之外，日尺度模型能被用来预测所有的系统性能。

在研究的第二部分，针对多种不同的需水率和蓄水率，利用月尺度模型确定了蓄水池运行参数（θ）的值。分析发现，在实践中有可能会出现的需水率取值范围内，用月尺度模型预测的系统性能参数与用日尺度 YAS 模型预测结果的相关性很高。但是 Fewkes 和 Butler（2000）的研究结果是基于英国的一个特定的地区，他们认为，还需要进一步研究证实他们的研究成果也适用于英国的其他地区。

在上述研究的一项后续研究中，Fewkes（1999b）用 YAS 算法和日时段以及英国中部和威尔士的 5 个不同地方的降雨数据，模拟了雨水集蓄设施的性能。把各个地区得到的性能曲线都聚集在一起，说明系统性能与每个地区降雨量的日变化幅度关系不大。同时也说明，一组平均曲线即可代表雨水集蓄设施的性能，其中每条曲线对应一个需水率，并建议用一组通用的性能曲线预测该项研究所覆盖地域内的雨水集蓄系统的性能。调查还进一步探讨了月尺度模型与蓄水池运行参数（θ）的联合应用。他们建议，对该研究区采用一种近似的确定雨水集蓄系统尺寸的方法，θ 的平均值为 0.6。

在一项地理范围更大的研究中，Fewkes 和 Warm（2000）对英国 11 个不同地区雨水集蓄设施的节水效率进行了研究。根据多个需水率的一组平均值曲线得到的节水效率（E_T）与根据每个地区的曲线得到的节水效率很相近。因此，产生了一组通用性能曲线，用于预测整个英国地区的雨水集蓄系统的性能。

这些曲线为设计比较准确、比较经济的雨水集蓄系统容量提供了一种有效的方法（图 2.8）。通过一些例子，Leggett 等（2001）给出了这些曲线的使用方法。在研究的第二阶段，确定了节水效率与蓄水期（S/d）、雨水及需水的比值（AR/D）之间的关系，其中 d 表示日需水量（m^3/d）。起初，采用含有两个参数的一系列指数关系方程拟合对应 0.5d、1d、2d、4d、8d、16d、18d 和 20d 蓄水期的通用性能曲线。最终，根据蓄水期得出了两个参数之间的关系，推导出了指数方程的通用形式。对比了由 YAS 模型预测的节水效率的值与指数方程通用形式得到的值之间的关系，并计算了误差。误差在 ±5% 范围内，这对于初步评估蓄水池容量完全可以接受。

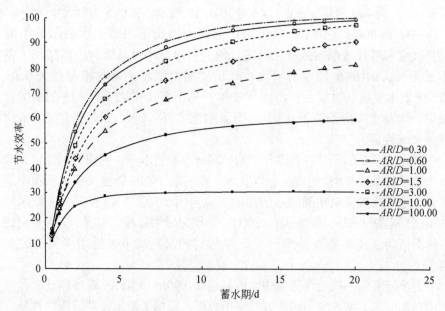

图 2.8　蓄水期与节水效率之间的关系示意图（$AR/D = 0.3 \sim 100$）

2.4.4 经济因素

雨水蓄水池的选择也要考虑其经济效益。通过考虑为满足期望需水量而供给所缺水量的成本和蓄水池的建设成本之间的关系来优化蓄水能力。最优蓄水容量为总成本最小的那个容量。Fok 和 Leung（1982）详细阐述了这种方法的基本理论。在其他研究中，Dominguez 等（2001）用这种方法确定了墨西哥克雷塔罗城区的蓄水池的最优尺寸。

2.4.5 其他设计方法

除了累积曲线法和行为模型外，还提出多个其他类型的关键期法。例如，半无限水库方法（Hazen，1914）、Hurst 方法（Hurst，1965）、连续尖峰算法（Thomas and Burden，1963）以及亚历山大方法（Alexander，1962）。McMahon 和 Mein（1978）对这些方法进行了综述，但是由于它们在确定蓄水池尺寸方面没有被广泛采用，因此在此不做介绍。

2.5 雨水水质

2.5.1 概述

由于多种原因，蓄水集蓄提供的雨水水质问题十分重要。水体的颜色、气味和浊度等感官指标影响用户对系统的接受程度；水体中微生物质量关系到用户的健康风险；化学和物理参数，如 pH 和溶解性固体，影响到系统构件的选择及其寿命。如果将雨水作为饮用水，是否存在重金属和其他化合物则特别重要。

雨水受到污染主要有以下 4 种途径：

（1）降雨过程中，雨水经过大气层受到污染（湿沉降）；

（2）干燥期，大气污染物沉降到集水区表面（干沉降）；

（3）雨水与系统各组成部分，如蓄水池的表面物质发生物理或化学反应；

（4）鸟类或动物的粪便堆积在屋顶，当雨水产生径流时就会受到污染。

前 3 种途径影响了雨水的物理或化学特征，最后一种途径影响了雨水的微生物含量。

2.5.2 物理化学污染

许多专家针对从屋顶收集的雨水的化学和物理特性进行了研究。Mottier 等（1995）、Forster 等（1991）、Yaziz 等（1989）、Xanthopoulos 等（1998）的研究报告提出的数据见表 2.2。

表 2.2 径流水质概要

径流	pH	生化需氧量 /（mg/L）	化学需氧量 /（mg/L）	总有机碳 /（mg/L）	浊度	总固体 /（mg/L）	悬浮性固体 /（mg/L）
屋顶径流	5.2~8	7~24	44~120	6~13	10~56	60~379	3~281
储存的径流	6~8.2	3	6~151	—	1~23	34~421	0~19

屋顶雨水径流的污染负荷主要来源于大气污染物，大气中的污染物通过干沉积作用富集在屋顶，或者由雨水从大气中携带而来，即湿沉降（Mottier et al.，1995；Thomas and Greene，1993；Zobrist et al.，2000）。然而，屋顶的装饰材料也会影响雨水径流的化学和物理特性。相比石板或混凝土瓦屋顶，雨水经过铜或镀锌板建造的屋顶后所含铜和锌的浓度较高。例如，Yaziz（1989）研究发现，流经铜或镀锌板屋顶的雨水中锌的含量是瓦屋顶的5倍，但是并没有超过世界卫生组织饮用水浓度的上限标准。He等（2001）对雨水径流的铜锌含量进行深入研究后得出结论：流经混凝土瓦屋顶的雨水的电导率、浊度和固体悬浮物浓度都较高，其部分原因是表面风化和颗粒物质的干沉降作用。与沥青混凝土屋顶相比，碎石或者沙砾构成的屋顶可以起到拦截污染物的作用。由于沙砾层的过滤作用和生化过程，大部分污染物浓度变低（Klein and Bullerman，1989；Mottier，1995）。

雨水一般呈弱酸性，pH为5~6。工业生产通常伴随着大气污染，像二氧化硫和氮氧化物之类的污染物，会使雨水pH降至4~5，甚至达到3（Gould，1999）。然而，建筑材料强烈影响屋顶雨水径流的pH，流经不同建筑材料的雨水pH有可能相差3.5个单位（以pH计）。举例来说，Forster（1991）发现，雨水流经沥青混凝土屋顶后pH几乎不改变；而流经纤维性水泥砖瓦屋顶的雨水pH发生的变化最大，雨水的pH平均值由3.9增加到7.4；陶土瓦、锌板和碎石屋顶分别能使雨水的pH增加到5.5、6.7和6.8。

由于干沉降作用，污染物在屋顶表面累积，降雨间隔期的长短对收集的雨水的质量有较大影响，这就使得最初发生的雨水径流要比之后的径流污染严重。对大多数污染物来说，发生最初的几毫米雨水径流之后，其污染物浓度就在湿沉降物的范围内（Zobrist et al.，2000）。

Thomas和Greene（1993）对地理位置对雨水水质的影响进行了研究，他们对农村、城市和工业区三类屋顶集水系统收集的雨水进行了水质分析，以确定是否适合用于生活用水。研究发现，来自工业区屋顶集水系统中雨水铅含量超标，是世界卫生组织饮用水标准规定中铅含量的2倍，且具有较高的浊度、悬浮物浓度和锌含量；农村屋顶集水系统中雨水含有较多硝酸盐，且pH略微偏高；城市屋顶集水系统中也含有铅，但含量低于工业区。当雨水用于提供饮用水时，雨水中的重金属含量非常重要，尤其是铅含量特别重要，因为它是累积性有毒物质。广泛使用的铅质遮雨板，会使雨水具有高含铅量（Waller and Inman，1982）。

Leggett 等（2001）和 Mustow 等（1997）对雨水的物理化学性质与系统元件的选择和使用寿命之间的关系进行了研究。悬浮物含量过高会导致系统元件摩擦受损，如泵和阀门。总溶解性固体和氯化物浓度过高，使 pH 降低，雨水呈酸性，对系统元件有腐蚀性。受污染的表面也会造成局部腐蚀。相反，碱性水会削弱氯消毒作用。

2.5.3　微生物污染

收集的雨水的微生物含量，尤其是是否存在病原微生物，因为关系到用户的健康而十分重要。即使是提供非饮用水的雨水集蓄设施，也存在人们偶尔摄入雨水的危险。风险的程度与雨水的最终用途有关。例如，当它用于地表作物灌溉，就会产生空气悬浮微粒，会被人体吸入，比用于地下灌溉危害要大。

针对雨水能否作为饮用水源开展了许多研究，结果表明，收集的雨水径流常常不符合世界卫生组织规定的饮用水细菌含量标准（Riddle and Speedy，1984；Fujioka and Chinn，1987；Lye，1987；Krishna，1989）。Appan（1997）最近研究了东南亚国家雨水集蓄设施中的水的细菌含量，也证实了以前的研究成果。大部分地方采样的结果表明，总大肠杆菌群和粪大肠杆菌群计数均为阳性。由于粪便球菌的比率少于平均，因此粪便污染物主要来自动物的排泄物，像鸟类、白齿类的排泄物。德国（Lücke，1999）的一项研究表明，雨水集蓄系统往往不能满足饮用水的微生物标准，但是，遵照欧洲委员会标准，可作为娱乐景观用水，因此该项研究主张雨水适合于非饮用水使用，如冲厕所。

Lücke（1999）经研究发现，有 4 种致病菌群经常出现在水体中。

（1）在人体中易存活的病菌，如沙门氏菌、伤寒沙门菌和志贺氏菌属。

（2）对驯养的动物有危害的病菌，如肠出血性大肠杆菌。

（3）在鸟类及哺乳类动物体内寄生的病菌，如沙门氏菌、鼠伤寒沙门菌、蓝氏贾第鞭毛虫和隐孢子虫。

（4）随机产生的可在水体中存活的病菌，如绿脓杆菌、一些肠杆菌和军团菌。

第一类致病菌只有通过污水才能进入蓄水池。第二类源于牲畜的粪便，只有当污染物进入破损的低于地面的蓄水池，水体才会发生致病菌污染。第三类才是致病菌的主要来源，鸟或小型哺乳动物的粪便通常堆积在屋顶，雨水流经屋顶造成水质污染。最后一类病菌的产生具有随机性，可能是水生生物的生物膜残留，这是由系统中雨水的滞留产生的。

　　其他研究者确定并分离出了雨水中由鸟类粪便和随机产生的特定的病原菌，包括沙门氏菌（Chareonsook，1986；Fujioka et al.，1991）、军团菌（Lye，1992）、胎儿弯曲菌属（Brodribb et al.，1995）、隐孢子虫和贾第鞭毛虫（Crabtree et al.，1996）等。但对于雨水中微生物导致疾病暴发的研究尚且很少。Koplan 等（1978）列举了一个直接由雨水中的致病菌导致胃肠疾病的例子。这是发生在特立尼达岛的一次夏令营中，参加人员都是儿童，由于鸟类和动物的排泄物堆积在屋顶，被雨水冲入蓄水池而导致孩子们沙门氏菌（arechevalata）中毒。

　　WROCS（2000）研究表明，生活灰水、雨水回用系统中，细菌引起的污染是对人体健康危害最重要的因素。在回用系统中，军团菌的出现和生长被视为最大的威胁，因为传统氯消毒对它们不起作用（Kuchta et al.，1993）。水生生物膜很可能出现在雨水系统中，而那正是细菌生存和繁衍的理想环境。这些细菌最适宜的生长温度是37℃，而繁殖温度为25~45℃（Leggett，2001）。雨水很可能由于军团菌的自然生长而被污染，但没有足够的证据显示在雨水系统中军团菌的生长可能性会比在自来水供水管网中更大。同样，因为它们生存需要的最低温度是25℃（Lücke，1999），因此将雨水集蓄系统中的蓄水池安置在地面以下，会使细菌生长的危险性小一些。

　　许多雨水集蓄系统中的雨水经过加热用于淋浴器或洗衣机，在这种情况下，可能会促使军团菌生长。Lye（1991；1992）在美国肯塔基州北部监测了雨水储存器中的水质情况，当地安装了 80 000 个这样的系统，通常要对水加热后供淋浴使用。军团菌之类的细菌会聚集在热水管中，当人们淋浴用水时，吸入热水汽雾，从而带来潜在的危险。

　　还有一些研究观测到储存池中雨水以大肠杆菌数作为指标的细菌活动普遍增加。举例来说，Ruskin 和 Callender（1988）认为，氯消毒控制雨水系统中细菌数量增长的有效期为 3~5d，此后细菌会重新生长。但是总大肠杆菌数量并不一定表示水体中含有病原菌，而是代表可能发生感染的途径。

　　总的来说，Leggett（2001）认为，病原菌不太可能在雨水储存池中生长。Krampitz 和 Holläder（1999）的一项研究也支持这一观点。他们在实验中以肠炎沙门氏菌、小肠结肠炎耶尔森杆菌和空肠弯曲菌等病原菌感染储存池收集的雨水，然后分析了不同温度和营养水平下病原菌的存活率，这些病原菌有可能通过鸟类或小动物的粪便进入储存池。

　　所有被研究的病原菌都不能在5℃、15℃、20℃或37℃下生长。与小肠结肠炎耶尔森杆菌和肠炎沙门氏菌相比，空肠弯曲菌是最敏感的细菌，在15℃下菌落数会迅速下降。通过添加细菌蛋白胨或鸽子粪便研究营养水平。细菌死亡的比率下降了，但在研究的温度下并未观测到菌落数增加。因此得出以下结论：即使营养水平提高并处于最佳温度（雨水蓄水池中偶尔会出现这种情况），也不会出现肠道病原微生物增长的情况。研究还指出，清洗雨水蓄水池可能会产生反作用。带有生物膜和沉淀层的雨水系统中的肠炎沙门氏菌的死亡率会增加。Lye（1991）在研究中也发现了这一现象，即在没有经过任何维修和清洗的雨水储存器中，异养菌的含量较低。

2.6　讨论

世界上大多数地区都有雨水集蓄系统利用的历史印记。许多地区，如非洲和印度，雨水系统的利用要追溯到数千年前。20世纪，由于集中式的集水和配水系统的应用，许多发达及发展中国家雨水集蓄系统的利用率都下降了。但是，在过去的20年里，许多发达及发展中国家的农村和城镇地区，又开始恢复使用雨水集蓄系统。在发展中国家，雨水系统主要用于提供饮用水。这些国家对雨水系统重新产生兴趣的原因有许多，包括与集中供水系统相关的操作问题和人口增长造成的需水量增加等问题。

在一些发达国家的农村，如澳大利亚和加拿大，雨水系统供应饮用水有很长的历史，原因是集中供水系统常常不经济或者当地地下水要么不可靠要么水质差。但是，在澳大利亚和加拿大，目前雨水系统的应用趋势是向城市发展，为城市提供饮用水和非饮用水源。这些国家的政府把雨水系统看作是一种可行且保持生态可持续发展的方法，用于补充或者在某些情况下代替集中供水设施。

在过去的15~20年中，利用雨水集蓄系统为发达国家的城市区供非饮用水变得更加普遍，尤其在德国。利用集中供水水源在满足日益增加的需水量时出现了很多问题。城镇的扩张也带来了地表径流的增加和随之增加的洪水风险。在城市区，雨水集蓄系统的好处包括节约水资源、减少对公共供水系统的需求、削减进入排水管网的径流洪峰、减少合流式排水管网的溢流量等。

德国的经验表明，回报期在12~19年的雨水系统是经济可行的。在英国，雨水系统的财务效益还有待证明。雨水系统在可持续性方面的优点也有待于进一步研究。还没有关于雨水系统各构件与集中供水系统相比的能源消耗方面的报道。但是，雨水集蓄系统在运行过程中消耗的能量与集中供水系统消耗的能量相当。

雨水集蓄系统的基本构造和施工相对简单，主要包括集水区、蓄水池和与之相连的管道。根据在设施中雨水的储存和分配方式，系统可以分为直流式、间流式和重力流式。除此之外，根据水力特性，系统还可以分为全流式、分流式、滞留控制式和过滤式。

集水区建设选用的材料对径流量及其化学、物理和生物质量都有重要的影响。来自集水区的初次径流水质比以后的水质要差。目前德国的实践表明，没有必要对初次发生的雨水径流进行分流。作为非饮用水使用的雨水只需在注入蓄水池前，用网孔为 $0.2\sim1.00mm$ 的横流式或者网式过滤器进行处理。在蓄水池内也可以通过浮选和沉淀的方法对其进行进一步处理。最好将蓄水池安置在地面以下，这样可以最大限度地阻止阳光的照射，使收集到的水保持低温，减少微生物，如藻类的生长。

在雨水集蓄系统的设计上，蓄水能力是关键，因为它影响系统的经济效应和运行。文中回顾了两种确定水库尺寸的模型：莫兰模型和关键期模型。莫兰相关方法基于排队论，但是没有被广泛应用在雨水系统的尺寸确定上。关键期法利用需水量超过来水量的部分来确定蓄水能力。这种方法被广泛应用到确定雨水系统的尺寸确定上，但是有一个主要的缺陷，就是不能计算给定失效率下的蓄水能力。这种缺陷可以利用统计学方法来克服，但是用行为分析的方法更容易解决。

行为分析或者模拟分析法属于关键期方法，通过利用描述水库运行的算法进行水量平衡演算，来模拟水库随时间变化的运行情况，通常是多年期的系统运行。模拟雨水系统运行有两种基本算法，即蓄水后产水量法和蓄水前产水量法。一般选择蓄水后产水量法，因为它能给出系统运行性能的保守估计。

与模拟过程相关的另一个问题是，如何利用不同地理位置的降雨序列数据在模型中体现降雨在空间和时间上的波动性。降雨在时间上的波动性与输入数据的时段有关。使用日时间序列能够准确预测系统运行的性能。在英国，已经用日尺度数据得到一组通用性能曲线，用来预测雨水集蓄系统的性能。

另外，本书回顾了一种以月为时间尺度的方法。月尺度模型相比日尺度模型，精度较差。通过引入一个蓄水池运行参数可以解决这一问题。在月模型中，通过设置蓄水池参数，可以有效重现日模型中表现的短时间尺度上的波动现象。通过调整参数，使月尺度模型能模拟出用日时间尺度预测出的系统性能。这种方法提供了另外一种准确将时间波动性引入模拟过程的方法。据研究，蓄水池运行参数为 0.6 时，适用于模拟英国的系统性能。

用户对于雨水集蓄系统的认可、系统组成部分的耐用性以及潜在的健康风险，直接与蓄水池提供的雨水水质有关。雨水中的化学和物理污染物主要来自于大气污染物，大气中的污染物通过干沉降和湿沉降两种途径污染雨水。干沉积量与降雨的间隔有关。pH、悬浮固体、浊度和金属离子的浓度受接纳雨水的屋顶材料的类型影响。相似地，雨水水质也依赖于系统安置的环境，是在农村、城镇还是安置在工业环境中。

对于用户来讲，集蓄系统潜在的健康风险与雨水中微生物质量有关。病原性有机物可通过落在屋顶上的鸟或动物的粪便，或者通过一些随机出现的、能在蓄水系统中存活的病菌，如军团杆菌，进入雨水集蓄设施。寄存在鸟或动物粪便中的病原性有机物，如沙门氏菌、弯曲杆菌、贾第鞭毛虫和隐孢子虫，在雨水温度为 5~37℃ 时，即使营养水平适宜，也不太可能生长。而军团杆菌的出现和生长则代表高健康风险。其生长条件为温度 25~45℃，可能生长在水生生物膜上，而水生生物膜可能会出现在雨水集蓄系统中。将蓄水池安置在地面以下会使出现军团杆菌的风险最小化，因为地下蓄水池的温度不太可能达到 25℃。

2.7　参考文献

Alexander, G.N. (1962) The use of Gamma distribution in estimating regulated output from storages. In *Civil Engineering Transactions, The Institution of Engineers, Australia* **4** (1), 29 – 34.

Appan, A. (1997) Roof water collection in some southeast Asia countries: status and water quality levels. *Journal of the Royal Society of Health* **117** (5), 319-323.

Appan, A. Villareal, C. and Wing, L. (1989) The planning, development and implementation of a typical rainwater cistern systems: A case study in the Province of Capiz. In *Proc. of the 4th Int. Conf. on Rainwater Cistern Systems*, Manilla, Philippines, 2-4 August.

Brewer, D. Brown, R. and Stanfield, G. (2001) *Rainwater and greywater in buildings: Project report and case studies*. Technical note TN7/2001, BSRIA, Bracknell, Berkshire.

Brodribb, R. Webster, P. and Farrell, D. (1995) Recurrent Campylobacter fetus species bacteraemia in a febrile neutropaenipatient linked to tank water. *Communicable Disease Intelligence* **19** (5), 312-313.

Chareonsook, O. (1986) The Entero-pathogenic bacteria and pH of rainwater from three types of container. *Communicable Disease Journal,* Thailand **12** (1), 50-58.

Chu, S. C., Liaw, S. C., Huang, S. K., Tsai, Y. L. and Kuo, J.J. (1999) The assessment of agricultural rainwater catchment systems in mudstone areas. In *Proc. of the 9th Int. Conf. on Rainwater Catchment Cistern Systems*, Petrolina, Brazil, 20-22 July.

Courier, S. (2002) GARASTOR – The benefits of a new storm water retention system for residential developments. In *Proc. Standing Conf. on Storm Water Source Control,* Coventry University, 13 February.

Crabtree, K., Ruskin, R., Shaw, S. and Rose, J. (1996) The detection of Cryptosporidium Oocysts and Giardia cysts in cistern water in the US Virgin Islands. *Water Research* **30** (1), 208-216.

Cunliffe, D. (1998) *Guidance on the use of rainwater tanks*. National Environmental Health Forum Mongraphs, Water Series 3, Public and Environmental Health Service, P O Box 6, Rundle Mall, SA 5000, Australia.

Day, M. (2002) The Millennium Green development rainwater project. In *Proceedings of Standing Conference on Storm Water Source Control,* Coventry University, 13 February.

Dixon, A., Butler, D. and Fewkes, A. (1999) Computer simulation of domestic water reuse system: investigating grey water and rainwater in combination. *Water Science & Technology* **38** (4), 25-32.

Dominguez, M.A., Schiller, E. and Serpokrylov, N. (2001) Sizing of rainwater storage tanks in urban zones. In *Proc. of the 10th Int. Conf. on Rainwater Cistern Systems,* Mannheim, Germany. 10-14 September.

Fewkes, A., and Butler, D. (2000) Simulating the performance of rainwater collection systems using behavioural models. *Building Services Engineering Research and Technology.* **21** (2) 99-106.

Fewkes, A., and Frampton, D. (1993) Optimising the capacity of rainwater storage cisterns. In *Proc. of the 6th Int. Conf. on Rainwater Cistern Systems*, Nairobi, Kenya, 1-6 August.

Fewkes, A., and Warm, P. (2000) Method of Modelling the performance of rainwater collection systems in the United Kingdom. *Building Services Engineering Research and Technology* **2**(4), 257-265.

Fewkes, A. (1996) The field testing of a rainwater collection and re-use system. In *Proceedings of Conference on Water recycling: Technical and social implications.* London, 2-6 March 1996

Fewkes, A. (1999a). Modelling the performance of rainwater collection systems: towards a generalised approach. *Urban Water* **1** (4) 323-333.

Fewkes, A. (1999b) The use of rainwater for WC flushing: the field testing of a collection system. *Building. & Environment.* **34** (6) 765-772.

Fok, Y. S., and Leung, P.S. (1982) Cost analysis of rainwater cistern systems. In *Proc. of the 1st Int. Conf. on Rainwater Cistern Systems*, Hawaii, Honolulu, June 15-18.

Foster, J. (1991) Roof runoff pollution. In *Second Junior Workshop: Hydrological and Pollution Aspects of stormwater infiltration*, Kastanlenbaum, Luzern, Switzerland, 4 – 7 April.

Fujioka, R., and Chinn, R. (1987) The microbiological quality of cistern waters in the Tantalus area of Honolulu, Hawaii. In *Proc. of the 3rd Int. Conf. on Rainwater Cistern Systems*, Khon Kaen University, Thailand, F3, 15-16 January, 1987.

Fujioka, R., Inserra, S., and Chinn, R. (1991) The bacterial content of cistern waters in Hawaii. In *Proc. of the 5th Int. Conf. on Rainwater Cistern Systems*, Keelung, Taiwan, 4-10 August.

Gardner, T., Coombes, P., and Marks, R. (1999) Use of rainwater in Australian urban environment. In *Proc. of the 10th Int. Conf. on Rainwater Catchment Systems*, Mannheim, Germany, 10-14 September.

Geiger, W.F. (1995) Integrated water management for urban areas. In *Proc. of the 7th Int. Conf. on Rainwater Cistern Systems*, Beijing, China, 21-25 June.

Gieske, A., Gould, J.E. and Sefe, F. (1995) Performance of an instrumented roof catchment system in Botswana. In *Proc. of the 7th Int. Conf. on Rainwater Catchment Systems*, Beijing, China, 21-25.

Gould, B.W. (1961) Statistical methods for estimating the design capacity of dams. *Journal of the Institution of Engineers, Australia* **33** (12), 405-416.

Gould, J. (1993) A review of the development, current status and future potential of rainwater catchment systems for household supply in Africa. In *Proc. of the 6th Int. Conf. on Rainwater Catchment Systems*, Nairobi, Kenya 1-6 August.

Gould, J. (1999) Is rainwater safe to drink? A review of recent findings. In *Proc. of the 9th Int. Conference on Rainwater Cistern Systems, Petrolina*, Brazil, 20-22 July.

Gould, J. and Nissen-Petersen, E. (1999) *Rainwater catchment systems for domestic supply: Design, construction and implementation*, Intermediate Technology Publications, London.

Grove, S. (1993) Rainwater harvesting in the United States – Learning lessons the world can use. *Raindrop* **8** (1), 1-10.

Hassel, C. (2001) Save rainwater save money. *Bldg. Eng.* **76** (2) 10-11.

Hazen, A. (1914) Storage to be provided in impounding reservoirs for municipal water supply. *Transactions of the American Society of Civil Engineers* **77**(1), 15-39.

He, W., Wallinder, O. and Leygraf, C. (2001) The Laboratory study of copper and zinc runoff during first flush and steady state conditions. *Corrosion Science* **43** 127-146.

Hegen, R. (1993) Value of daily data for rainwater catchment. In *Proc. of the 6th Int. Conf. on Rainwater Cistern Systems,* Nairobi, Kenya, 1-6 August.

Herrmann, T. and Schmida, U. (1999) Rainwater utilisation in Germany : efficiency, dimensioning, hydraulic and environmental aspects. *Urban Water* **1** (4), 307-16.

Hurst, H.E., Black, R.P. and Simaika, Y.M. (1965) *Long term storage.* Constable, London.

Jenkins, D., Pearson, F., Moore, E., Sun, J.K. and Valentine, R. (1978) *Feasibility of rainwater collection systems in California.* Contribution No. 173 (Californian Water Resources Centre), University of California.

Keller, K. (1982) *Rainwater harvesting for domestic water supplies in developing countries: A literature survey.* Working paper 20, Water and Sanitation for Health (WASH), USAID, Washington, DC.

Klein, B. and Bullerman, M. (1989) Qualitative aspects of rainwater use in the Federal Republic of Germany. In *Proc. of the 4th Int. Conf. on Rainwater Cistern Systems,* Manilla, Philippines, 2-4 August.

Konig, K.W. (1999) Rainwater in cities : A note on ecology and practice. In *Cities and the Environment: New approaches for Eco-Societies,* United Nations University Press, New York.

Konig, K.W. (2000a) Berlin's water harvest. *Water 21,* June, 31-32.

Konig, K.W. (2000b) Rainwater Utilisation. In *Technologies for urban water recycling.* Cranfield University.

Konig, K.W. (2001) *The rainwater technology handbook : Rainwater harvesting in building.* Wilo-Brain, Germany.

Koplan, J., Deen, R., Swanston, W., and Tota, B. (1978) Contaminated roof collected rainwater as a possible cause of an outbreak of Salmonellosis. *Journal of Hygiene* **8** (5), 303-309.

Krampitz, E., and Holländer, A. (1999) Longevity of pathogenic bacteria especially Salmonella in cistern water. *Zentralblatt für Hygiene und Umweltmedizin* **202** (6), 389-397.

Krishna, J. (1993) Water quality standards for rainwater cistern systems. In *Proc. of the 6th Int. Conf. on Rainwater Cistern Systems,* Nairobi, Kenya, 1-6 August.

Kuchta, J.M., Navratil, J.S., Shepherd, M.E., Wadowsky, R.M., Dowling, J.N. and States, S.J. (1993) Impact of chlorine and heat on the survival of Hartmamnella vermiformis and subsequent growth of Legionella pneumophila. *Applied Environmental Microbiology* **59,** 4096-4100.

Latham, B.G. (1983) Rainwater collection systems: the design of single purpose reservoirs. MSc thesis, University of Ottawa, Canada.

Latham, B.G., and Schiller, E.J. (1987) A comparison of commonly used hydro logic design methods for rainwater collectors. *Water Resources Development,* **3** (3), 165-170.

Leggett, D. J., Brown, R., Brewer, D., Stanfield, G., and Holiday, E. (2001) *Rainwater and grey water use in buildings: Best practice guidance.* Report C539, CIRIA, London.

Lodge, B.N. (2000) A water recycling plant at the Millennium Dome. *ICE Proceedings,* Special Issue 1, 58-64.

Lücke, F.K. (1999) *Process water of potable quality: sense or nonsense.* Elemental Solutions, The Green Shop and Construction Resources, Gloucestershire, UK.

Lye, D. (1987) Bacterial levels in cistern water systems in Northern Kentucky, *Water Resources Bulletin,* **23,** 1063-68.

Lye, D. (1991) Microbial Levels in cistern systems : Acceptable or unacceptable. In *Proc. of the 5th Int. Conf. on Rainwater Cistern Systems*, Keeling, Taiwan, 4-10 August.

Lye, D. (1992) Legionella and Amoeba found in cistern systems. In *Proc. of the Regional Conference of the Int. Rainwater Catchment Systems Association*, Kyoto, Japan, 4-10 October.

McMahon, T. A., and Mein, R.G. (1978) *Reservoir capacity and yield: Developments in water science.* Amsterdam, Elsevier.

Michaelides, G. (1989) Investigation into the quality of roof harvested rainwater for domestic use in developing countries. In *Proc. of the 4th Int. Conf. on Rainwater Cistern Systems*, Manilla, Philippines, 2-4 August.

Moran, P.A.P. (1959) *The theory of storage.* Methuen, London.

Mottier, V., Bucheli, T., Kobler, D., Ochs, M., Zobrist, J., Ammann, A., Eugsler, J., Mueller, S., Schoenberger, R., Sigg, L., and Boller, M. (1995) Qualitative aspects of roof runoff. In *Eighth Junior Workshop: Urban rainwater resourcefully used.* Deventer, the Netherlands 22 – 25 September.

Murase, M. (1998) Rainwater utilisation and sustainable development in cities. *Wasser-Wirtschaft-Zeitschift for Wasser und Umwelt* **88** (7), 401-3.

Mustow, S., Grey, R., Smerdon, T., Pinney, C., and Waggett, R. (1997) *Water conservation : Implications of using recycled grey water and stored rainwater in the UK.* Final Report 13034/1, BSRIA, Berkshire.

Ngigi, S. N. (1999) Optimisation of rainwater catchment system design parameters in the arid and semi arid lands of Kenya. In *Proc. of the 9th Int. Conf. on Rainwater Catchment Cistern Systems*, Petrolina, Brazil, 20-22 July.

Pacey, A. and Cullis, A. (1986) *Rainwater Harvesting: The collection of rainfall and run-off in rural areas,* Intermediate Technology Publications, London

Perrens, S.J. (1982) Design strategy for domestic rainwater systems in Australia. In *Proc. of the 1st Int. Conference on Rainwater Cistern Systems*, Hawaii, Honolulu, 15-18 June.

Perrens, S.J. (1982) Effect of rationing on reliability of domestic rainwater systems. In *Proc. of the 1st Int. Conf. on Rainwater Cistern Systems*, Hawaii, Honolulu, 15-18 June.

Piggot, T.L.; Schiefelbein, I.J. and Duram, M.T. (1982). Application of the Gould matrix technique to roof water storage In *Proc. of the 1st Int. Conf. on Rainwater Cistern Systems*, Hawaii, Honolulu, 15-18 June.

Pratt, C.J. (1999) Use of permeable, reservoir pavement constructions for storm water treatment and storage for re-use. *Water Science & Technology* **39** (5), 145-151.

Ratcliffe, J, (2002) Telford rainwater harvesting project. In *Proc. Standing Conf. on Storm Water Source Control*, Coventry University, 13 February.

Ree, W.O., Wimberley, O., Guinn, W.R. and Lauritzen, C.W. (1971). *Rainwater harvesting system design.* Report A R S 41 – 184 Agricultural Research Service, USDA, Oklahoma.

Riddle, J., and Speedy, R. (1994) Rainwater Cistern Systems: The Park Experience. In *Proc. of 2nd Int. Conf. on Rainwater Cistern Systems*, US Virgin Islands, 15-18 June.

Rippl, W. (1883) The Capacity of Storage reservoirs for Water Supply. In *Proc. of the Institute of Civil Engineers* **71**, 270-278.

Ruskin, R.H., and Callender, A. (1988) *Maintenance of cistern water quality and quantity in the Virgin Islands.* Tech. Report No. 30, Caribbean Research Institute, St Thomas, USA Virgin Islands.

Sayers, D. (1999) *Rainwater recycling in Germany.* National Water Demand Management Centre, Worthing, West Sussex.

Schiller, E. (1987) Rainwater collection systems: A literature review. In *Proc. of the 3rd Int. Conf. on Rainwater Cistern Systems*, Khon Kaen University, Thailand.

Scott, R.S., and Waller, D.H. (1991) Development of Guidelines for rainwater cistern systems in Nova Scotia. In *Proc. of the 5th Int. Conf. on Rainwater Catchment Systems*, Keelung, Taiwan, 4-10 August.

Surrendran, S., and Wheatley, A., (1998) Grey water reclamation for non-potable re-use. *J. CIWEM* **12**(6), 406-13.

Thomas, H.A., and Burden, R.P. (1963) *Operations Research in Water Quality Management.* Havard Water Resources Group.

Thomas, P.R., and Greene, G.R. (1993) Rainwater quality from different roof catchments. *Water Science & Technology* **28** (3), 291-299.

Townshend, A.R., Jowett, E.C., LeCrow, R.A., Waller, D.H., Paloheimo, R., Ives, C., Russel, P., and Liefhebber, M., (1997). Potable water treatment and reuse of domestic waste water in the CMHC Toronto 'Healthy House'. *American Society for Testing and Materials* **1324**, 176-187.

Waitt, F.M.F. (1945) Studies of droughts in the Sydney catchment areas. *Journal of the Institution of Engineers, Australia*, **17** (4), 90-97.

Waller, D., and Inman, D. (1982) Rainwater as an alternative source in Nova Scotia. *In Proc. of the Int. Conf. on Rainwater Cistern Systems*, Hawaii, Honolulu, 15-18 June.

Waller, D.H. (1982) Rainwater as a water supply source in Bermuda. In *Proc. of the 1st Int. Conf. on Rainwater Cistern Systems,* Hawaii, Honolulu, 15-18 June.

Walther, D., and Thanasekaren, K. (2001) Cost effective dimensioning of artificial rainwater harvesting storage systems. In *Proc. of the 10th Int. Conf. on Rainwater Catchment Systems*, Mannheim, Germany, 10-14 September.

Watt, S.B. (1978) *Ferrocement water tanks and their construction.* Intermediate technology publications, London.

Wirojanagud, P., and Vanvarothorn, V. (1990) Jars and tanks for rainwater storage in rural Thailand. *Waterlines* **8** (3), 29-32.

WROCS (2001) *Final Report of the Water Recycling Opportunities for City Sustainability (WROCS) project.* Cranfield University, Imperial College London and The Nottingham Trent University.

Xanthopoulos, C., and Hahn, H. (1994) Priority pollutants from urban storm water runoff into the environment. *Journal European Water Pollution Control* **4** (5), 32-41.

Yaziz, M.I., Gunting, N., Sapari, N., and Ghazali, A. (1989) Variations in rainwater quality from roof catchments. *Water Research.* **23** (6), 761-765.

Zaizen, M., Urakawa, T., Matsumoto, Y., and Takai, T. (1999) The collection of rainwater from dome stadiums in Japan. *Urban Water* **1**(4), 355-9.

Zobrist, J., Muller, S.R., Ammann, A., Bucheli, T.D., Mottier, V., Ochs, M., Schoenenberger, R., Eugster, J. and Boller, M. (2000). Quality of roof runoff for groundwater infiltration. *Water Research* **34** (5), 1455-1462.

3 了解生活灰水处理

WilliamS. Warner

3.1 概述

一个引起公众关注的个人问题就是生活灰水处理的健康风险问题。不同的处理方法其复杂度、效率和效能各不相同。随着公众开始认识到灰水能通过多种渠道加以再利用（如灌溉和冲洗厕所），生活灰水处理的方法在持续增加，并因此减少了对公共供水的需求。然而，实现这种效益的前提是要对水中潜在污染物进行适当的处理。

3.1.1 争议风暴

潜在污染物的威胁主要集中在两个方面：①家庭日用品化学品（如清洁剂、漂白剂、染色剂和软化剂等）中的化合物；②传输过程（如地下水渗透、气雾吸入等）中的致病微生物。前者引起了一股有关生活灰水成分和危险化合物来源的信息潮，后者产生了关于指示细菌（indicator bacteria）和感染概率的数据风暴。在这两种情况中，我们都发现了对于生活灰水回用安全性的有争议的问题。

风暴争论的一个隐含原因是有关生活灰水的信息是两极化的。一方面是高端信息，由科技论文构成，这些科技论文由那些了解生活灰水处理流程的人编写（也主要写给他们看）；另一方面是低端信息，来源由传单、小册子和网页构成，这些通常由那些对生活灰水处理产品感兴趣的人编写（也主要写给他们看）。当两个阵营相遇时，适合产生争论风暴的氛围就出现了。

预测现场生活灰水处理系统的未来如同估计它们带来的健康风险一样困难。首先，生活灰水的特征是多样化的，并且关于潜在污染物的信息很有限。同样重要的是，有关影响致病菌生存和转化因素（如特定致病细菌和病毒的增长和减少）的定量信息不一致。此外，与细菌风险评估有关的动态关系（如剂量反应）与化合物的去向（如吸附、挥发、降解）关系一样，都非常复杂。此外，可供选择的处理措施通常是小规模并大多采用了新技术（用于家庭废水处理），而且种类繁多，如渗透系统、生物过滤器、膜生物反应器、消毒产品、需氧（厌氧）固定膜技术等，从而使问题变得更复杂。由于选择的多样化，对于处理效率和功效产生疑惑是可以理解的。

以下讨论有助于解释为什么会出现这些争论，着重于生活灰水特征和健康风险问题。尽管家庭生活灰水处理的前景看似乐观，但是还不明朗，疑惑的迷雾依旧存在。

3.1.2　处理原理

生活灰水处理的原理不是通用的，要具体情况具体分析，如何处理取决于几个变量，包括（但不局限于）以下 5 个方面。

（1）生活灰水的性质；

（2）流速；

（3）土地条件：土壤、渗透、地下水埋深等；

（4）气候；

（5）法规。

因此，离开其应用环境，我们很难评估一个系统的成功（失败）。然而，对处理概念和系统设计的概化有助于减少人们的困惑，但要明白它们是概化的，而不是具体的。

通常来讲，生活灰水比混合废水里微病原体和一些营养物（如氮和钾）的浓度更低，但磷、重金属、异形有机污染物的浓度大概处于同一水平（Ledin et al.，2001）。尽管其浓度与家庭废水相似，但是成分不同。COD 和 BOD 的比率可能高达 4:1（Jefferson et al.，2001）。尽管生活灰水的有机物浓度与家庭废水相似，但是其固体含量相对较低，表示有较多的有机物处于溶解状态（Jefferson et al.，2001）。

关于生活灰水特性的问题将在后边讨论，然而，从开始就认识到生活灰水来源有很大不同这点很重要。因此，处理关注的问题往往是针对其来源的。例如，厨房生活灰水中的油脂和洗衣房生活灰水中的不可生物降解纤维的处理。另外，不同来源提供了不同的生活灰水基本成分，例如：

（1）氢氧化钠皂能抑制水和营养物质向植物输送；

（2）清洁剂能使钙和镁沉淀并阻止固体物黏附到表面；

（3）消毒剂（如氯）能杀死有用的微生物并降低某些处理系统的效率。

生活灰水因其来源而表现出不同的成分，并且大多数处理设施设计规模相对较小，各个家庭内的变化就能对要处理的生活灰水的整体特性产生重大影响（Jefferson et al.，2001）。

然而，生活灰水的一般特征是可以识别的，可以根据这些特征确定处理技术中的设计参数和经验性问题。例如，生活灰水中氮含量低，但是富含碳，所以碳水化合物（如糖和淀粉）容易代谢也最先被处理；非消化性油脂、纤维素和复杂化合物的处理往往靠后。因此，堵塞是个常见的问题。当不可被生物降解的纤维进入系统，堵塞将加重，而且新衣物上直径小于 40μm 的纤维将使堵塞问题更加严重。于是，作为一个普遍准则，过滤是最重要的，并且强烈建议提供多种规格的过滤器（Del Porto and Steinfeld，1999）。

3.1.3 处理技术

处理技术的种类很多，从几乎不需要维护的简单系统到需要监视的复杂系统。如同任何技术一样，每个系统都有其优缺点，这也部分解释了处理厂效率和效能相关的争议。

Jefferson 等（2001）总结了生活灰水处理技术，从小规模的单个家庭的应用到大规模生活灰水回用系统。他们指出，尽管市场上有多个公司出售将生活灰水回用于冲洗厕所的系统，这些产品往往都建立在相同的两步流程基础上：粗滤程序用来去除较大颗粒和消毒（通常用氯或溴化物）或者紫外线照射程序。一般来说，这些操作依赖于短暂的停留时间。在消毒过程中，较高有机物负荷和浊度可能会带来问题，这有两个原因：①消毒剂难以扩散至大于 40μm 的絮状颗粒中；②有机物能消耗部分消毒物质（Jefferson et al.，2001）。笔者指出，定期的维护至关重要，并且所有的系统都包含一个饮用水后备设备来保证冲洗厕所用水的持续供应。尽管许多这样的系统在实验中已经达到节水 30%，但是经济效益与家庭人口直接相关（Diaper et al.，2000）。根据英国最高用水收费水平，单人家庭使用典型的年节水 20% 左右的系统，其收回成本的周期要大于 50 年（Sayer，1998）。

一些物理系统，如深度过滤器和膜技术，因为能够产生比上述单个家用系统水质更好的出水，已经得到了发展（Jefferson et al.，2001）。深度过滤器——通常是一个容积 250L 的鼓形物，里面底部是粗糙的碎石，上面是沙子——需要不时的逆流冲洗来清洁介质。经膜过滤的水质量一般较高，但是这种技术受到操作和经济上的限制（Stephenson et al.，2000）。一个主要的问题是膜表面的污垢，可以通过清洗来减少这些污垢。膜运行 1h 后表面的污垢就能够减少流量高达 90%（Gander et al.，2000）。停留时间已经被认为是对系统运行有主要影响的参数：当储存时间延长，生活灰水将变得缺氧，并产生不太容易被膜滤掉的有机化合物（Holden and Ward，1999）。Jefferson 等（2001）没有提及最简单的物理处理设备。这样做是有充分理由的：那些不进行适当过滤的系统（卖价约为 500 美元）只不过是昂贵的油脂分离器（Del Porto and Steinfeld，1999）。

生活灰水自然处理系统往往反映了一种新式设计，但是其处理理念与基于自然的污水处理系统基本相同。实际上，自然处理系统中的技术包含许多机械式或厂内处理系统的技术（沉淀、过滤、气体输送、吸附、离子交换、化学沉淀、化学氧化和还原、生物转化和降解）。然而，在自然处理系统中开发了独特的技术，如光合作用、感光氧化作用和植物吸收。在自然处理系统中，这些过程以自然的速度发生，而在单个的生态系统反应器中，这些过程往往同时发生；不像在机械系统中，由于能量的输入，整个过程以加速度依次在不同的反应器中发生（Metcalf and Eddy，1991）。另外，对所有的自然处理系统来说都可以进行处理后的生活灰水回用（Angelakis，2001）。

许多自然处理系统的核心是土壤入渗，回用水的主要目的是回补地下水或者灌溉植物。生活灰水中氮和磷的浓度较低，说明给受纳水体带来富营养化的风险低于混合污水。但是 Ledin 等（2001）认为，这些营养物的浓度将影响土壤中的微生物活动，因此将促进入渗水中有机物质的微生物去除。尽管生活灰水的 pH 通常与混合废水（pH 为 7.5~8）相似，但是洗衣生活灰水往往呈碱性（pH 为 9.3~10），这将影响生活灰水中化合物的去向和土壤中的生物活动（Ledin et al.，2001）。预期的出流水质依赖于主要的入渗类型，包括低速入渗、快速入渗或者地面流（Angelakis，2001）。

所有的自然处理系统都采用某种形式的预处理。最常见的自然处理系统之一就是传统的化粪池，其出水将流到一个吸收系统（过滤带、过滤丘或者排水场）。由于生活灰水中的固体污染物比家庭污水中的含量低，因此化粪池需要定期清空的次数较少。化粪池可以与其他的污水处理措施相结合，来提高出流水的质量，例如，在化粪池的出口安装一个厌氧过滤器，以减少可能的固体颗粒，防止它们堵塞排水或灌溉管道。

假如能够避免使用钠基皂和氯漂白剂，灌溉床能够有效地使生活灰水再循环（Del Porto and Steinfeld，1999）。那些精心设计的花园通常是在以不透水膜衬砌的蒸散床上种植特定的植物，并且通常是在温室里。可处理较大水量的水生系统能够处理来自多个家庭的排水。这样的水生系统是置于温室中的曝气池（通常与湿地结合），在曝气池中由微生物、种子植物、鱼类依次对污水进行处理。

池塘和人工湿地需要的管理投入最少，但提供的处理水平很高。湿地能够减少致病菌、去除营养物质，并且能使有机物质矿化。其主要的类型为自由水面和地下潜流。后者需要较少的地面并能避免气味和蚊虫的问题，但是介质通常比较昂贵，也可能会堵塞。有一些湿地是简单的单阶段系统，还有一些是复杂的多阶段系统。湿地的性能部分依赖于其设计方式，在设计中必须考虑土壤、灰水的成分、水量、流速和气候等因素。人工湿地在温暖的气候条件下运行最好，但是北欧的研究表明，人工湿地在较冷的气候下也可以有效工作，只要生活灰水经过曝氧生物过滤池的预处理（Jenssen and Vråle，2004）。尽管人工湿地需要进行预处理，但是其优化设计，包括人工湿地需要的面积，仍然是讨论中的问题（Müllegger et al.，2004）。

既然生活灰水处理的设计总是在改变，那么系统性能的不同也就不足为奇了。采用各种各样的技术开发出了不同的处理流程（物理的、化学的、生物的）。对一些系统来说，主要的目标是处理排放的污水而不是节约可饮用水；对另一些系统来说，则是通过生活灰水回用来节水；还有的系统为综合性目的，这意味着要采用多种水质标准的概念，进行不同深度的处理使废水达标排放或再利用（Tchobanoglous，1999）。由于系统的目标不同，处理技术的效率和功效也如生活灰水本身一样多样化，关于生活灰水处理的疑问与争论也就可以理解了。

3.2　困惑与争论

公众现在比以前有更多的机会接触到专业化的科学和技术领域。特别是由于网络的出现和激增的网页信息，所有人都有平等的机会接触到曾经只有科学家才能得到的信息。通过敲击几下键盘，一个普通人输入"生活灰水"就能够得到大量的链接。点击链接就能涌现出大量的关于处理设备、健康风险等信息。网络传播信息从根本上来说是好的，但是有两个缺点。

首先，普通人通常不了解水处理流程的科学。知道生活灰水处理怎么运行是一回事，知道为什么这样处理就是另外一回事了。这其中的差异很重要，特别是当系统失败时，因为其后果对公众健康和私人花费来说影响重大。与普通的污水处理系统不同的是，现场生活灰水处理系统是由个人承担责任，而不是公用事业机构。污水处理是一项长期的任务。由于大部分处理系统都没有后备系统，并且处理系统的失败将会产生可怕的结果，根据常识，每个户主都应该自己做好应对任何可能发生问题的准备。可悲的是，很多人都没有做好这样的准备。他们对处理系统怎样运作只有一个模糊的理解，对系统可能的失败原因了解甚少。无知并不总是应该的，特别是与现场生活灰水处理相关时。传染病、昂贵的维修以及恶臭的环境都是无知或者错误信息的例证。

其次，信息失真。与普通人相比，专家对信息失真更感到烦恼，因为专家们更了解生活灰水处理系统的潜在威胁。很少有普通人能够了解信息传输过程中的传闻能够污染整个科技知识的大河。误解会像病毒一样在适当的环境中传播，就像网络上的传播一样。不幸的是产品制造商以及擅长劝诱的生态学工程师，往往以他们对污水处理设计的强烈热情会制造误解（虽然是无意的）。

3.2.1　措辞与逻辑问题

措辞对普通人理解科技来说是个普遍性问题。这对科学家来说也是个问题，因为"在科学思维中措辞的含义随着时间而改变是一件很正常的事"（Dow，2002）。目前，即使是一个简单的词汇，如"需求"（demand），在应用于水科学时就有至少4种含义，（Merrett，2003）。

（1）用水：对单位时间内到达用户地点的水量的一种普通描述。这种水流既可以有益利用，也可以以各种方式浪费。

（2）耗水：在用水过程结束后剩余的部分就是废水和灌溉回补水。这部分水被回用于其他用途，循环至地表水或者回补地下水。

（3）需水（water need）：一个与社会、文化和健康相关的概念，是指饮用、做饭、清洗、灌溉等需要的或建议的用水水平。用水与需水之间的差异是前者指一个实际到达用户的水量，而后者代表一个需要或者建议的水量。

（4）水的经济需求（economic demand for water）：在特定的市场、特定的时间，单位水价和估计用户愿意为此支付的价格之间的关系。

Merrett（2003）总结说，当"需求"的概念试图包罗万象时，出现的疑问将产生深远的影响（如它会模糊全球半数以上人口的需水）。

一些有着社会良好印象的模糊的措辞会加重这些问题。普通人和专家们都模糊地理解着有着良好标志的陈词滥调（如可持续废水管理）。当重要的词汇（在这个例子中是"可持续"）没有被清楚理解时，问题就产生了。尽管废水的可持续标准还在完善中（Urban Water，2001），但是关键性的词汇对大多数人来说还很难懂。

错误的推理是另一个导致误解的因素。例如，一些普通人这样认为，如果生活灰水中含有埃希氏细菌就表明生活灰水被污染了，如果没有埃希氏细菌就没有被污染。或者，由于埃希氏细菌经常出现在人类排泄物中，则生活灰水中出现的埃希氏细菌就来自人类排泄物的污染等。逻辑中的错误明显得如同：所有的牛都有四条腿；一个动物有四条腿，则它一定是牛。但是在与污水处理流程有关的问题上，其中的因果逻辑关系并不是很明显。考虑如下的假设：如果轻微的处理是有益的，那么加强处理程度会有更好的处理结果。一般来说，这也许是真的，但也不总是真的。Dixon等（1999）检测了储存对污水质量的影响。他们发现，污水储存24h能够提高污水质量，但是当储存超过48h就会产生严重的问题，因为此时的溶解氧都已经耗尽了。

如果生活灰水的特质、处理和健康风险能够绘出逻辑关系图，则许多误解将自动解决。然而根本问题是这三个对象都很复杂。展示对象的复杂是一回事，这通过简单的描述就足够了，而展示其中的关系完全是另外一回事。绘制关系图就是对描述对象的概化。不幸的是，正是对生活灰水的概化（特征、处理和健康风险）催生了疑问和争议。

3.3 生活灰水特征

许多对生活灰水特征（及其伴随的健康风险）的误解来自于对生活灰水成分的错误认识。生活灰水的成分由其来源和其排放设施而定：厨房、浴室或洗衣房。不同来源的生活灰水其成分也会不同，因为各地方的生活方式、习俗、设施和日化产品的使用都会影响它的特征。生活灰水成分由于许多复杂因素的影响会有显著的差异。例如，化合物的化学和生物降解、传输过程中的以及病原体的存储时间。因此，绝大部分面向普通人的生活灰水的资料由两部分构成：①一个生活灰水来源的概要，通常用简单的饼状图描述；②常见化合物和病原体的目录，通常由表格进行描述，很少有定量化的表示。

一个关键的问题因为很难进行概化，而通常被忽略，那就是储存对生活灰水质量的影响。尽管相关报道很少，但是已有迹象表明，储存能使污水的有机物浓度降低，更易于生物降解（Jefferson et al.，2001）。在储存时间内，生物增长可能会导致包含排泄物大肠菌的微生物体的浓度增加（Jefferson et al.，2001），同时产生新的有机和无机化合物，即生活灰水中化合物部分降解的代谢物（Ledin et al.，2001）。诸如磷酸盐铵、硝酸盐以及有机物等营养成分的出现会促进微生物生长，并且由于在储存时间内会发生化学反应，其化学成分也会改变。因此，收集到的生活灰水的特征就会因储存时间的不同而发生变化，而储存时间可以从几分钟到几天。

另一个受关注的问题是真实的和合成的生活灰水比较。它们在大分子与小分子营养物的浓度上有很大不同（Jefferson et al.，2000b）。同样重要的是两种生活灰水的生物降解过程（在基础水平上）是不一样的。

在科学的所有领域中，总体的概化对普通人来说可能是有益的，但是对科学家来说却价值有限。科学家要求精确，但是在项目报告中的细节信息的价值也很有限，因为正如前面提到的，灰水的特征随时间和地点的不同而有很大的不同。有时估计某些地方、地区、国家的生活灰水成分的平均水平是可能的（EPA，2002），但是这通常是把使用不同取样方法的独立研究的成果合并起来得到的。另外，对平均值的估计通常太粗糙，很难有效应用。

简单说来，对灰水特点的概化和细化都只有很有限的价值。在没有绘制出生活灰水成分和处理流程的关系图时，这些数据在最好的情况下是无害的，而在最坏的情况下会产生误导。

所需要的是生活灰水特征关系图的绘制。Eriksson 等（2002）的《生活灰水特征》是这项工作的精彩例子。在这项工作中，把现有的生活灰水实测数据和化学成分和微生物理论值相结合，得出估计值应用于环境危害识别方法中。

3.3.1 复合化合物

尽管 Eriksson 等（2002）的报告中没有像制图师绘制水源（如河流和湖泊）之间的关系图那样绘制出生活灰水成分关系图，但是它表述了化合物及其来源材料之间的关系。以异生有机化合物（XOCs）为例，这是可出现在生活灰水中的一组异质群体化合物。XOCs 源自于常见的家用化学产品中：清洁剂、肥皂、洗发水等。欧洲各国对这些化学用品的消费量是不同的。例如，1991 年的软化剂的使用量，从意大利的每人 2.5kg 到比利时的每人 9.2kg（Puchta et al.，1993）。但是这些数据表明的是家用化学品的消费量，而不是单独的化合物的消费量。Eriksson 等（2002）描述了一种绘制生活灰水中相关化合物图形的可行方法，即将在日化产品中可能发现的 XOCs 与环境危害识别结合起来。

根据毒性、生物富集、生物降解对 XOCs 的分类，依照一种常用于评估新化学品引入市场的方法进行了风险评估（Van Leeuwen and Hermens，1995）。潜在化合物的目录编制难度很大。在丹麦普通家用产品公示信息的基础上，他们发现了至少 900 种不同的有机化学物质和化合物群体。如同制图师对某个制图主题创建分类图例一样，Eriksson 等（2002）依据化合物的环境危害将化合物分成 8 个不同的组。其中 66 种化合物被划分为（或概括为）主要污染物。也就是说，它们属于环境影响最大的前三组。

（1）不可生物降解和潜在生物富集；

（2）可生物降解和潜在生物富集；

（3）可生物降解和非潜在生物富集。

不幸的是，只有不到 1/4 的物质能够根据已知的毒性、生物富集和降解信息加以鉴定。另外，Eriksson 等（2002）认为，如果可得到剩余的 700 多种化合物更多的信息，那么主要污染物的数量会大增。

3.3.2 源头取样

另一种关系是生活灰水的来源（如厨房、洗衣房或者浴室）与其微生物和化学成分的关系，包含需氧量和营养物成分。而 BOD 和 COD 的含量就表示在输送和储存过程中有机物降解时的氧气消耗风险。Eriksson 等（2002）发现，一般来说，大部分的 COD 来自于洗衣房和厨房用的化学品，如洗碗和洗衣清洁剂。

同样，营养物质的浓度也因来源的不同而不同，例如，厨房污水产生大部分的总氮，而洗衣污水产生大部分的总磷。基于化学成分和污水来源关系可以得出两个结论：①不同种类的生活灰水可进行不同类型的重新利用；②需要进行的不同的预处理是根据生活灰水的种类和再利用的目的来决定的。

除了以上所说的以外，Eriksson 等（2002）也总结了各种文献中的数据，指出在数据的质量上也存在差异。一些文献仅仅报告了平均或者单个数值，但是另外一些文献的数据却是经过长期的大量取样得到的。取样方法无论是对化合物还是微生物都非常重要。科学家（不同于普通人）清楚地知道，瞬时取样会有误导性，因为浓度在一天内是变化的，在同一周的不同天也是不一样的。

然而，Eriksson 等（2002）建议，用更多的数据来评价生活灰水回用和下渗的潜力。目前的研究主要集中在耗氧的化合物（BOD 和 COD）、营养物和一些微生物的含量上。有一小部分关于重金属测量的研究，但是有关 XOCs 含量水平的信息却完全缺失（他们所列出的生活灰水中可能出现的 XOCs 是基于家用日化产品信息及对家庭废水中的 XOCs 认识的基础上获得的）。同样重要的是，生活灰水回用及其健康风险之间的关系还非常不清晰。很明显，要确定恰当的生活灰水处理方法需要确定生活灰水的详细特征和进行污染物可能来源的评价。

Terpstra（2001）绘制出了生活灰水来源之间的功能关系图，但是着重于可能回用的水质。该分析是基于水的内在特质进行的，这些特质与能源的特质相似。与能源类似，水也不是永久性地被消耗掉，并且与能源的特质相同，水质也能区分出高和低。高质量能源能够比较容易转换成低质量能源——但是相反的过程不会自发进行——这对水质一样适用。当纯度下降，水质与其潜在用途也会跟着下降。Terpstra（2001）将水质划分为四个等级，并且模拟了水源和水质（输入和输出）之间的理论关系。根据水质、效率和卫生要求的指标，将不同生活灰水来源的供水和排水划分为不同水质等级。

3.3.3 微生物的系统分析

致病的病毒、细菌、原生动物及寄生虫可以通过多种途径进入生活灰水：来自厨房中未烹饪的蔬菜和生肉、洗衣房的尿布、浴室中洗手及淋浴的用水。这些微生物的传播大部分与排泄物有关，由于接触污水，排泄物将病原体通过受感染者传染给其他人。因此，埃希氏细菌通常作为排泄物污染的指标，并通过测量其在生活灰水中的含量推算健康危害程度。但要记住的是埃希氏细菌在其他动物身上也存在，如家养宠物、家畜和野生动物。因此，仅仅在生活灰水中发现埃希氏细菌并不一定表明流入水已经受到排泄物污染。同样，在处理过的生活灰水中发现埃希氏细菌也不表示生活灰水处理失败或处理得不彻底。另外，在生活灰水中没有发现埃希氏细菌也不表示水是无病原体的。

许多普通人（当然包括所有的污水科学家）知道埃希氏细菌是一种排泄物指标。但是，因为指标的解释和使用方式不同，这个术语有时候让人感到迷惑。它能表示排泄物污染，能推论（但是仅仅是推论）致病物可能存在。它也能用于评价一个流程的功效（如食品处理流程或者污水处理流程）。

当进行污水处理时，指标微生物通常是大肠菌群，包括埃希氏细菌、柠檬酸细菌属类、肠杆菌属类、克雷伯氏菌属。因为大肠菌群通常比致病菌更顽固，因此水中不含这些指标时，就表明水在细菌学上是安全的。相反，水中出现了这些指标，就表明也可能存在其他种类的致病微生物，也就是说该水是不安全的。尽管经验显示，在100mL饮用水中如果不含有大肠菌群就可以预防细菌性水生疾病暴发，但这些指标也有不足（Cleeson and Gray，1997），摘自Gerba（2000）：

（1）指标菌群在水环境中的再生长；

（2）指标菌群的生长受到水中原有细菌的高速增长抑制；

（3）指标菌群不能说明健康受到威胁；

（4）肠内原生动物与滤过性毒菌浓度间没有关系。

同样值得关注的是受损的大肠菌群在配水系统中重新生长或者恢复，因为这可能会给出一个受排泄物污染的假象（Gerba，2000）。大肠杆菌可以在配水管道中的生物膜上生长与繁殖，甚至在有游离氯的条件下也能生长。当埃希氏细菌附着在物体表面上时，其对氯气的抗性是在水中独立细胞时的2400倍（LeChevallier et al.，1988）。

3.3.4 实际与潜在的微生物

由于厕所排泄物不包含在生活灰水中，因此生活灰水受到排泄物污染的可能性极小。但是，有些活动（如清洗尿布）会带入少量的排泄物。但是生活灰水可能含有大量易于降解的有机物，这些有机物会促进排泄物指标菌之类的肠道细菌的生长，细菌在污水中的类似生长已经有相关报道（Manville et al.，2001）。因此，对细菌指示菌数量的过分关注会导致对排泄物量的过高估计，由此也会高估排泄物带来的风险（Ottoson and stenström，2003）。Ottoson和stenström（2003）注意到很多研究报告了生活灰水中存在大量传统的排泄物指标菌，而从监管的观点看，这意味着生活灰水受到了严重的排泄物污染（表3.1）。

Ottoson和stenström（2003）研究的核心是用排泄物指标菌和化学生物标志物来对排泄物的污染加以定量，建议如果生活灰水应该回用，在需要评价实际风险的情况下就需要区分实际的排泄物负荷和潜在的指标菌的再生长。研究的前提是，大肠菌群指标导致过高估计系统中潜在的细菌再生长带来的风险。他们通过三种不同的方法比较验证了一个生活灰水处理系统。评估排泄物负荷是基于以下几点：

（1）通过粪醇的浓度、流行病学的数据，以评估致病菌负荷；

（2）排泄物中的肠球菌数量，以及一个通过与洗澡水接触得到的剂量反应模型；

（3）排泄物中的肠球菌是沙门氏菌的生物指数。

他们的结果显示了生活灰水中有大量的、数量易变的不同排泄物指标菌群，而这个变化不能由季节性来解释。更重要的是，与化学生物标志物相比，细菌指标菌群的密度使人们高估排泄物负荷达 100~1000 倍。尽管排泄物负荷很低，不同的接触情景模拟（直接接触、运动场地灌溉和地下水回补）都得出了不可接受的高轮状病毒风险。

还有另外两种微生物用于健康风险评估。指数微生物（index miro-organisms）是一组指示致病原体存在的微生物，模式微生物（model mirco-organisms）是一些能够指示病原体特性的微生物。例如，埃希氏菌可以用作沙门氏菌的一个指数，而 F-RNA 大肠杆菌噬菌体可以作为人体肠道病毒的模式。一般来说，上述术语之间的区别——本质上是病原体的存在与病原体的活动之间的区别——对微生物学家、流行病学家和病理学家来说，要比土木工程师、公共健康从业者和普通大众清楚得多。

表 3.1　生活灰水中指标菌的报告含量（改编自 Ottoson and stenström，2003）

（单位：log10/100mL）

污水来源	大肠菌群总量	耐热大肠菌	埃希氏菌	排泄物中的肠球菌	参考资料
浴缸、洗手池			4.4	1.0~5.4	Albrechtsen，1998
厨房洗涤池、洗手池		5.0		4.6	Gunther，2000
厨房洗涤池		7.6	7.4	7.7	Swedish EPA，1995
洗衣房	3.4~5.5	2.0~3.0		1.4~3.4	Christova et al.，1996
淋浴器、洗手池	2.7~7.4	2.2~3.5		1.9~3.4	Christova et al.，1996
生活灰水		5.2~7.0	3.2~5.1		Lindgren，1998
生活灰水		5.8	5.4	4.6	Swedish EPA，1995
生活灰水	7.9	5.8		2.4	Casanova et al.，2001
淋浴器、浴缸	1.8~3.9	0~3.7		0~4.8	Faechem et al.，1983
洗衣房、洗涤	1.9~5.9	1.0~4.2		1.5~3.9	Faechem et al.，1983
洗衣房、漂洗	2.3~5.2	0~5.4		0~6.1	Faechem et al.，1983
生活灰水	7.3~8.8				Gerba et al.，1995

微生物无论是指标（indicator）、指数（index）还是模式（model），仅仅识别潜在病原体的存在只有很有限的价值，除非把这些数据与功能关系联系起来分析。例如，与生活灰水中微生物相关的主要风险是在入渗过程中与水直接接触引起的感染，而入渗是灰水的土壤处理中最关键的一步（Ledin et al.，2001）。污染的土壤用于苗圃、农业、受纳水体作为饮用水源都有潜在的风险。但是要去理解其中的因果关系则需要一个解释性分析。例如，如果生活灰水回用于灌溉或者下渗，微生物的大小和下渗介质的空间关系非常重要。原因是这样的：较小的微生物（如细菌和病毒）往往对地下水污染有更大的风险，因为较大的微生物（如寄生原生动物和蠕虫类）更易于被过滤掉。

评价微生物的影响需要土壤和水中微生物去向的相关知识，包括停留时间和污染物所服从的传输机理之间的关系。因此要了解潜在病原体在污水处理中的风险，就必须要了解微生物和水、沉淀物、空气之间的理论关系（时间和空间的）。加上决定土壤和水中污染物去向（吸附、挥发和降解）的主要过程（Connell，1997），所形成的说明这些关系的动态矩阵绝不是简单易懂的。

3.4　标准的失误

尽管 Ottoson 和 stenström（2003）清晰地绘制出了指标和健康风险之间的关系图，但许多人却模糊了这些关系。其中一个原因就是对数（logs）使用的粗心。"指标"暗示着水质，与此不同，"对数"直接表示数量。而问题是怎样使用它，如同"浓度降低了5个对数级"很容易理解，但是仍然有疑问，"从多少开始减少的？"这一错误与用百分数表达一个值，却没有定义是什么的百分值相似。缺少参考的语境，减少的对数值就很容易产生误导。必须承认的是，一个对数减少的定量值可能看起来很大，但是其定性值则与起始浓度（处理前）和期望浓度（处理后）都相关。即使一个污染物浓度的对数值极其小，但是也不意味着水是无害的。除非我们知道其质量情况（如毒性），否则一个物质的定量表示毫无意义，也许这是指南与标准很难制定的原因之一。

很少有国家或者国家中的地区性权威机构已经或者正在制定有关处理过的生活灰水回用（非饮用）的标准，大部分工作是围绕着污水回用于灌溉开展的（Salgot and Angelakis，2001）。例如，在美国，加利福尼亚州限制总大肠菌群的含量水平是 2.2/100mL（Eriksson et al.，2002）。而佛罗里达州则对排泄物大肠菌类作出规定，并且将标准提高到 0（Crook and Surampalli，1996），这与世界卫生组织的 1000/100mL（WHO，1989）的标准形成鲜明对比。而澳大利亚则使这个问题变得更复杂了，根据用途采用了耐热大肠菌的四个含量水平，范围为

10/100 ~ 150/100mL（Gregory et al.，1996）。唯一明显的与生活灰水回用相关的标准是大肠菌群是按照每 100mL 的含量衡量的。

标准（standard）是在生活灰水处理中最常见的词汇之一，然而它对不同的人有着不同的含义，不仅仅是对于污水处理专业人员的监管限制。这个词给不同的人带来不同的干扰，特别是在它应用于卫生健康问题时。因此让我们再次回到语义学上。对一些人来说，标准意味着公认的操作步骤，例如，对医生来说，一个卫生标准就是在做手术前要洗手。对另外一些人来说，则是指一个可达到的目标，例如，达到世界卫生组织设立的卫生标准。对剩下的一些人来说，这只简单意味着实现基本的最低要求就可以了，例如，每 100mL 水中大肠菌群的含量不超过 100。需要澄清的是，对污水处理来说标准就是制度，是实际通过并由政府机构强制执行的规章。然而，指南（guidelines）就不是强制执行的，但是它们可以应用在污水回用计划的制定过程中（Salgot and Angelakis，2001）。

标准一直是科学家、卫生和立法官员、工程师之间讨论的对象，主要原因是这些标准的数值表达，次要原因是所要控制的参数（Salgot and Angelakis，2001）。例如，如果一个污水处理系统能够满足基于埃希氏菌计数的回用水标准，但是却忽略了病毒含量，那么这难道意味着处理过的水是安全可用的吗？当然不是。尽管大部分的生活灰水回用标准都没有标明病毒的含量标准，但是没有标明限制并不意味着威胁不存在。实际上，Ottosson（2004）所做的微生物风险评估显示，生活灰水处理的主要目的应该是减少病毒含量。

在数值表达上，标准通常是建立在估计值基础之上的。并且有时估计得很粗糙，以至于对风险评估毫无意义。实际上，与不同污水接触的因素如此多变，使相关标准仅仅成为猜测工作。例如，美国国家环境保护局（EPA）（Gerba，2000）对游泳用水仅仅建议采用缺省值（不管缺省是什么意思）。EPA 建议采用一个标准的接触水的频率是每年 1 ~ 10d，且每次游泳喝掉受感染的水为 10 ~ 100mL。一个快速的计算显示，每人每年喝掉的游泳池水为 10 ~ 1000mL，而每年喝的饮用水是 700L（另一个 EPA 估计值）。当在游泳人群和不游泳人群中比较疾病发生的频率时，Cabelli 等（1982）发现，即使是在微小污染条件下的水中游泳，也是个很重要的疾病传染途径。显然，建立在缺省值基础上的标准不是很适用于生活灰水回用的风险评估。

3.5　风险评估

风险意识是人类生存的固有品质，也是制定决策的关键要素。每个人都了解这个词的通用含义，但是"风险评估"这个词和"标准"一样对不同的人有着不同的意义。但大多数人对它的理解一致，认为它是一个可用于计算（或者估计）风险并用概率的形式来表达风险的概念。

微生物风险评估对设立环境中的污染物标准和保护公众健康标准来说非常重要。在过去，风险评估大多是定性的、主观的；但是现在，定量的风险评估（QRA）以一个更客观、更数据化的方式估算微生物病原体造成的传染、疾病或者死亡的风险。一般来说，这个方式包括 4 个基本步骤（Gerba，2000）。

（1）危害识别——确定损伤的危害和性质。例如，识别一种污染物（如军团菌）并记录其对人体的毒性作用。

（2）接触评估——判定环境中一个污染物媒介的浓度，并估计它的摄入速率。例如，判定生活灰水中埃希氏菌的浓度，并且判定每人能接触到的平均量。

（3）剂量反应评估——定量化表示因接触污染物而产生的不利影响。这项评估通常用数学中的图表表示生物对持续增加的污染物（如轮状病毒）剂量的反应。

（4）风险特征分析——根据影响的严重程度和接触程度估计一种微生物或化学物品的潜在影响（如人类疾病或者死亡）。

一旦确定风险的特征值后，风险管理就要评估监管选择方案，将社会、政治、经济问题以及在方案建议中包含的工程问题都要考虑在内。要评估风险，意味着要将其与一些事情排序或者作比较。用另外一句话说，就是要表现一种关系。但是与其他风险进行对比，其本身并不能建立群众对该风险的接受度。Gerba（2000）的表述使其明朗化，"自愿冒险总是比非自愿冒险更容易接受"。例如，同样的人愿意冒着 2∶100 的机动车死亡率的风险每天开车，却拒绝接受轮状病毒腹泻 1∶10 000 的死亡风险。

Gerba（2000）也强调了最小化原理，意思是有些水平的风险不是很重要就不值得去为此烦恼。这个概念很易于理解但是很难去定义。

"可以理解的是，监管部门不愿意明确可接受风险的含义……一些人更愿意采用'可忍受的风险'，即在经济成本、社会和科技的限制下我们可以接受的风险水平。但是人们普遍认可，在人的一生中，危险的概率约为百万分之一（或者 10^{-6}）是足够小的，普通大众都可以接受。"

这个百万分之一风险的概念十分难懂且理论化，但是其影响清晰且真实。例如，为了达到 10^{-6} 的风险而用在清理垃圾场上的花费经常以 10^{7} 美元为单位。Gerba（2000）声称，如果仅仅是小部分人而不是整个国民暴露在稍高范围水平的风险下（10^{-4} 而不是 10^{-6}），也是可以被接受的。他的论述对生活灰水处理有很细微但是很深奥的含义。他指出，例如，那些处理溶剂产品的工人一般都比大部分公众能接受更大程度的风险；并且这些高风险是有一定道理的，因为（除其他原因以外）雇用是出于自愿的。由于多数现场生活灰水处理雇用的工人都是出于自愿的，这就促使人们去应用相同的逻辑，说明那些愿意接受工作的人可以忍受更大程度的风险。

3.6 结论

用简单的答案来回答复杂的问题通常不是最好的。尽管生活灰水处理看似简单，但是健康问题却不是这么回事。这可以解释为什么有关生活灰水的规范和指南与生活灰水特征和处理技术一样变化多端。另外，标准的复杂性以及措辞和逻辑本身的特点很容易产生误解，尤其是当公众解释不同来源（如科学家、工程师以及产品制造商）的信息的时候。有关生活灰水的信息非常广泛——有些地方很浅显，另外一些却很深奥——通常使得复杂的问题更加迷惑而不是清晰。一个原因就是对之感兴趣的人群的关注点不同：污水处理专家往往对污水处理流程感兴趣；工程师往往关注于设备运行性能；产品制造商通常对推广产品感兴趣；而普通大众只忙于寻找能解决所有问题的万能方法。

3.7 参考文献

Angelakis, A.N. (2001) Management of wastewater by natural treatment systems with emphasis on land-based systems. In: *Decentralised Sanitation and Reuse* edited by Lens, P., Zeeman, G., and Lettinga, G. IWA Publishing, London.

Cabelli, V.J., Dufour, A.P., McCabe, L.J., and Levin, M.A. (1982) Swimming associated gastroenteritis and water quality. *Am. J. Epidemiol.* 115, 606-16.

Casanova, L., Gerba, C., and Karpiscak, M. (2001) Chemical and microbial characterization of greywater. *Journal of Environmental Science and Health* **36** (4), 395-401.

Christova-Boal, D., Eden, R.E., and McFarlane, S. (1996) An investigation into greywater reuse for urban residential properties. *Desalination*, 106, 391-397.

Connele, D.W. (1997) *Basic Concepts in Environmental Chemistry*. CRC Press, Boca Raton, Fl.

Crook, J. and Surampalli, R.Y. 1996. Water reclamation and reuse criteria in the US. *Wat. Sci. & Tech.* **33** (10-11), 451-462.

Del Porto, D. and Steinfeld, C. (1999) *The Composting Toilet System Book*. The Center for Ecological Pollution Prevention. Concord, Mass. USA.

Diaper, C., Dixon, A., Butler, D., Fewkes, A., Parsons, S., Strathern, M., Stephenson, T., and Strutt, J. (2000) Small scale water recycling systems – risk assessment and modelling. In: *Ist World Congress of the IWA*, Paris, 3-7, July.

Dixon, A., Butler, D., Fewkes, A. and Robinson, M. (1999) Measurement and modelling of quality changes in stored untreated grey water. *Urban Wat.* **1** (4), 293-306.

Dow, S. (2002) *Economic Methodology: an Inquiry.* Oxford University Press. Oxford.

EPA (2002) *Onsite Wastewater Treatment Systems Manual.* EPA/625/R-00/008. Office of Research and Development, U.S. Environmental Protection Agency. Washington.

Eriksson, E., Auffarth, K., Henze, M. and Ledin, A. (2002) Characteristics of grey wastewater. *Urban Water,* **4** (1), 85-104.

Faechem, R.G., Bradley, D.J., Garelick, H. and Mara, D.D. (1983) *Sanitation and Disease: Health Aspects of Excreta and Wastewater Management.* Wiley. Washington.

Gander, M., Jefferson, B., and Judd, S. (2000).MBRs for use in small wastewater treatment plants. *Wat. Sci. & Tech.,* **41** (1), 205-211.

Gerba, C.P. (2000) Risk assessment. In *Environmental Microbiology,* (eds. Maier, R.M., Pepper, I.L., and Gerba, C.P.), Academic Press, New York, 557-570.

Gerba, C.P., Straub, T.M., Rose, J.B., Karpisack, M.M. and Foster, K.E. (1995) Water quality of greywater treatment system. *Wat. Sci. & Tech.* **31** (1), 109-116.

Gleeson, C. and Gray, N. (1997) *The Coliform Index and Waterborne Disease.* E and FN Spoon. London.

Gregory, J.D., Lugg, R., and Sanders, B. (1996) Revision of the national reclaimed water guidelines. *Desalination,* 106, 263-268.

Gunther, F. (2000) Wastewater treatment by greywater separation: outline for a biologically based greywater purification plant in Sweden. *Ecological Engineering* **15**, 139-146.

Holden, B., and Ward, M. (1999) An overview of domestic and commercial re-use of water In: *Proc. International Quality and Product Centre Conference on Water Recycling and Effluent Reuse.* Copthorne Effingham Park, London, U.K.

Jefferson, B., Judd, S., and Diaper, C. (2001) Treatment methods for grey water. In *Decentralised Sanitation and Reuse,* edited by Lens, P., Zeeman, G., and Lettinga, G., IWA Publishing, London.

Jenssen, P. and Vråle, L. (2004) Greywater treatment in combined bio-filter/constructed wetlands in cold climate. In *Proc. 2nd Int. Symp. on Ecological Sanitation.* Lübeck, Germany, 7-11, April.

LeChevallier, M.W., Cawthen, C.P., and Lee, R.G. (1988). Factors promoting survival of bacteria in chlorinated water supplies. *Applied and Environmental Microbiology* **54**, 649-654.

Ledin, A.Eriksson, E., and Henze, M. (2001) Aspect of groundwater recharge using greywater. In *Decentralised Sanitation and Reuse,* edited by Lens, P., Zeeman, G., and Lettinga, G.. IWA Publishing, London.

Lindgren, S., and Grette, S. (1998) *Water and sewerage system.* SABO Utveckling. Trycksak 13303/1998-06.500 (in Swedish).

Manville, D., Kleintop, E.J., Miller, B.J., Davis, E.M., Mathewson, J.J. and Downs, T.D. (2001) Significance of indicator bacteria in a regionalized wastewater treatment plant receiving waters. *International Journal of Environmental Pollution,* **15** (4), 461-466.

Merrett, S. (2003) Demand-side concepts in the management of water resources. Tech. paper. *WATERSAVE Network, Fifth Meeting,* London. June 17, 2003.

4 节水产品

Nick Grant

4.1 前言

高效用水（water efficiency）产品能够显著提高用水过程中的节水水平。然而，评价潜在的节水能力和用户的接受能力是非常复杂的。本章将介绍一些设计方法，例如，通过优化管径来缩短盲管段，以及一些实用的产品，如洗衣机和冲水马桶。

在寻找实际技术时，本章对一些相关问题也进行了探讨：

（1）降低耗水量意味着同时降低性能和卫生标准吗？

（2）高效用水的措施划算吗？

（3）高效用水如何与循环用水和集雨进行比较？

本章的重点是技术，但有很多其他因素影响潜在的节水能力。这些在其他著作（EA，2001）和其他章节中有详细探讨。它们包括：

（1）接受力（uptake）。①更新周期（如洗衣机和冲水马桶）；②时尚、趋势；③技术的接受程度；④其他驱动力和阻碍。

（2）各组成部分占总用水量的比例（如减少刷牙用水量的80%可能只等于减少冲水马桶用水的5%）

（3）回弹效应（更长时间的淋浴、用马桶水冲面巾纸而不是把纸丢进垃圾桶）

（4）消费趋势。浴缸更大，淋浴更频繁，车更干净，多头淋浴器，经济衰退或者富裕增加。

虽然本章只关注硬件，但笔者并不希望仅仅提供纯技术方法来提高用水效率，节水更可能来自于个人习惯的改变。很明显，无法预料的生活方式的改变很容易削弱技术的提升效果［见上面所列的（1）、（3）、（4）条］。

4.2 节水产品的分析框架

在评价"节水产品"之前，有必要先认识我们所说的"节水"（water conservation）的真正含义。每种节水定义都有不同的阻碍和驱动力。4.2.1 节中给出的定义明确回答了有关阻碍和驱动力的问题。例如，人们常常以卫生、成本、观念或者公众教育方面存在困难对节水措施提出质疑。根据 4.2.1 节中提出的定义分类，这种质疑对于节水措施可能是合理的，但对"高效用水"和"够用水量"（water sufficiency）措施就没有什么说服力。这种定义的分类还可作为产品和系统的节水设计的对照表。

一些产品或技术完全属于一种类型，而有些则同时具有"高效"、"够用"、"替代"（substitution）、"循环"（recycling）或"回用"（reuse）这些类别的特点，如洗衣或烘干机和真空厕所。

4.2.1 定义

以下定义概括了一般的节水措施分类。

节水：用较少的水做较少的事

这在干旱或露营时尤为适用，但是像减少洗车次数（但保持车灯和玻璃干净）这样适度的措施在一定程度上可以普遍应用。一般来说，会违反卫生和审美之类的标准。得到接受的程度高度依赖于文化习惯。

例如：

（1）只冲大便不冲小便；

（2）不浇草坪；

（3）不频繁洗车；

（4）用少量水沐浴或短时间淋浴。

高效用水：用较少量的水做同样或更多的事情

这种省水方法对人为因素最不敏感，因为它不需要改变生活方式。高效的器具是用较少的水能做同样或更多的事情。有时，效率提高还能带来其他好处。例如，减少能耗、降低噪声和提高性能。

例如：

（1）水力效率较高的便池和马桶（即不仅仅降低冲水量）；

（2）优化的管道盲管段和隔离段；

（3）水龙头曝气器和喷头；

（4）淋浴喷头设计；

（5）高效率大型家用电器；

（6）花园设计，耐旱植被和草、覆盖物；

（7）修理渗漏；

（8）优化的浴缸形状。

够用水量：够用就好

这是一种优化方法。如同高效用水方法，用水效果不应该受到影响。对供水的充分程度进行优化一般要考虑技术和用户两个方面。例如，可以优化浴缸形状和控制其大小，但用户依然可以选择注入多深的水。同样的双按钮冲水马桶的节水也需依靠正确的使用。甚至一些依赖于习惯的节水，例如，刷牙时关上水龙头，也可以受到技术创新的影响。

例如：

（1）马桶水箱内部节水装置，以及根据用途调整马桶的冲水量；

（2）双冲水；

（3）人体工程学——淋浴器节约按钮，水力制动水龙头；

（4）水流调节；

（5）自动或人工控制，例如，当刷牙时关掉水龙头或计时水龙头；

（6）精细的花园浇灌；

（7）浴缸大小。

替代用水：用其他东西来代替水，如空气

这是一目了然的，包括技术措施。例如，真空和堆肥厕所，还有用扫帚代替冲水管来清理过道。有些无水的方法可能比用水有更大的环境影响（无水马桶所需要的能量，干洗用的溶剂）。

例如：

（1）无水马桶；

（2）无水小便器；

（3）真空排放（用一些水但用空气传输）；

（4）衣服刷；

（5）干洗（并不是为了节水）；

（6）擦手（对一些偏远的无水厕所）；

（7）使用空气进行工业清洗；

（8）用清扫代替冲洗地面，或冲洗前先清扫。

水的回用、循环和雨水收集（harvesting）：一个潜在的良性循环

水的回用定义很多，在本章中它表示进行最少量的处理后直接再次使用，而循环指在回用前进行处理的过程。直接回用是一种低成本的方法，但需要有充足的水源及供应和使用之间的水量和水质匹配来避免处理和储存。循环需要额外的能源，并可能需要化学物质来进行处理。如果所采取措施的目的是改善环境，还应该考虑其他影响。在此不讨论市政尺度的策略，如地下水补给。

例如：

（1）直接回用。①雨水收集；②雨水集蓄桶；③生活灰水灌溉（直接）；④工艺用水重用；⑤共用洗澡水。

（2）循环—处理、储存利用。①生活灰水回用；②生活黑水（blackwater，指厕所污水——译注）回用。

4.2.2 需求管理的潜在技术措施

表4.1和表4.2总结了现在和未来技术条件下的潜在节水能力。这只是讨论的开始，而不是预测。

表4.1 潜在节水的初步分析假定

措施	比例 /%	盎格鲁家庭水消耗调查（1994）/(L/d)[①]	假定水量 /次，L[②]	应用频率 /每人[③]	比较，频率（EA，2001）[④]	假定每日每人用量 – 现在可行的低成本技术和未来发展[⑤]
马桶	35	52.5	10	5.25	4.12	4.12
浴缸	15	22.5	80	0.28	0.34	0.34
淋浴器	5	7.5	15	0.5	0.6	0.6
厨房水槽	15	22.5	10	2.25	?	2.25
洗手池	8	12	6	2	0	2
洗衣烘干机	12	18	100	0.18	0.157	0.157
洗碗机	4	6	28	0.21	?	0.214
室外	6	9	9	1	0	0
总计	100	150				

注：①数据来自1994年盎格鲁家庭水消耗调查（Anglian water survey of domestic consumption）（SOD-CON），按每户4人计算；

②假定频率数据；

③根据历史数据和假定计算频率；

④频率值来自环境署（EA，2001）；

⑤为表2中的单一情景技术改善方案节水潜力比较分析所估算的频率，这些数字不是权威数据，仅在本章中使用。

表 4.2 根据现在可行低成本技术（BATNEEC）和未来技术预计的潜在节水量

措施	现在可行低成本技术/(水量/次)①	现在可行低成本技术/(水量/d)②	与盎格鲁家庭水消耗调查数据比较降低的百分数/%③	潜在的技术/(水量/次)④	(水量/d)⑤	与盎格鲁家庭水消耗调查数据比较降低的百分数/%
马桶	7	16.48	69	5	12.36	76
浴缸	70	23.8	-6	50	17	24
淋浴器	20	12	-60	6	3.6	52
厨房水槽	3	6.75	70	2.8	6.3	72
洗手池	3	6	50	2.5	5	58
洗衣烘干机	45	7.07	61	35	5.5	69
洗碗机	18	3.85	36	14	2.996	50
室外	0	0	100	0	0	100
总计		76	49		52.8	65

注．①可行的技术，2001；
②根据表 4.1 中的假设频率计算；
③与盎格鲁家庭水消耗调查数据相比较的减少量；
④利用现有的技术预测科技的局限性；
⑤根据④和频率进行计算。

表 4.1 显示了微观层面的用水频率情况，其中最后一列数据对本章尤其有用。用水及其趋势（见第 1 章）虽然不是本章所要讨论的事情，但对理解本章的内容却很关键。

再次说明，基于情景的分析超出了本章的讨论范围，但我们应该考虑情景分析，因为它们可能会影响技术设计方案。这些数据应该被视为技术上可能达到的结果，并且是假设使用者都具有节水意识。

4.3 可行的技术；分类分析

环境署的建筑节水事实卡中（EA，2001）详细介绍了很多现在可行的节水技术和工艺，这是从 2001 年 2~4 月对制造产品进行调研的结果。
这些卡片的编号和产品组合如下：
（1）家用电器；
（2）园艺电器或高效用水园艺；
（3）生活灰水；
（4）雨水；

（5）水龙头；

（6）供应限制阀；

（7）小便器、无水、控制器和卫生间控制器；

（8）无水、真空马桶；

（9）高效用水马桶和水箱内置换装置或改造；

（10）淋浴器和浴缸；

（11）一般管理。

4.3.1　家庭器具

讨论

在过去的 10 年中，洗碗机和洗衣机的水电利用效率都大幅提高（然而，消费者协会在"*Which?*"杂志公布他们测试的水、电消耗都比本身标示的高）。

很显然，每个循环的水和电使用量是由程序决定的。英国水规章和欧盟指令 95/12/EC 规定了横轴洗衣机的最大用水量是每千克衣物 27L。也就是 5kg 衣物可以用水 135L，而现在越来越多的洗衣机只用 50L 水或更少。

图 4.1 展示了 Bosch 洗衣机用水量的减少趋势，这说明新水规章在 20 年前可能是一种很有用的节约措施。

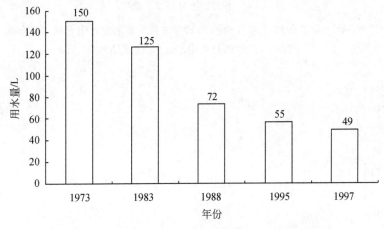

图 4.1　Bosch 洗衣机用水量趋势（5kg 热水洗涤）

用水和清洁度

人们经常担心由于采取高效用水措施而影响卫生和洗涤效果，所以通过分析现有数据来分析这个说法很有必要。图 4.2 展示了消费者协会（"*Which?*"杂志）测试的不同洗衣机在 40℃洗涤的效果和用水量。结果显示，清洗能力并不和高用水量有直接关系。最节水（和省电）的洗衣机仅比一种洗衣机的清洁能力差。图 4.3 展示了"*Which?*"杂志中各机器的总分（清洁能力 22%，运行费 24%，旋转效率 7%，用水量 11%，时间、漂洗和平衡 14%，烘干 22%）与用水量的关系。还需要对较新型的洗衣机进行重复实验以获得更多数据，但是该结果至少挑战了原有的两种观念：一是用水少的机器洗不干净；二是买节水机器是不划算的。这些图表和其他结果说明，节水的洗衣机在其他方面也有很好的表现，这些洗衣机的节水节电能力是优良设计的副产品而并不是通过牺牲清洁能力和价格来实现的。这种节约是额外的赠品而不应该被认为需要进行投资回收计算。

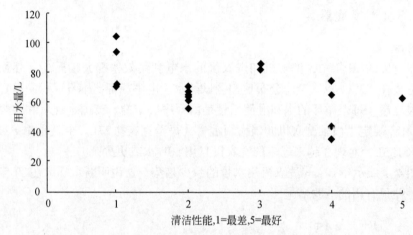

图 4.2 "*Which?*"杂志在 1997 年实验的 19 种洗衣机的清洁度和用水量（棉布 40℃洗涤）
（较晚期的数据只把用水分为最好到最差）

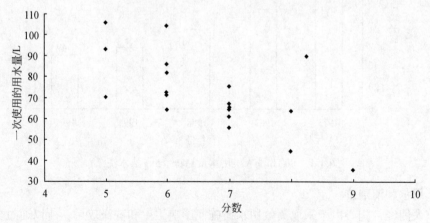

图 4.3 "*Which?*"杂志在 1997 年实验的 19 种洗衣机的总得分和用水量
（较晚期的数据只把用水分为最好到最差）

　　有趣的是，从那以后，新的实验结果（EA，2003）显示，过去那种较高效的洗衣机价格也较高的情况不复存在。因此在已经证明了不需要对比较高效的用水器具进行投资回收计算的情况下，看来现在它们没有增加任何费用（图4.4）。该论据在原则上依然站得住脚，并适用于其他情况。

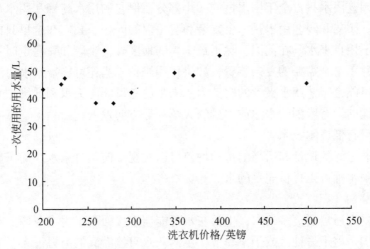

图4.4　洗衣机价格及其用水量情况（可见用水效率高的洗衣机不再像以前那样昂贵了）

　　洗碗机和洗衣机的用水效率会受到使用方式的强烈影响，因为未装满洗涤会比装满效率低。半满按钮和模糊控制只能部分解决问题，而且可能会鼓励用户在不装满的情况下使用。有些人发现，洗碗机半满程序的用水量和全满时一样多。

现在可行低成本技术（BATNEEC）

　　说明书一直在变，正如前面已经提过的，用水量依赖于程序及其检验方式。现行技术中洗衣机40℃洗涤5kg衣物大概使用水40L，洗碗机每轮大概用水14L（设置12个位置）。制造商声称，洗碗机因为比手洗用水少而更有利于环保。但如果考虑到实际生命周期评价的话，评判结果还未知。

未来

　　似乎洗衣机最少的用水量为每5kg衣物30~40L，而且这可能主要是由漂洗效果决定的。超声搅动、用量可控的易漂洗涤剂和更完善的控制系统等技术创新可能会减少用水量，还可能带来其他环境和健康效益。例如，低温的洗涤剂不仅节能而且使用活性酶代替磷化物。一个四口之家假设每天使用一次洗衣机，每次洗涤用水40L，一年大概是用水14.6m^{3}用电365kW·h。如果水费和污水处理费按1.5磅/m^{3}计算，电费按7便士/kW·h计算，一年下来水费和污水处理费是22英镑，电费是26英镑，或者说是每次洗涤13便士。从这个计算结果来讲，节水不太可能只受运行费用的多少所影响。

可能抵消节水效果的趋势是更大的机器和更快的洗涤速度。

4.3.2 园艺设备或高效园艺用水

讨论

虽然园艺用水只占全年用水量的一小部分，但它的用水高峰和用水最紧张的时期重合。园艺和园艺用水是一个复杂和有争议的问题。我们在这里只能说在英国有可能不用自来水。在英国，除了最干旱的地区外，滴灌和喷灌定时器之类的技术可能并不符合需要的复杂装置，如果使用维护不当还可能带来水的浪费。

时尚可能是园艺用水最大的驱动力。未来趋势可能向无水和低维护费方向发展，也可能向设有渗漏的水池或水景的大草坪等方向发展。

现在可行低成本技术

现在通过好的设计和适当的植物种植可以实现不使用自来水。除了超大的花园之外，雨水桶可以提供充足的水。

未来

如果夏天还需要更多的水，生活灰水可能会直接回用于更多花园。在干旱天气下和英国一些干旱地区或干旱季节，生活灰水直接灌溉的潜力很大。

4.3.3 生活灰水和黑水回用

讨论

处理和存储轻微污染生活灰水的商业和试验系统已经建成，典型例子是把浴缸和洗手池中用过的水用来冲厕所，制造商宣称可以节水30%~40%，也就是假设所有的厕所用水都用生活灰水。生活灰水系统的理论和实践已经在第4章中介绍过，后面我们会探讨它们的效能。

现在可行低成本技术

按照现有技术水平，现在生活灰水回用在单个家庭中的应用还行不通，因为性价比差、可靠性差、生命周期影响大和节水量不确定。生活黑水已经通过污水处理和排放到河中或补充地下水的方式间接回用，但更多直接的回用已经在很多试验计划中进行，如刚被放弃的盎格鲁水务的海狸家园计划。

未来

未来需要大的技术突破，笔者对未来英国家庭的生活灰水回用系统的使用持怀疑态度。对于缺水地区，较大规模的生活黑水回用可能有较大潜力。新技术包括膜生物反应器和间歇式活性污泥法的污水处理厂，可以在经过消毒后产生更多水质好的回用水。生命周期影响必须被考虑在内，尤其是能耗和消毒过程产生的有毒的副产品。园艺中简单直接的生活灰水回用在干旱地区有很大的应用潜力，因为那里夏天需要很高的灌溉量。

如果因开发建设超出了污水管网控制范围而需要就地处理，可能就会达到使大范围的回用实际可行的规模。

4.3.4　雨水（除雨水桶外）

讨论

适当收集和储存的雨水一般都能被接受用于厕所、洗衣机和园艺用水，见第2章。这些用水一般占家庭用水的一半，但采用最佳技术的厕所和洗衣机用水量已经减少了一半，而洗浴用水增加了，因此在考虑新建筑和大型装修工程时，这个数字还需要再核实。后面我们会比较生活灰水、雨水和高效用水措施。

现在可行低成本技术

可以采用多种商业化的系统。

未来

现行系统性价比通常不高，尤其是在家庭这样的规模上，并且对以同样的水量抽水的能耗比用自来水要高。未来的科技发展可能包括低成本变速抽水泵。水箱是一项重要的系统成本，但可能已经是一种成熟的技术，除非对新建筑有创新的解决方法，如功能共享。

4.3.5　水龙头

讨论

适用水龙头技术在厨房、浴室和商业卫生间都有所不同。合理的方法是"够用水量"方法，采用优化流量和满足人体工程学要求。

有些型号采用了 Hansa Ecotop 阀芯之类的技术。对于来自来水管道的压力供水，曝气器和层流装置可以在调节流量和提供增加流量的假象的同时消除飞溅。对于节水意识不强的用水者，节水效果会较好。商用卫生间喷洒式水龙头可以减少80%的流量，但是正确的设定和流量调整对用户的满意度有重要影响。通常流量设置过大会带来飞溅。计时关闭和电子控制的水龙头在商业应用上有很好的节水效果，同时卫生效果也好。

现在可行低成本技术

当前有很多节水器具可选，参见环境署事实卡。可调节的喷水和曝气器可以方便地进行流量设置。热水和凉水必须标注清晰，不易磨损，操作应该容易，这样用户选择热水位置时能避免浪费。

未来

水龙头出口上广泛应用标准螺纹，可以使喷头、曝气器和新设备的使用更为方便。水间断阀芯和集成的流量以及热水调节器可能变成标准配件，而不增加多少价格。例如，流量感应喷水装置等想法将会有很大潜力。电子水龙头可能应用在卫生和商业设施中，但在家庭中使用不可能满足耐用的要求。

4.3.6 供水限制阀

讨论

流量限制和压力流量调节已经是成熟的技术了。不同的节水效果主要由用户的认识程度决定。对于新的设施，流量控制器因能提升性能（平衡的动态压力，减少飞溅），可以认为是合理的。利用淋浴喷头和曝气器来调节水量也应该在适当的地方加以考虑，并可有很好的效果。

现在可行低成本技术

产品都是低成本的和容易得到的。

未来

更大范围地使用现有技术，使之成为建筑规程和水法规中的一部分。压力小于100kPa的控制器已经出现。

4.3.7 小便器

讨论

水法规要求应该在冲水的频率和流量上进行限制，并且只有建筑在使用中才能进行冲水。很多装置，即使是新的，也不能达到这个基本要求。还有一些技术上符合要求的设备由于没有正确调整或者没有很好的维护，其默认的设置成了以任意水量连续运行。

提供节水器具的制造商所声称的节水数值惊人，但是这些数值通常是根据随意的水量而不是按照原有或者新的水规章正确设定的冲水量计算的。

专门的无水小便器已经出现100年了，现在市场上有很多型号。大多数型号采用可更换部件，或者需要签订一份维护合同。这为系统的制造商和供应商提供了商业价值，也驱动了这种技术的发展。BRE公司多年前通过对已有的一套系统开展大量研究，注册了一项免用化学药品和耗材的技术专利。他们说由于它很简单而且可以无限期使用，因此没有商业潜力。我们自己的研究证明了BRE公司的发明，并据此提出了一系列的设计方案。

现在可行低成本技术

无水小便器可以在不用特殊化学品和耗材的情况下实现。

未来

无水运行提供了很多优势，但需要系统性价比高并且容易维护才能出售。从环保的观点看，节水的效果必须不会被化学消耗品和其他影响的增加所抵消，现在的商业设计已经实现了这一点。

4.3.8 无水和真空马桶

讨论

现有的无水马桶不是简单地用来直接替换原有马桶。在农村和郊区的生态房和偏远地区的公共卫生间，有最好的技术，但是在英国目前还不可能广泛应用。环境署事实卡中介绍得更详细，著作《抬起盖子》（Harper and Halestrap, 1999）对英国有更权威的描述。

真空马桶通常不会只因为节水而被推荐使用，除了飞机或火车等极端特殊的情况以外。

现在可行低成本技术

所有现有的无水马桶都是零用水但有些需要用电。真空马桶每次冲洗会用水 1.2L。

未来

无水马桶的设计会进步，但大多会是针对农村卫生设施。从全球观点来看，无水厕所有巨大的利益。真空技术会有更广泛的应用，但是要在家庭使用，无论是别墅还是公寓，都还有很多技术难题要解决。同样要考虑成本和生命周期问题。

4.3.9 高效用水马桶和水箱节水装置或改造

讨论

厕所用水曾经是家庭和办公楼最大的用水项目。随着厕所用水的减少和洗浴用水的增加，这种状况将有所改变。现在规范要求，马桶冲水满箱最多 6L 水，如果可以选择部分冲水的话，冲水量最高是这个数字的 2/3。实际冲水量几乎都比标注的数字大，因为测试时是把进水关掉的。实际上，在冲水时还有水进入了水箱，简单地说，当考虑双冲水时，不能简单地用通常的固体和液体的比例假设计算。用 6/4、6/3 两种双冲水马桶进行试验，发现冲水量每次为 4L 和略大于 6L，这个问题还需要投入更多研究。还有一个事实是每次冲水阀的渗漏量很难度量。更糟的是英国有许多没有水表的用户，这样，如果阀门漏水，像对失效的进水阀一样，用户通常会让它继续漏而不会付钱找管道工修理。

当评估真实情况时，所有这些因素都应该被考虑到，因为两个同为 6L 的马桶，在它的使用期内可能会有不同的耗水量。表 4.3 比较了单、双冲水马桶以及水阀和虹吸管的优缺点。还需要一些真实数据来消除个人观点和轶事之间的争论。

表4.3 冲水马桶技术的优缺点矩阵

阀门	虹吸管
快速冲水	不会渗漏
操作简单	耐用
双冲水容易区分	英国管道工熟悉
最终会渗漏——难以察觉	零件易购买
英国管道工不熟悉	双冲水不好实现
会卡住关不上	冲水流量往往较小
双冲水	单冲水
有节水潜力	对使用者的教育和理解没有要求
可以两次冲水	装置较简单
半冲水可能不够	
女性公共厕所使用	
使用者可能会两个都按	
马桶可能会代替垃圾箱	

这是个容易引起情绪用事的议题,有关它的客观讨论笼罩在政治和既得利益者的阴云下。

标称的冲水量和性能

不讨论实际冲水量这个问题,法律规定,现在安装的新马桶额定冲水量不能大于6L。用户对使用旧的9L或13L或者稍新一点的7.5L冲水马桶的糟糕经历可能不会让他们对使用6L冲水马桶有很大的信心。显然冲进马桶的水越多,马桶会被冲洗得越干净,接着污物会被冲入管道。但经验显示,马桶的设计冲水量和它们的性能没有必然联系。有些马桶实际冲水量达到13L,但仍然不能把马桶冲干净。

图4.6显示了在布鲁特尔大学和赫瑞马特大学1980~2002年进行的用一定容量的马桶把标准测试球(按百分比计)冲出马桶的实验。与洗衣机的数据相比,虽然不能完全用它的结论,但仍能得出相似的结论。性能较好的马桶是因为其功能设计较好,也有一些效率较低的型号是依靠大冲水量冲刷

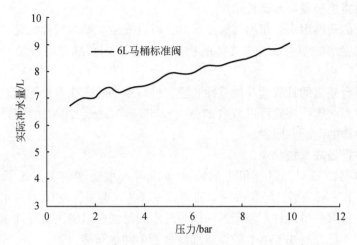

图 4.5　标准 6L 马桶冲水量和供水压力之间的关系
（一个延迟作用的进水阀可以在所有压力下保持这种额定水量）
资料来源：减少废物委员会（WRc）对 7.5L 马桶的实验，缩放到 6L

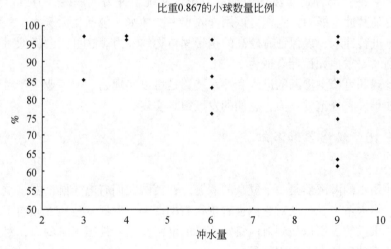

图 4.6　重 0.867（百分数）的测试塑料球用设计冲水量冲出马桶的数量
资料来源：布鲁特尔大学和赫瑞马特大学于 1980～2002 年的学生实验，得到 Swaffield 教授的允许

来完成工作。

很显然这只是一个实验，实验只能测定可以标准化的东西，而不是模拟满足现实的要求。我们都认识到一个给定的马桶可以通过增加冲水量来提升性能。重要的一点是冲水量本身并不是冲洗性能的可信指标。

水箱内置换装置与改造技术

当一个旧马桶用水量超出其需要量时，可以安装水箱内置换装置（即在马桶水箱中置放盛水的塑料袋、瓶之类的物品——译注）来减少用水量（环境署事实卡）。

存在不合规定的虹吸管马桶双冲装置，编写本书时正在重新考虑它们的合法性。实验显示，这些装置可以节水 27%（Southern Water, 2000），但是存在和双冲式马桶一样的问题和限制。

现在可行低成本技术

截至本书编写时，只有很少的冲水马桶列入水法规的 WARS 目录中。从 4.5～6L 的单冲水马桶已经经过独立的测试并有各种型号，6/3L 双冲水马桶和其他马桶正在争取获得准许。起延迟作用的进水阀已经可以解决实际冲水量大于标示量的问题。已经有 4.5～6L 的无渗漏虹吸管单冲水马桶。

未来

马桶超过其使用寿命后的实际冲水量问题应该受到关注，在英国，如果没有进一步的限制，变化是不可能实现的。

4L（全冲）马桶通常被认为是重力排水系统下冲力的底线，但可以用水流助推器提高其冲水能力。它们可以用来收集多次冲水，包括生活灰水，一次性以较大流量进行冲水，以保证有较高的携带固体物的能力。这可能会降低对马桶净空和冲刷的要求，如设计合适为 2～3L。

无渗漏和可检测渗漏的进水和冲水装置是可以实现的，但工业生产对价格很敏感，如果没有规范的压力，它们的发展很难实现。

4.3.10　淋浴器和浴缸

讨论

高效用水的淋浴器是一个复杂的课题。在英国我们有电子淋浴器、重力供水管道压力热水系统，公众对它们也有着很高的期望。世界其他地方倾向于使用管道压力热水系统，所以找到对应特定流量的淋浴头是一件很简单的事，对用户来说找到适合他们的东西也很容易。

大多数"节水"淋浴器充入空气或者打散水滴为提高特定流量的湿润度。结果类似一个"强力淋浴器"，但只用 4～9L/min，比强力淋浴器的 12～20L/min 少很多。这依然比许多电子淋浴器和部分重力供水淋浴器用水多。出于安全原因，安装流量控制器和节水淋浴喷头应该向制造商咨询。因为小水滴冷却快，温度从淋浴头到地板会降低很多，使用者可能会感到脚冷（Fiskum, 1993）。

虽然对马桶进行可重复性能测试对技术和法律都是一个重大挑战，但与开发对淋浴器性能进行客观比较的方法相比，就显得微不足道了。淋浴器性能是根据舒适度和冲洗效果评判的。其他重要但难以量化的因素，包括温度和流量控制的难易程度，都可能会影响到用水量。

浴缸比较简单，但是因为使用方法不同，用水量很难评价。容量通常指溢流口处的容量。大多数英国产品目录提供的是无人情况下的浴缸水量，也有些欧洲制造商考虑阿基米德效应，减去一个"平均人"的体积，所以引用的数据不能直接比较。

大部分浴缸的热容量与水量相比是可以忽略的，但是热量流失会影响到长时间浸泡所需的加水量。

浴缸的形状会影响到给定水量的水深。

现在可行低成本技术

还需要很多研究。小的浴缸是存在的，但是可能不容易被一些人接受。

未来

高效并且舒适的形状，更好的保温和更低的热容。

4.3.11 水管系统

讨论

除了应用器具和终端装置外，其他很多因素也会影响建筑中的用水效率。例如，水表、供水压力、热水管尺寸、长度和热水系统的选择都会有影响。现有的工程建议是先确定一个水管尺寸，再增加一个流量的安全系数。很多小管道可以用在管道压力供水系统中，很多成功的系统在厨房水池和淋浴安装了 8mm 或 19mm 的细管（图 4.7）。浴缸要求一个较高的流量，但盲管段不是问题。现有的设计图表并不考虑细管中的高流速。

现在可行低成本技术

包括水表、优化了的热水盲管段、优化的水管布置和热量存储组合加热器（如果使用组合加热器的话）及流量和压力调节（见第 6 节）。渗漏检查对较大建筑来说是一个成本效益很高的措施，因为大建筑中渗漏不容易察觉，渗漏检查可以用来预防水的破坏，同时附带提供一点节水的潜力。

未来

渗漏检查与远距离水表读数能否集成为一体？热水系统使用微孔管的研究和指导。

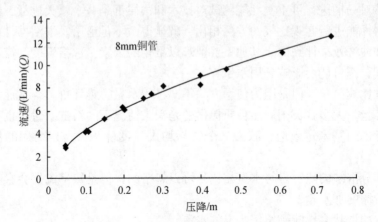

图4.7 小径管尺码表制作测试结果图（重要的解决方法）

4.4 效率与回用、集雨的对比

一个需要考虑的重点是高效用水措施、雨水收集和生活灰水回用的相对重要性和收益。针对一般和特殊情况，应该回答以下问题：

（1）高效用水措施是不是能节省和回用等量的水？

（2）对于给定资金成本，如何才能更大限度节水？

（3）高效用水和回用方案的生命周期影响如何比较？

（4）其他因素对方法选择的影响？

经济学

建议采用一个简单的模型来比较采用相同基本假设的不同选择方案。这个模型虽然简单，但它突破了简单的计算投资回收期限方法的限制，采用后一个方法进行评价，水箱内置换装置（如使用简单的砖头）将永远优于高效马桶，因为它的成本很低（在第9章有更复杂的经济分析）。如果我们考虑一个措施 n 年后的净效益，可以画一个直线图形，即

$$W_n = (S - r)n - C \tag{4.1}$$

式中：W_n 为一个措施 n 年后的净效益；S 为年节约量；r 为任何增加的年运行费；C 为资金成本，单位同 W_n、r 和 S。

这个模型忽略了借贷资本的利息、贴现率和通货膨胀，但是可以画出财务收益的比较图（图4.8），来说明通过资金投入可得到的收益。

使用这个公式我们可以比较一些措施（表4.4和图4.9）。

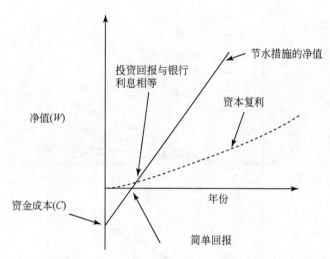

图 4.8 高效用水设施的净收益随时间变化。复利曲线与资金成本不投资
高效用水措施的利息增长的比较

（斜率表示年节约量）

表 4.4 图 4.9 中的数据和假设

设施	节水百分率/%		节水量 /(m³/a)	年成本 /英镑	资金成本 /英镑	年节约 /英镑
4L 冲水马桶	55	35	34.6	0	300	52
6L 冲水马桶	33	35	20.7	0	150	31
马桶水箱内置换装置	11	35	6.9	0	2	10
雨水系统，大屋顶	70	53	66.6	35	1500	65
生活灰水系统	70	35	44.0	40	1500	26
雨水桶	50	6	5.4	0	20	8
其他						
4.0%复利	4			投资	300	

如果在投资回收中考虑运行费用，即使是乐观估计，雨水和生活灰水系统也
不比高效用水设施划算。

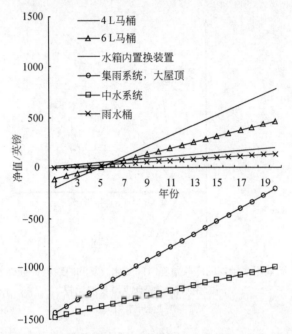

图 4.9　比较一些措施的净收益，使用表 4.4 中的假设①

　　但在很多时候，雨水收集量不能满足冲水马桶和洗衣机的要求。生活灰水的产生量也同样不足以满足冲厕用水，这在很多报告中都有提到（EA，2000；Essex and Suffolk Water，2001）。这张图假设雨水进入污水管是不收费的，这是一些水务公司当前努力想填补的一个漏洞。

　　另一个模型画出了几种措施累计的家庭节水效果。如果把回用系统的预算用于安装高效用水设施，通常可以以较低成本节约更多的费用，虽然不是所有这些措施都是经济的（有些设备比较贵，有些运行维护费与节水收益相比不一定合算——译注）（Grant，2001）。高效用水措施往往还可以减少能耗和其他花费。

4.4.1　环境影响

　　生活灰水和雨水系统总是要耗用能量来抽水和进行紫外线消毒。商业的生活

---

　　①　假定雨水系统的运行费包括电费 5 镑/a，水泵和其他部件更换 300 镑/10a（保守估计）。假定一个大屋顶（大约 100m²）和合理降雨量（大约 800mm）。水用于冲水马桶、洗衣机和园艺。水和污水处理成本是 1.50 镑/m³。生活灰水系统的运行费用假定有化学用品和电费 20 镑/a，水泵和其他部件更换 300 镑/10a（保守估计）。假设 70% 的冲厕用水是生活灰水（乐观的）。安装雨水和生活灰水系统的资金成本是 1500 镑，这个数字是比较乐观的尤其是对技术翻新的情况。复利是在 300 镑的基础上计算的，假定是 4L 冲水马桶的消耗。

灰水系统也需要用氯气或溴等来进行消毒。还要考虑包括水箱、抽水泵、电子元件和水管等的生命周期的影响。所有这些影响也都适用于集中供水，一个普遍的假设是分散式供水或自主系统从环境方面考虑更为可取，因为水不需要被处理到可以饮用的程度，或输送很远的距离。实践中的小范围系统比集中供水的影响大得多。在缺水并正在考虑脱盐等措施的地方，生活灰水回用和重复利用都可能是可行的。同样地，如果有地方需要大量低水质的灌溉水，并对排水的水质要求较高，那么可以建立一种良性的循环。

如果卤素处理过的生活灰水排放到污水管，或雨水不是排入渗水井而是经过厕所使用后被排入污水管时，另一个要考虑的因素是对水体污染的影响。

Crettaz 等（1999）、Dixon 与 McManus（第 6 章）用生命周期评价方法比较了使用雨水集蓄和高效用水马桶的方案，得出了出人意料的结论。他们的分析显示，家庭雨水回用方案比高效用水马桶有着更大的环境影响。

显然，生命周期评价的解释不仅是科学，一定程度上也是艺术，但是它的初步结果挑战了一个普遍的假设：雨水回用虽然不经济，但它至少是一个无害于环境的选择。

4.4.2　抵消供水基础设施的潜力

需水管理的一个重要驱动力是建设水库之类的新的供水水源的财务、环境和社会影响。即使雨水系统被大范围使用，也不可能在夏季用水高峰期、供水最紧张的时候产生重大影响。生活灰水和污水重复利用可以在理论上减少高峰需求，但目前不是成本最低的解决方式。

4.4.3　减少排水（和减少雨水）

生活灰水和污水回用可以减少排水量，这在某些地方可能是一个重要的考虑因素。如上面所述，在考虑减少排水对环境的益处之前，应该先考虑其化学质量。

雨水回用经常被用来减少暴雨流量，在排水条件较差且有条件实施雨水回用的地方已经做了规划。事实上，当实施了雨水回用以后，虽然暴雨径流总量减少了，但渗水坑、平衡水池和可持续排水系统（见第 5 章）通常不能减小规模。这样做一方面是为了弥补水泵和过滤器的失误（可能由于极端天气情况），另一方面是为了应对造成土壤饱和以及雨水池蓄满的长时间下雨。夏季的短时间暴雨可以充分蓄留，但它们对河道洪水和黏性土中渗水坑的设计并不重要。

4.5　结论

区别节水和高效用水，使得对关于阻碍、驱动力和其他问题的讨论更有意义。

水和能源利用效率高的产品，例如，低水量冲水马桶和 A 类家用电器，要比那些用水量更大的产品有着同样或更好的性能。通常高效用水产品的成本更高，所以经常用到投资回报期的概念。然而很多高效用水产品的高成本并不需要用节水来做抵消，因为高成本可能是由于其他特性和优点造成的。同时越来越多的迹象显示，高效用水产品和低效用水产品已经开始没有价格差别了。

但水的高效使用还不是消费者的主要考虑因素。人们对低用水量产品非常谨慎，虽然他们知道这样更划算，但认为其性能不好。"Which？"杂志报告中使用的性能测试和能耗标签为挑战这种简单的假设迈出了一大步。

在英国，技术创新可能需要规范的压力。

有些技术可以很容易翻新，但其他的技术可能只有在新安装或重装修时才能实施。

高效用水设施比生活灰水回用和雨水收集更划算、更环保。技术提高和特殊的应用可能会改变这个事实。

节水器具及其性能可以被不好的设计、错误的安装和维护缺失轻易抵消。

4.6　参考文献

Crettaz, P., Jolliet, O., Cuanillon, J. M. and Orlando, S. (1999) Life cycle assessment of drinking water and rain water for toilet flushing. Aqua 48 (3), 73-83.

EA (2001) A scenario approach to water demand forecasting. Environment Agency, Worthing.

EA (2001) Conserving Water in Buildings, 'fact cards'. Environment Agency, Worthing.

EA (2003) The Economics of Water Efficient Products in The Household. Environment Agency, Worthing.

Fiskum, L. E. (1993) Shower Test. BYGGFORSK, The Norwegian Building Research Institute, Oslo.

Grant, N. J. (2001) Presentation at the National Water Conservation Group, DEFRA Dec 7th 2001.

Harper, P., Halestrap, L. (1999) Lifting the Lid. Centre for Alternative Technology, Machynlleth.

Keating, T., Lawson, R. (2000) The Water Efficiency of Dual Flush Toilets. Southern Water.

5   节水和排水系统

John Blanksby

5.1   引言

5.1.1   研究目的

本书主要是关于水资源的有效利用，其目的是使供水和排水系统在将来多种变化情况下可持续利用。这些变化情况包括气候变化和用水需求的增长等。水资源的有效和高效利用涉及可持续利用的三个方面：经济、环境和社会。家庭和工作中对于可饮用水资源节约的重要性已不必多说。不过，不同于其他资源的是供给我们日常使用的水资源并不会消失。它经使用后变成了污染源而且需要一定的处理。虽然现场污水处理在技术和经济方面都有可行的地方，一般来说减少处理的污水量还是很有必要的。英国和其他发达国家的大部分污水都经过收集在异地进行处理，将其送入收集系统，很多情况下有相当远的输送距离，这样污水同时成了输送固体废物的载体。在英国一向把这些收集系统称为污水系统，它们在保证国民的公共健康方面和供水系统同样重要。它们的建设使人们的期望寿命逐步改变，它们的有效运行是对社会福利的一个重要贡献。编写这一章的目的是克服城市地区实施节水技术的潜在障碍，主要包括以下各方面内容：

（1）简单向从事节水和建筑排水工作，但是不熟悉排水系统的人介绍排水系统是如何设计及运行的；

（2）使从事节水和建筑物排水工作的人能够考虑他们的工作对下游的影响；

（3）帮助有关人员基于排水系统运行的需要建立现实的预期，从而促进节水技术在城市地区的应用。

正如任何正在发生变化的情况，引起变化的人都有责任说明他们了解这些变化对其他人可能产生的影响。真正的理解能减少这些影响带来的问题，所以展示真正的理解将为变化铺平道路。

5.1.2   研究范围

污水成分复杂，有溶解物、固体悬浮物、有机物和无机物。在其中，水是一种媒介，可以运移溶解物和固体悬浮物，可用于运移的水量可能在干湿季变化不定，在干季每天也不同。节水措施的实施对干湿季的可利用水量都有影响。不过，许多节水措施对于溶解物质和固体悬浮物的总量大体上是没有影响的。因此对排水系统运行可产生重要影响，主要体现在水体承载能力和溶解物及固体的浓度方面。

本章主要讲述沉积物和总固体物在不同排水系统中的运动。因为篇幅有限，不能给出全面的综述，但是本章明确了节水措施可能影响到的领域，希望为进一步研究有关问题的节水领域的人员提供一个开端。

5.1.3 雨污合流制和分流制排水系统的发展

排水系统随着古文明的建立应运而生，但是到了 19 世纪中期，随着城市人口急剧增长，才需要建设各种规模的正规排水系统。工业革命以前，大多数人居住在小城镇或者乡村里，伦敦是英国唯一的大城市。为了使整个城市人们行动更加便利，一些河道被铺盖了。但是那些建成的排水管道只输送地表水，固体垃圾则采取其他的处理方式。

人们对疾病产生的原因以及疾病的预防有了更多的了解，这些深入的了解伸正在发展的城市地区环境得到稳步改善。建设了公共供水系统、排水系统，道路系统也得以发展。排水系统的建设以原有的地表排水渠道为基础。最初是公共厕所，后来个人家庭都连接到地表污水管道，使它们成为雨污合流系统。城市不断发展，这些管网也更加完善，屋顶与道路的排水也被纳入这些新的管网系统。

所有这些发展的后果就是原来相对干净的河道迅速被严重污染，成为疾病来源。为了应对这一问题，污水处理发展起来，建立了新的下水管道，以截留汇入河道的污水，并截留枯水季的污水把它们送到污水处理厂。然而，污水处理厂不能处理暴雨径流，这些径流在截留点被输送进河道。控制这一系列过程的工程称为雨污合流溢流设施（CSOs）。雨污合流溢流设施也建在排水管道超负荷会引起洪水的地方。雨污合流溢流会成为水环境的主要污染源。

20 世纪初期，雨污分流系统在更多的乡村建设起来，并用于原来没有排水系统的新开发地区。分流制排水有两个管道：一个收集废水的污水管道和一个收集地表径流的雨水管道。这些系统对控制水流进处理厂是有效的，但是它们有可能被接错，而且道路上的径流往往是被高度污染的。因此，雨污分流系统对水环境的污染有可能比合流制系统还要严重。

百年以前建设的管道系统已经不能满足城市持续发展下的污水负荷。以前通过建设新的溢流设施缓解这一问题，现在取而代之的是削减流量及洪峰等措施。前者是从总水量中导流出部分水量，后者是利用储存减缓排到下游的流量。

因此，复杂多样、过程彼此影响的排水系统随之诞生了，形式如图 5.1 所示。

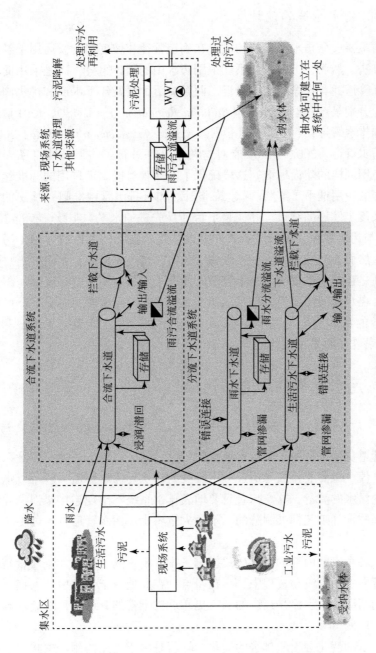

图5.1 污水管道系统图（Matos et al., 2003）

5.1.4 排水系统的设计

污水的主要成分是水，传统的设计在确定管径和坡度的时候运用了经典流体动力学的方法。然而，工程设计不能识别污水中的固体组分，而是采用简单的经验法则保证管道拥有自净能力。最近，两篇文章针对新建下水道和排水沟提出了设计方法，分别是：《建筑准则》（*Building Regulations*）（HMSO，1991）适用于私人污水和排水管道；《排水管网准则》（*Sewer for Adoption*）（WRc，2001）适用于公共污水管道。2002 年，政府对这两个文件进行了协调，使得私人管道和公共管道使用同样的建设标准。这样确保了私人管道按照可采用的标准建设，并为将来标准的应用铺平了道路。《建筑准则》和《排水管网准则》提出的设计标准是多年来逐步发展的结果，并代表了目前最先进的水平，与欧洲标准 EN752-5《室外排水与污水规范》的规定有共同之处。这些文件按其性质适用于污水管道支管设计。然而，在城市中心区，因为受到实际情况的局限，它们并不总是得到应用，特别是在长而平缓的污水干管中以及有水流控制装置的管道中（因为水流控制装置会在水流缓慢的地方增加管道里的水深）。在这样的情况下，可使用一些比较复杂的沉积物和总固体运移计算的方法。读者可参见 Butler 和 Davies（2004）的著作了解管道设计的详细内容。

5.2 污水管中的水流和污染负荷

5.2.1 干季时污水系统和雨污合流系统中的水流和污染负荷

污水管道负荷是按照干季污水流量数倍设计的，以留出适当的容量以承载污水的日最高值、工商业排放峰值及一定程度的渗水。污水管道一般可以承载 4 倍于干季平均污水的流量，这意味着只要地表排水系统不出现连接错误，并且管道是按照合理的设计工艺标准制造的，不会大量渗水，污水管道将永远不会满负荷运作。

因为受各个家庭内部的用水模式影响，排水系统的支管中入流水量是不连续的。从支管向主干管流动过程中，存在一点，在此处由于多处房产的接入，早晚用水高峰的情况下，水流是连续的。在更靠近主干管的管道中，水流基本上整天都是连续的。

一天用水的变化会引起排水的变化。峰值是由于上述的用水模式引起的，最低值则会出现在凌晨大多数人都在睡觉的时间。在排水系统支管的排水高峰要相对比系统出口处的排水高峰高。主要有两个原因：一是各个用水器具排水曲线衰减的影响；二是管网服务范围内不同用户排水的运移时间的影响。这两个影响因素在生活污水建筑设计规范中都有所体现，具体如图5.2所示。

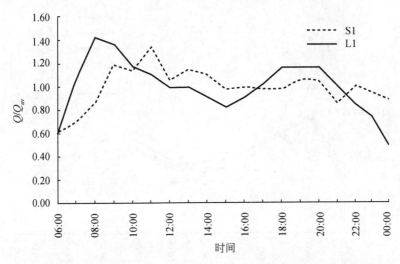

图5.2　不同地区干季污水系统日流量图（Q）（以占平均值 Q_{av} 的比重表示）

在图5.2中，排水流量以占平均排水流量的一定比例表示。一个大城市污水处理厂出口 S1 处的排水峰值，比 L1 处的峰值晚了 3h，L1 位于在距本排水区周边 600m 的地方。可以看出，S1 的峰值要低一些，水流的变化范围也小一些。L1 上游的高峰和变化范围也会比 L1 处的大。

污水管道负荷在一天之中也有变化。负荷包括生活、工业以及商业机构排出的可溶解的以及固态的有机物、无机物。可溶物和细微悬浮物易于通过水被管道系统输送走。然而，固体的输运比较复杂，这主要取决于颗粒物的比重、大小和数量以及用来输送的水量和流速之间的关系。还有，固体可能会附着在管道内的配件上。图5.3表示了三个不同排水系统不同地点的生活灰水量和污染负荷日变化情况。每个地点都在距离系统支管约600m的地方，但是各个系统的坡降不同，服务对象的社会经济特征也不同。然而，它们的水量和污染负荷却是相当一致的。污染负荷的确定是通过网袋在排水系统中截获固体物质而得到的，主要包括粪便、厕纸、卫生用品和其他物质。

污染负荷曲线的峰谷比水量曲线的要大，这主要归因于早上和晚上厕所的使用。总固体中不同物质的比例在管道输送的过程中会发生变化。在管道系统的边缘，主要物质是粪便和卫生纸，但是它们在传输以及经过泵站的过程中，往往分解为更小的颗粒，所以在管网核心区，卫生用品是主要的物质。粪便和纸屑的分解如表5.1所示，数据的收集位置与图5.2、图5.3中 L1 的位置相同，以及 600m 以外的污水处理厂的位置。

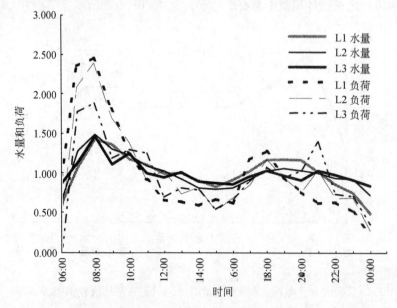

图5.3　干季不同污水系统中日水流和污染负荷（以占均值的比重表示）

表5.1　污水系统中固体污染物的变化

污染物	粪便	碎屑	卫生用品	其他	总计
L1（比例）	0.3	0.6	0.1		1
STW（比例）	0.15	0.45	0.25	0.15	1
L1（质量）	75	150	25		250
STW（质量）	15	45	25	15	100

　　表5.1给出了L1和污水处理厂（STW）收集的不同物质的比例。在L1，粪便和薄纸占到了收集物质的90%。在污水处理厂，粪便和碎屑的比例减少了，但是出现了来自更大范围内的工业和商业排放物质。假设卫生用品的质量不变，单位质量是25，可以看到，随着污水的汇流，总固体有了大幅度下降，这是因为粪便减少了80%，碎屑（包括纸屑）减少了67%。表中的数据不能说是确定不变的，因为它们是从目的不同的多个研究中收集而来，但是它足以表明粪便和纸屑的降解情况。

　　上述数据是在干季收集来的，它仅限于生活污水中的总固体。除了这些以外，污水系统还包含在湿季通过城市地表径流而带入的残留固体污染物质。这些残留物主要是干季雨水流速较低的情况下不能再被带走的较重的有机物和无机物。这些固体会大量停留在低流速、缓坡、大直径的管道中。这种情况下，它们在管道中沉积，并在暴雨洪水上涨阶段会被冲刷出来。

污水系统支管生活灰水流的不连续性也会通过不同的方式影响不同物质的输送。Littlewood 和 Butler（2002）对三种固体物质（卫生棉、代表大便的 Westminster 固体、厕纸）以及 Westminster 固体和厕纸的组合物在不同冲厕水量及不同直径的管道中的输移情况做了研究。得到了两种污染物输移机制。

（1）漂浮。当固体物质与管径和水波相比相对较小时，固体以与水波同样的速度被冲走，这不影响水波。

（2）"滑动水坝"。当固体物质与管径和水流相比相对较大的时候，会形成阻碍。这种情况下，水波在障碍物后面壅起，可以看成在管中形成了一个"滑动水坝"。当静水头和水流的动力大于固体物质与管壁的摩擦力的时候，固体物质开始沿着管道底部移动。"滑动水坝"引起的静水头的效力取决于固体物质的形状。

Littlewood 和 Butler 得出这样的结论：固体输移实验表明，对于厕纸、Westminster 固体或者 Westminster 固体和 5～10 片厕纸（在上游侧）的组合，特定水波的固体输移能力随着管径的降低而升高，一直到管径达 50mm。但是，对卫生棉最佳管径为 100mm。卫生棉在 50mm 管径下基本不移动，在 75mm 管径下才缓慢移动。图 5.4 显示了不同管径下固体物质的传输距离限制（LSTD），图示为比重为 0.95 的中等大小的 Weatminster 固体在一系列 3L 水波的冲击下的移动距离。

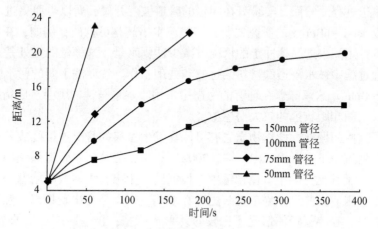

图 5.4　不同管径下固体物质传输的距离限制：3L 水，
MB 固体（Littlewood and Butler，2002）

"对于特定管径，厕纸与 Weatminster 固体的组合可以提高水波的运输能力。这是因为发生的固体运动机制是"滑动水坝"类型。固体的运动取决于固体后方壅起的水量大小。厕纸使得水坝体积增大，因而也使得运动能力增大。降低管径的好处显而易见。然而，必须同时考虑卫生棉之类的卫生用品的特点，如它们会在小管径中卡住。Weatminster 固体和卫生棉组合的输送距离限制如图 5.5 所示。

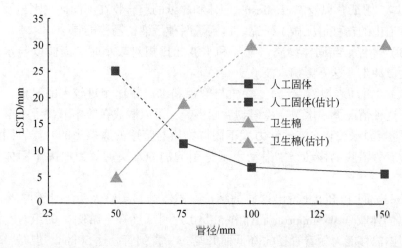

图 5.5　固体物质传输的距离限制与管径的关系图（Littlewood and Butler，2002）

"为了适应低水量的冲水，可以减小洗手间的污水管管径，但是需要采取措施防止较大的合成固体物进入"。Littlewood 和 Butler 还指出，冲厕水量的大小也会影响输送过程。然而，实验只在固定的管道坡度开展，所以需要更进一步的研究。Littlewood 和 Butler 的研究说明，实施节水措施是可行的，例如，在不把较大的纤维卫生用品丢进马桶冲走的情况下减少冲厕水量。这样做的好处是可以减少污水处理过程中被水浸透的材料的过滤和处理工作。然而洗手间的污水管道最小管径是 100mm。这意味着在现有的房屋中采用小水量马桶冲厕会造成堵塞，尤其是在接口之间相距较远的较大房屋中。

除了这些问题外，固体物质也有可能在发生位移的管道连接处或者在其他的管道缺陷处沉积下来。Blanksby 等（2002）指出，公共污水管道系统中，堵塞主要发生于位于其支管的小口径管道中。他们同时指出，大多数的堵塞一经清除就不会再形成阻碍，并且如果单是管道存在缺陷，也未必会出现堵塞。然而，很显然的结果是，在小管径的情况下比较容易形成堵塞；传输固体物质的水量越小，固体物质就越容易在管中有缺陷处沉积。

减少冲厕水量和自动洗衣机之类器具的排水量，可能会更容易造成堵塞，尤其在住房密度较小、接口之间距离较长的情况下。这种情况下，有可能没有足够的能量将固体物质输送到新水波汇入的下一级管道中，这必然会引起固体堆积形成堵塞。

有压污水管道和真空排水系统

减少污水输送量明显有利于能量的有效利用。然而，如果节水措施实施的话，污水在现有系统的污水采集池中的存储时间就会增加。虽然只要它位于污水处理厂下游较远处而有充足的再曝气时间，就不会给污水处理厂带来什么问题，但在污水采集池和上行干管中停留的时间加长，可能会出现腐败变质，产生异味，并产生硫化氢气体。这些应用存在管理和安全隐患，需要慎重考虑行事。

5.2.2　湿季雨污合流排水系统中的水量

在湿季，雨污合流系统将承载几倍于干季的水流流速。水流的水文过程线的涨水和退水段形状和流量峰值取决于管道的上游排水区的特征以及降雨的不同强度和持续时间。排水区的特征包括不透水排水区，雨污分流的程度以及上游排水系统的构造；包括一些配套设施，如溢流设施、水池、泵站和水流控制设施。这些使得排水系统对降雨的响应变得十分复杂，并具有区域特征。因此，只能对湿季的水量和负荷及其影响作概括说明。

降雨——汇入排水系统的水量与降雨有直接的比例关系。因此，当下小雨时，对排水系统影响小，而遇大雨时，影响大。

不透水排水区——汇入排水系统的水量和不透水排水区面积成正比。在透水区域会产生部分径流，但是一般数量很小，除非土壤处于饱和状态，降雨强度大。

雨污分流的程度——如果排水系统的雨污分流程度高，大部分径流都会直接汇入雨水系统。这使得雨污合流系统受降雨的影响变小。如果分流程度较低的话，将会对合流系统产生较大的影响。

管网配套设施——合流系统溢流设施的设计流量通常为干季平均流量的6倍，这个流量是指溢流设施开始运行后通向污水处理厂的流量。即只有降雨产生的径流大于干季平均流量的5倍以上，溢流设施才开始运行。然而，一旦溢流设施开始运行，所有超出6倍干季流量的水量都会溢出并进入受纳水体。这就限制了下游污水管的流量。

泵站一般具有工作泵或备用泵。当湿井中的水位升到事先设定的值时，工作泵开启。它开始在大体恒定的速率下运行直到调节井中的水位降到事先设定的第二个值。在湿季，水流流量不断升高，工作泵将不能处理一直增长的水流，这时备用泵开启，它们将以较高的效率抽水，直到它的关闭水位。

蓄水池可储存部分水流。根据蓄水池的不同性质和控制制度，是在管网内还是在管网外，主要用于储存雨洪上升段的部分水量或者削减雨洪的峰值。

水流控制设施将会减少控制点下游的流量，也会使控制点上游的水流流速变缓，因为水深和断面水流面积被人为地增大了。

5.2.3 湿季雨污合流排水系统中的污染负荷

随着在雨洪上升段水流的增加，管道中在干季积累下来的固体沉积物会被冲走。不同的物质被冲走的时间取决于颗粒的比重、克服颗粒和管壁摩擦力所需流速以及水流的水深。一般而言，较轻的总固体会被首先冲走，较重的无机沉积物会最后才被冲走。相反的，当降雨结束，水流减少的情况下，较重的颗粒将会首先沉积下来。

固体物质冲进水体时形成一股冲力，冲力的大小取决于多个和上游管道及降雨有关的因素。在系统的支管部分，这些影响因素包括管道的坡度、管径以及提供干季冲水将固体冲往下游的管道接口间的距离、干季的冲水流量及频率。降雨事件之间无降雨的时间会影响城市地表污染物的积累以及管道中的污染物淤积。不过，对于降雨事件之间的干旱期与固体物质的堆积率之间的关系还不是很清楚。

图5.6为L1地区三次暴雨后排水系统的响应情况，图中显示在径流开始上升的时候，固体负荷随之迅速变化，这时的雨洪的固体负荷能达到干季流量负荷的10倍。值得注意的是，这些都是很小的降雨事件，而对暴雨的响应只有干季流量的10倍。每场降雨后，负荷率降低到干季以下，这是暴雨后沉积作用的开始阶段。但是，这个阶段累积的固体物质只是暴雨中冲刷出来固体的一小部分，显然它们会在后期不断增多。

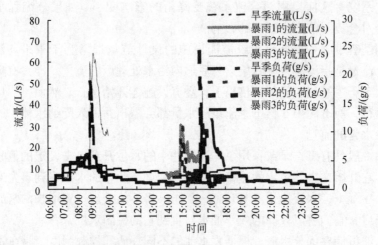

图5.6 L1点的湿季水流与负荷（数据来自 Yorkshire Water Services 公司）

5.2.4 干季和湿季地表排水系统中的水流和污染负荷

根据地表水排水管道的性质，它只在降雨期才起作用，任何时间内进入管网的水量都是降雨强度和管道控制的不透水排水区面积的函数。地表水排水管道一般主要是自流式的，部分情况下也需要泵站提水。只有来自于城市地表的有机物质，但是其中包含可观的来自道路表层和建筑物顶层的污染负荷。体积较大的物质主要由道路垃圾与街道废屑组成。

5.2.5 可持续城市排水系统（SUDS）

直到最近，因为缺乏对可持续城市排水效用的全面认识，在英格兰和威尔士地产开发商认为，它是解决所有潜在排水问题的万全之策。在苏格兰，就目前所知，公众对可持续城市排水建设的接受程度越来越高，一般认为，可持续城市排水可以产生环境效益，但是防洪效益却有限。英格兰和威尔士国家可持续城市排水工作小组 2003 年公布了《可持续排水系统框架》，通过推荐可持续城市排水设计标准，对纠正以上现象发挥了很大作用（EA，2003）。这个框架补充了英国建筑行业研究及资讯协会（CIRIA，2000；2001）编制的《可持续城市排水设计及最优实践指南》。文件的第 6 节提出可持续城市排水设施必须能够排泄 30 年一遇暴雨形成的洪水。同时还指出，在开发区范围内的地表通道应该使建筑物内部足以抵御 100～200 年一遇暴雨形成的洪水。除了这些标准，还有表 1b 中的《排水管网准则》规定的降雨设计标准。但是，这个框架更推进了一步，并为未来排水系统设计奠定了基础。它提出，从保护河流的角度，可持续城市排水体系应该维持 2 年一遇降雨的开发前径流率，对于下游的河流防洪来讲，排水系统应该维持 100 年一遇降雨的开发前径流率。框架同时指出，为了保护环境，年降雨的 90% 都应该接受一定形式的处理以防止污染。

现在这个框架已经出版接受咨询，那些设计标准将成为评论分析的对象，还会有一些制度上的建议，它们共同为实现可持续城市排水的技术提供了依据。

5.3 对城市排水系统的压力

排水管网是拥有很长寿命的公共财产。2003 年 6 月报道（OFWAT，2003）在英格兰和威尔士的重要排水管道（critical sewer）长 79 848km，总管道长 308 159km。年均改造或更新的重要管道长 225km，也就是说，重要管道的平均期望寿命在 330 年左右。非重要的管径较小的支管期望寿命相当长。而因为现有管网的衰减率可能会增加，管网的实际寿命可能少于期望寿命。即使如此，长寿命意味着管道的服务能力易受到在最初设计和建设的时候没有考虑到的变化情况的影响。幸亏我们主要的城市合流管道系统的设计人员考虑了城市的扩张，否则我们将面临比现在更多的因合流系统溢流引起的江河洪水和污染。然而，现在为提高合流系统的负荷能力、削减向受纳水体的排放水平正在进行的大量投资以及重新燃起的城市防洪工程的投资兴趣，都暗示了系统能力超载的问题。

城市排水系统的最新压力来自社会和气候变化（OST，2004）。气候变化的程度对英国将产生长达几个世纪的影响，这将取决于全球局势，而不是英国的情况。我们在一定程度上将有可能面临更潮湿的冬天和更干燥的夏天，但是会有短时间强降雨。由于有了《排水管网标准》和《可持续城市排水框架》，加上保险业者拒绝为防洪能力不充分的房地产提供保险，这将保证未来新的系统能够满足人们需求。假如设计标准能够充分适应气候变化的影响，并且充分考虑家庭建筑的不透水面积增长的需要，新的地表排水系统就没有理由不能满足要求。同样地，如果充分考虑了管道内固体物质运移和管理的需要，污水管道将不会面临更多的压力。

我们现有大多数城市排水系统正在受到雨量增多和社会加速发展的威胁。在过去的40年里，城市内污水流量有减少的趋势，因为拆掉了贫民区，工业也在减少。然而，这种情况正在被商业发展和建设高密度、低层次的住宅的需要而改变。这些趋势可造成不透水排水区面积的增长以及生活污水负荷的增多。随着雨强的增大，降雨频率的上升，夏季降雨事件之间干旱时段的增长，洪水发生的频率和地点将会增多，合流系统溢流造成的污染将会加重，发生频率也会提高。

对这个情况进行管理取决于连续统一性。一种方法是大规模地置换结构依然良好的管道，这不仅具有破坏性还会耗费大笔资金。另一种方法是采取措施在源头上控制地表径流，可以通过提供调蓄和地表水通道的方式实现，这些方式不会引发洪水，而且没有危险性。在这里应当考虑节水措施的影响。一个特定的措施在一些情况下可能是有益的，在其他情况下，就有可能给下游排水系统带来问题，或者是没有实现预期的益处。接下来的章节中将分析不同的节水方法的使用，以及它们如何影响下游管道系统的，尤其着重于在新开发区域建造的分流排水系统和现有在城市中心区中占主导地位的合流系统。

5.4　节水措施对于排水系统干支管以及污水处理厂的潜在影响

节水是一系列技术的统称，这些技术旨在降低生活、商业和工业用水，从而尽量减少对环境的负荷，充分利用现有的供水和配水网络满足未来需求的增长。在本书第4章，NickGrant总结出五大类技术。

（1）节约用水（water conservation）：用少量的水做少量的事。

（2）高效用水（water efficiency）：用少量的水做更多的事。

（3）够用水量（water sufficiency）：够了就好。

（4）水资源替换（water substitution）：用其他物质代替水资源。

（5）回用、循环、集雨：一种潜在的良性循环。

利用 Grant 的这些分类和应用实例，在表 5.2 阐述了城市排水系统在应用中可能产生的效益和存在的问题。表分为 5 个部分，分别阐述这 5 类技术对污水、合流以及雨水系统的影响。这些阐述只是定性的，因为具体影响的规模与技术应用的程度有很大关系。只在一个家庭内使用一项技术的影响很小，而一个社区同时应用大量的技术则会产生重要的影响。

表 5.2a　节水技术的影响

技术	污水系统	合流系统	雨水系统
不灌溉草坪	除了能够减少目前径流流入排水系统之处固体物质的进入外，没有任何其他影响。对于污水系统，在接错了管的情况下可发生这种情况		
不洗车（不经常）	—	将会使抽取和处理的水量降低，减少进入排水系统的污染物。但是这可以被湿季更脏的车而增加的污染物所抵消	如果洗车水汇入雨水系统的话就不要洗车。不然会造成干季受纳水体的污染
减少洗澡用水	可以减少排水系统中总的水量，对固体和污染负荷没什么影响。一般的洗浴用水不足以对支管中固体的运移产生好的影响，所以减少排水也不可能产生什么严重的有害影响。在系统中心部位，较缓的管道中将可能有沉积问题，情况可能会轻度恶化。不过这将节省泵站支出，降低污水处理厂的处理压力		—

表 5.2b　高效用水技术的影响

技术	污水系统	合流系统	雨水系统
节水马桶	提高马桶的排空速率可以提高支管中的水流速率，提高运移固体的效率，减少形成阻碍。在干管中水流变缓，效果变差。可能会增多在平缓管道中的淤积作用，但通过减少水量可以减少泵站费用和处理厂的压力		
节水洗手池、浴缸和淋浴器	提高洗手池和浴池的排空速率稍稍有利于支管的形成水流，但是这有可能使进入污水系统的固体物增多。对于干管的好处很小，不过通过减少水量可以减少泵站费用和处理厂的压力		—
节水的大型家用电器	可通过减少泵站和处理厂的流量产生效益，但是应该维持流量以支撑支管中充足的水流		

技术	污水系统	合流系统	雨水系统
花园设计、耐旱的植物和草、透水地面	除了能够减少目前的径流流入排水系统处的固体物质的进入外，没有任何影响。对于污水系统，这种情况只有在接错了管的情况下才会发生		
渗漏维修	尽管可能会增加平缓管道中的固体沉积，但这将节省泵站和污水处理厂的费用		—

表 5.2c　够用水量技术的影响

技术	污水系统	合流系统	雨水系统
干厕	可以降低管道系统中固体物质的量，因而有重大效益。固体会比较干，需要采取其他适宜的处理方法，但是与现在相比，格栅过滤物的处理费用将会大大降低。焚烧会更容易一些，运输和倾倒费用会减少，因为过滤物的含水量将现在的70%减少到30%或更少		
无水便器			
真空排放			—
使用空气进行工业清洁	污染的工业废水物将减少，固体废物将经固废处理系统处理		
扫地代替冲洗地板（或在冲洗前扫地之前）	污染的废水将减少，固体废物将经固废处理系统处理		

表 5.2d　替代水资源技术的影响

技术	污水系统	合流系统	雨水系统
减少冲厕水流	对污水支管中固体物的运移有消极的影响，会形成更多的堵塞。增加冲水流量在一定程度上可以解决这个问题。可大大节省泵站支出，降低处理厂的处理压力		
人类环境改造学和水流流态	洗手池、浴盆和淋浴的用水速率小，所以对于支管水流的影响不大。在干管中的效益不高，但是通过减少水量可以减少泵站投资和处理厂的压力		—
洗浴			
控制			
减少园艺用水	除了能够减少目前的径流流入污水系统处的固体物质的排入外，没有任何影响。对于污水系统，这种情况只有在接错了管的情况下才会发生		

表 5.2e 回用、循环、集雨技术的影响

	技术	污水系统	合流系统	雨水系统
回用水	生活灰水灌溉	可以减少排水系统一直到污水处理厂的水量，但对于支管中对固体输移有作用的流量峰值没有任何影响		在径流可能会进入地表集水沟的情况下，受纳水体旱季受到污染
	回用			
	洗浴水再用			
水循环	生活灰水循环	减少处理厂水量从而降低投入。但是洗衣机废物的阻碍将会降低支管冲水流量。平缓管道中的沉积问题将会加剧		—
	生活黑水循环	假如固体也经由固体废物处理系统被运移与处理，这将是有益的。不过仅仅拦截使用水量，在支管中将会经常形成阻塞		
集水	集水桶	—	影响取决于集水系统设计目标。集水系统用来最大限度地收集水，因此在降雨期间会尽快收集，之后多余水会溢出。这意味着暴雨初起阶段的所有地表污染物都会被冲进收集容器（水桶或水箱）。多出的水流是相对干净的，这将有利于雨水排泄系统。但是，如果收集容器变满，它将不会再影响径流峰值，因此对排水系统的能力无益。降低下级管道水流峰值的储水容器被设计为超过预定的流速才开始收集水。就是说，在雨强较小的时候并不储水。因此收集的水会少一些。要集雨的优点都发挥出来，需要更大储量的容器，但是这在技术和经济上不可行。这并不是说集雨对雨水排水系统有害。那些从降雨初就开始收集的集雨系统需要对从地表冲进来的污染物进行处理，它们对排水系统承载能力的益处不大	
	集雨	—		

　　节水技术的影响主要是有益的。节水措施可能会增加干季物质在较平坦的干管中的沉积，从而可能影响到管道附属设施和泵站的运行。但污水处理量的削减会抵消这种影响。

　　高效用水技术具有通过增加冲刷能力提高排水系统支管运行效果的潜力。不过在干管中可能会造成固体沉积，这些也可以用污水处理量的削减减少的开支来抵消。

　　够用水量技术最有可能引发污水管道支管问题。因为系统中水体携带固体的能力可能会降低。对于新建筑减小排水管径到 50 ~ 75mm 可能会解决这个问题。同时应该利用固废系统处理卫生防护用品，但是现在减小管径与建筑规则有些冲突。在已建成的建筑物中，应该对排水系统进行调查，同时评估这些技术对系统运行产生的影响。

替代水技术一般对排水系统没有不利的影响，因为它们或者进行就地处理，或者涉及房屋清洁技术，使到进入排水系统的固体物质大大减少。在现有管道中安装负压系统时需要十分注意。

回用水、集水桶和集雨工程对排水系统没有太大的不利影响。生活灰水循环对排水支管有不利影响，因为会减少用于冲刷的水流。只有在排水系统中去除掉固体并就地处理的情况下，才可以考虑黑水循环，否则将很有可能形成堵塞。

十分确信的是，在排水系统可设计成符合水流流态的新建筑开发项目中，应用节水技术非常有利。但是，节水技术在给现有的排水系统中带来效益的同时，也会产生问题。节水技术不论是用于独立的建筑，还是已开发区中新增建筑或者在荒废土地上开发的建筑，都有必要评估它对于排水管道的潜在影响，处理所有可能存在的问题。

在新建筑开发项目中，以下方面都值得考虑：在节水工程过程中应用局部或分散的水处理技术失败所造成的影响；在一段时间后，居民放弃节水技术而重新应用传统技术。尽管社会组织很高兴应用这些技术（Hedberg, 1999），但也有许多失败的例子（West, 2003）；在家庭回用水过程中进行水处理可能对健康存在一些危害（Schaart, 2003）。当局部或分散处理系统失败后，就会转向应用传统工艺，就跟现在应用的排水系统第一次使用时的情况一样。然而，它将产生重要的技术经济后果。这些后果将取决于各地具体条件，开发人员和技术咨询人员值得对此进行定量分析，以便制定适当的管理安排，将失败的风险降低到可接受的水平内。

5.5　结论

如果在住宅或社区内实行节水措施，对下级排水系统会有重要的影响。

主要的不利影响是增加了干季污水以及合流管道支管固体物质的沉积可能性，同时造成平缓干管中固体的沉积。虽然马桶、洗手池、浴盆和家用放电器的排水设计可以减轻对支管的影响，但固体物和沉积物会造成堵塞，限制合流管道在湿季的承载能力。湿季合流系统中携有固体和沉积物的水流将会影响一些附属设备的运行，像合流系统溢流设施和泵站，以及格栅和过滤物处理厂。

其效益主要是减少了需要泵压的流量和污水处理厂处理的水量。假如对最终产物有合适的处理方式的话，干处理系统也将对环境产生很好的影响。只有合理地设计出集雨储存装置，才能使其削减水流从而获益。

节水规划的设计者需要注意这些可能发生的问题，监管单位、提供用水服务单位也需要注意这些问题。问题不太可能发生在家庭层面，但仍应注意潜在的影响，尤其在私人的排水或污水支管长度较长、水流不连续、连接比较少的情况下。

在更大范围内节水措施对固体物质和沉积物运移的影响还需要更深入的探讨。以上是对社会和气候变化对固体和沉积物的运移影响研究的补充。

5.6 参考文献

Blanksby, J., Khan, A. and Jack, A., (2002) Assessment of cause of blockage of small diameter sewers. *Proceedings of international conference Sewers Operation and Maintenance*, Bradford, 26th – 28th November 2002. ISBN: 1 85143 213 2.

Butler, D. and Davies, J.W. (2004). *Urban Drainage*. 2nd Edn., Spon Press, London.

CIRIA (2000) *Sustainable urban drainage systems - design manual for England and Wales - Report No. C522*. Construction Industry Research and Information Association, London.

CIRIA (2001) *Sustainable urban drainage systems - best practice manual for England, Scotland, Wales and Northern Ireland - Report No. C523*. Construction Industry Research and Information Association, London.

EA (2003) *Framework for sustainable drainage systems (SUDS) in England and Wales*, National SUDS Working Group, Environment Agency, May 2003, http://www.environment-agency.gov.uk/commondata/105385/suds_book.pdf.

Hedberg, T. (1999) Attitudes to traditional and alternative sustainable sanitary systems. *Water Science and Technology* **39** (5), 9-16.

HMSO (1991). *Building Regulations 1991: Part H-Drainage and Waste Disposal*. The Stationary Office, http://www.safety.odpm.gov.uk/bregs/building.htm.

Littlewood, K. and Butler, D. (2002). Influence of diameter on the movement of gross solids in small pipes. *Proceedings of international conference on Sewers Operation and Maintenance*, Bradford, 26th – 28th November.

Matos, R., Ashley, R M., Cardoso, A., Molinari, A., Schulz, A., Duarte, P. (2003). *Performance Indicators for Wastewater Services*. IWA Publishing.

ODPM (2002) Building Regulations, Part H, Drainage and Waste Disposal, 2002 edition, The Office of the Deputy Prime Minister, http://www.odpm.gov.uk/stellent/groups/odpm_buildreg/documents/page/odpm_breg_600283.hcsp.

OFWAT (2003) *The June return 2003*. Office of Water services, http://www.ofwat.gov.uk/aptrix/ofwat/publish.nsf/Content/junereturn.

OST (2004) *Foresight Future Flooding*. Office of Science and Technology, http://www.foresight.gov.uk/fcd.html.

Schaart, N. (2003) Sustainable urban drainage and public hygiene; a risk analysis. (In Dutch. Org. title: Duurzame waterketen en volksgezondheid; een risicoanalyse). M.Sc. thesis, Delft University of Technology. section sanitary engineering, Delft January 2003.

West, S. (2003) *Innovative On-site and decentralised sewage treatment reuase and management systems in Northern Europe and the USA*. Report of a study tour. 16th March, Sydney Water Australia.

WRc (2001) *Sewers for Adoption*. 5th Edition, WRc July.

6　水系统的生命周期与回弹效应简介

Andrew M. Dixon Marcelle McManus

6.1　概述

采取相应措施来减少用水需求可以获得不菲的环境效益，但用水需求生命周期的环境影响和回弹效应的存在，可能导致得来不易的环境效益荡然无存。产品的整个生命周期中都存在环境影响问题，其中主要包括原材料的提取、加工、包装、产品交易、使用到最终废弃——丧失了它的使用价值。回弹效应则是指对于一个行动或者计划的响应。在环境范畴里，它意味着系统中一部分的环境影响减弱，却意外（不希望发生的）导致系统另一部分的环境影响加剧。

本章主要介绍水系统的生命周期影响研究，包括回弹效应的研究，目的是提升对生命周期和回弹效应的认知程度，探讨其在用水需求管理这一主题下的应用意义。

第一部分阐述了生命周期思维的概念及其在生命周期评价中的应用，针对研究结果给出结论。第二部分主要介绍了回弹效应的概念和水体中回弹效应的特点。

6.2　生命周期思维

生命周期思维要求考虑一项产品、服务或者系统从产生到废弃所有阶段的环境影响，这种方法被认为是一种"从摇篮到坟墓"的方法。图 6.1 说明的就是一个产品的生命周期过程，包括箭头指示的维修保养以及材料、零部件的再利用等一系列环节。生命周期思维认为，世界是一个完整的相互关联的系统，不是物体简单的组合。实际上，环境影响在生命周期的每个阶段都存在，而每个产品又会产生多种多样的环境问题。例如，洗衣机产生环境问题最严重的阶段（大约占总效应的90%）是使用阶段（Electrolux，2004）。生活中有许多产品与用水需求管理息息相关，广义上来讲，每一个产品不仅有其自身的生命周期，还有与其他产品生命周期相关联的特质。我们可以通过很多方法和途径来促进生命周期思维，生命周期评价就是其中之一。生命周期评价已经纳入 ISO14000 环境管理系列标准，它从生产技术和理论科学等方面分析了产品整个生命周期过程对环境造成的负荷。总的来说，生命周期思维是设计方法学（如产品生态设计等）的一项支撑理论，其策略是重新考虑人类需求、非物质化及与供应商和消费者开展合作。

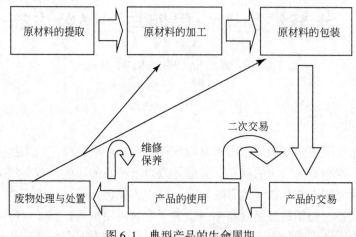

图 6.1　典型产品的生命周期

6.2.1　生命周期评价

根据 ISO14040 中对生命周期评价方法的描述，它是一项评价产品潜在环境影响的技术，具体包括以下四个步骤。

（1）确定评价目标和范围。例如，为什么执行该项研究？研究系统的边界条件是什么？什么样的功能单元能用于对不同的选择进行比较？

（2）编写一个与产品系统输入输出相关的清单目录。例如，能量和原料流、向空气和水体的排放（图 6.2）。

（3）根据这些输入输出项来评价潜在的环境影响。例如，对空气、土壤和水体的影响——温室效应，土壤污染，水体富营养化等。

（4）在清单分析和影响评价阶段之后，根据研究目标对结果进行解释和分析。例如，比较欧洲人均污染物排放量，以使环境影响标准化。环境影响可以通过检测的不同因素（如臭氧层减少、全球变暖等）表达出来，也可以将环境影响整合为一个单量。后一种方案虽然没有在 ISO 标准中加以推荐，但却由于便于应用经常应用于对比研究中。

图 6.2 说明的是，生命周期评价清单分析阶段中生命周期各个阶段的能量与原材料的投入及产出。最近几年，环境管理方法向着更全面的方向发展，因而生命周期思维和生命周期评价的概念也广泛流传开来。结合其他环境管理技术，就有可能对产品生命周期的一个环节加以改善，同时不知不觉地增加对另一环节的影响。

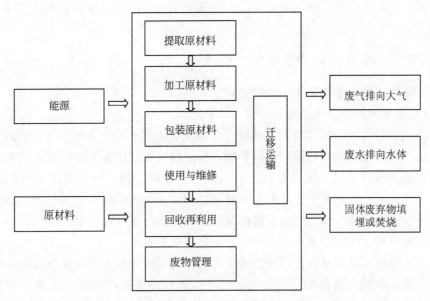

图6.2　生命周期评价中能量与原材料流及废物排放

6.2.2　认识LCA的限制因素

当然，生命周期评价方法也存在局限性。在ISO14040中阐述了该方法所受到的限制因素：

（1）生命周期评价中所做选择和假设可能是主观的。

（2）生命周期评价使用的模型受到假设条件的限制，它不能涵盖所有环境的影响及其应用。

（3）关注全球环境问题的生命周期评价结论不一定适用于地方尺度。

（4）生命周期评价的准确性要依赖数据的数量和质量。

（5）清单分析中的数据缺乏时空维数，因而评价结果中存在不确定性。

用水需求生命周期评价是环境管理工具箱的一个组成部分，总体来说，评估得到的信息应该是做出全面的决策的一个部分。不同条件下生命周期评价的结果是很难比较的，只有当所有假设条件都相同且具有相同的边界条件时，才有可能对它们进行比较。如果想进一步了解生命周期评价的信息，可以参考ISO14040标准，也可以登录本章末提供的网站进行查询。

6.3　生命周期评价与水系统

关于水系统的生命周期影响的著作其实很少，大部分的研究都集中在污水系统上而不是需水管理。下面简要介绍一些有关生命周期评价与水系统管理的应用实例。

6.3.1　生命周期评价与需水管理

下面是一些需水管理中生命周期评价实例。

1）雨水回用与节水马桶

Crettaz 等（1999）文章的目的就是定量化研究用于减少冲厕水用量的雨水回用系统和其他系统的生命周期环境影响。他们的文章是按照生命周期评价四个步骤编写的：目标定义、清单分析、影响评价和诠释分析。研究考虑了饮用水分配、处理、雨水回用系统安装和污水处理过程中运用的 160 个工序和子工序，报告则涉及了向空气、水体、土壤的排污以及能源消耗等问题。最终给出结论：相比于普通厕所，使用节水马桶在所有方面对环境更有利。

令人意想不到的是，在这种情况下的雨水回用情景对环境和经济效益的影响被发现是不利的。雨水回用只有在水处理装置耗能很高的情况下才能发挥其优势。最终他们认为，应该推广安装节水马桶，并利用合适的渗透技术使污染物尽量少地转移进地下水中，例如，使用沙滤等方式。如果提倡雨水回用技术，便应该使用低压能效的水泵。通常灌溉花园都使用高压水泵，这将增加环境负荷。Crettaz 建议未来的研究应着眼于用雨水洗衣服，优化雨水蓄水池的容积，估计生命周期评价结果的不确定性，并对重金属在环境中迁移的深入评价。

2）居民区供水政策

van der Hoek 等（1999）描述了在荷兰阿姆斯特丹，生命周期评价结果是如何帮助制定一个新开发居民区的可持续水系统策略的。研究中针对几种情景进行探讨，包括雨水回用、生活灰水回用以及使用地表水的双水系统。其中，降雨和生活灰水回用系统的能量消耗大，因而其生命周期影响最大。一个影响最低的情景方案是居民利用双水系统，从周边的湖塘取水。从湖塘中取来的低质量的水经过处理，用于冲马桶和洗衣服，集中供水系统则提供饮用水或消防应急。研究的结论可能因地而异，或者与不同的处理措施、可再生资源的利用有关，这强调了生命周期评价研究中定义范围和边界条件的重要性。

3）家用储水容器

在澳大利亚，生命周期评估在用水需求管理中具有重要意义（James，2003）。这项研究针对家用雨水蓄积器提供的不同种类家庭用水，比较了大小两种型号蓄水池和完全没有蓄水池的情况。大池储存的水可以用作冲马桶、浇花园，小池蓄水只用作浇花园。研究显示，与不使用雨水蓄积器相比，使用大池可以减少 30% 自来水用量，小池也可以减少 8% 的自来水用量。此外，由暴雨排水系统携带的氮元素经过雨水蓄积器进入花园的土壤中，不但为花园增加了肥料，而且缓解了下游水体的富营养化问题，可谓一举两得。生命周期评价表明，与传统方式相比，雨水蓄积器耗能多（如原材料的能耗和运行周期的能耗）。然而，虽然生产及使用雨水蓄积器的能耗与整个澳大利亚能耗比起来很少，但节水量却非常可观。这与第一个例子形成鲜明的对比，前者强调的是能源与原材料所导致的环境问题，说明无论多相似的研究都可能得到不同的结论，这取决于研究者采用的衡量标准。

6.3.2 生命周期评价与废水系统

生命周期评价在如何进行污废水系统可持续利用研究当中得到了广泛应用（Emmerson et al.，1995；Ashley et al.，1997；Balkema et al.，1997；Dennison et al.，1998；Mels et al.，1999；Brix，2000；Lundin and Morrison，2002）。Emmerson 等（1995）认为，生命周期评价作为环境政策和环境改良活动的决策工具，应当更广泛地应用到用水行业当中去。其他相关研究者对此观点持赞同态度，本节亦如是。

从对生命周期评价和水系统的研究论文中，可得出以下特点：

（1）生命周期评价有时会得到意料之外的结果。

（2）生命周期评价对数据的质量要求很高——既要求广度又要求精度。

（3）必须谨慎定义生命周期评价的边界条件，因为它们对结果有重大影响。关键问题包括空间边界、生命周期比较的时间尺度、比较的广度及研究的细致程度。

（4）生命周期评价具有必然的特殊性与限制性。它们与物理问题相关，并没有完全考虑其他方面的因素，如生物多样性，市容、生物栖息地和审美等。

6.4 回弹效应

简单地说，回弹效应就是针对某种行为或计划所给出的反应。在环境范畴内，回弹效应是指系统一部分的环境影响减少，却意外致使另一部分的环境影响增加。正如下面这段所说：

"可持续发展的概念是建立在通过技术进步来改进资源与能源的思想基础上的，这往往造成人们对节能效果产生过高的期望，因为他们忽略了技术进步会引起回弹效应这一因素（Binswanger，2001）。"

回弹效应与生命周期效应息息相关，因为它们有着同样的系统尺度。回弹效应尤其与产品生命周期的利用阶段有关，并常常起到了将不同产品的生命周期联系起来的作用。对回弹效应的研究经常是针对能效进行的，虽然它也适用于各种资源，甚至时间。Binswanger（2001）在一篇关于回弹效应的文章中具体阐述了如何进行完整的回弹效应评价和分析，包括对各种经验性研究的评价，这篇文章可作为回弹效应的入门篇来阅读。

人们承认了回弹效应的存在，然而它的存在究竟有何意义还是争论的话题。一些学者（Binswanger，2001；Herring，2000；Sanne，2000；Moezzi，1998）经过研究提出了回弹效应的概念，使它更易理解。Greene等在对驾车问题进行讨论时将回弹效应分成了以下三种类型，并列举了几项与水系统回弹效应有关的例子来说明。

直接回弹效应——例如，浴室安装了节水型的淋浴设备，因此人们会因为它用水少了，而花费更长的时间淋浴。

间接回弹效应——在用水上节约的钱花费在其他事物上（如远距离度假等）。

一般均衡效应——包括生产者、消费者、在内的所有部门供需的各种各样的调整。

笔者主张，三种类型中，直接回弹效应往往相对较低，依赖于水系统，而间接回弹效应可能性会很大，甚至抵消了拟创造的环境效益。水行业这种效应的重要性取决于消费者用水量是否被计量及所建立的水价结构。对于第三种效应，一般很难预测，虽然输入输出分析结果可能有助于提高对此回弹效应的理解。

6.4.1 回弹效应对节约时间的影响

除了经济和资源的回弹效应外，还可以针对时间的节约进行回弹效应分析（Binswanger，2001）。某种装置可能具有省时功效，但如果人们以一种高能耗方式使用这种"节约的时间"，那产生的环境影响就会加剧。这个概念提出了对于原先被认为是环境友好的某些活动的新的观点。举例来说，如果把洗澡节约的时间用于驾车出游，那么是洗个长时间的热水澡好呢，还是短时间的凉水浴好呢？当采用滴灌灌溉花园时，你可以同时去购物，这样是滴灌灌溉花园好，还是用手拿水管灌溉对环境更好呢？这些情况都很难预测和管理，上面提到的例子看似琐碎，但不可否认回弹效应是值得考虑的。然而，我们必须跨过传统的只考虑环境影响的单一行业界限，而采取更全面的跨专业综合评价，综观经济和环境等方面看待问题，并采用各学科相联系的方法解决问题。

6.5 结论

如果考虑完整的生命周期的环境影响，那么用水管理也必须纳入广义经济学的考虑范畴中。需水管理方法的制定和执行将引起一系列的连锁反应，这些反应可能会导致环境影响的净增长。这些影响可能会超出了水行业的传统界限。

据对前人研究的初步综述，在节水和需水管理问题的研究中，很少应用生命周期思维和评价的概念，反而在污废水管理和处理中，生命周期评价的概念应用得比较广泛。回弹效应的研究主要集中在能源环境问题上，水系统回弹效应的环境影响的研究尚未发现。

本章主要介绍了生命周期评价和回弹效应的概念。对于水行业人员，这些概念究竟意味着什么仍然需要讨论。应当提出和回答有关生命周期评价与回弹效应相关性的问题。应当考虑对水行业的意义，对于生命周期评价和回弹效应，我们究竟能做什么或者应当做什么，这些问题还有待进一步的研究。

6.6 参考文献

Ashley, R. M., Souter, N., Butler, D., Davies, J., Dunkerley, J. and Hendry, S. (1999) Assessment of the sustainability of alternatives for the disposal of domestic sanitary waste. *Water Science and Technology* **39** (5), 251-258.

Balkema, A J., Preisig, H.A., Otterpohl, R., Lambert, A.J. and Weijers, S.R. (2001) Developing a model based decision support tool for the identification of sustainable treatment options for domestic wastewater. *Water Science and Technology* **43**(7), 265-270.

Balkema, A.J., Weijers, S.R. and Lambert, F.J.D. (1997) On methodologies for comparison of wastewater treatment systems with respect to sustainability. *Options for Closed Water Systems-IAWQ international conference*, Wageningen.

Binswanger, M. (2001) Technological progress and sustainable development: what about the rebound effect? *Ecological Economics* **36**, 119-132.

Brix, H., (2000) How green are aquaculture, constructed wetlands and conventional wastewater treatment systems? *Water Science and Technology* **40** (3), 45-50.

Crettaz, P., Jolliet, O., Cuanillon, J. M. & Orlande, S. (1999) Life cycle assessment of drinking water and rainwater for toilet flushing. *Aqua* **48** (3), 73-83.

Dillenc (1999) Selection and evaluation of a new concept of water supply for "IJburg" Amsterdam. *Water Science and Technology* **39** (5), 33-40.

Electrolux (2004). Life cycle environmental impact of a washing machine and dishwasher. http://www.electrolux.com/node463.asp.

Emmerson, R. H. C., Morse, G.K., Lester & Edge ,D. R. (1995) Life-cycle analysis of small-scale sewage treatment processes. *Journal of the Chartered Institution of Water and Environmental Management* **9** (3), 317-325.

Dennison, F.J., Azapagic, A., Clift, R. and Colbourne, J.S. (1998) Assessing management options for wastewater treatment works in the context of life cycle assessment. *Water Science and Technology* **38** (11), 23-30.

Dennison, F.J., Azapagic, A., Clift, R. and Colbourne, J.S. (1999) Life cycle assessment: comparing strategic options for the mains infrastructure - Part I. *Water Science and Technology* **39** (10-11), 315-319.

Herring, H. (2000). Is energy efficiency environmentally friendly? *Energy and Environment* **11**(3), 313-326.

ISO 14040:1997, *Environmental management, Life cycle assessment, Principles and framework.* International Organisation for Standardization.

James, K. (2003) Water Issues in Australia - An LCA perspective. *International Journal of Life Cycle Assessment* **8** (4), 242.

Jelsma, J. and Knot, M. (2001) Designing environmentally efficient services; a script approach. In *Proc. of Towards Sustainable Product Design 6*, Amsterdam, 164-169.

van der Hoek, J.P., Dijkman, B.J., Terpstra, G.J., M. J. Uitzinger and M. R. B. van Dillen, (1999) Selection and evaluation of a new concept of water supply for Iljburg, Amsterdam. *Water Science and Technology* **39** (5), 33-40.

Lundin, M., S. Molander & G. M. Morrison (1999). A set of indicators for the assessment of temporal variations in the sustainability of sanitary systems. *Water Science and Technology* **39** (5), 235-242.

Lundin, M., Bengtsson, and Molander, S. (2000) Life cycle assessment of wastewater systems: Influence of system boundaries and scale on calculated environmental loads. *Environmental Science and Technology* **34** (1), 180-186.

Mels, A.R., van Nieuwenhuijzen, A.F., van der Graaf, J.H.J.M., Klapwijk, B., de Koning, J. and Rulkens, W.H. (1999). Sustainability criteria as a tool in the development of new sewage treatment methods. *Water Science and Technology* **39** (5), 243-250.

Moezzi, Mithra, (1998). The Predicament of Efficiency. *Proc. ACEEE Summer Study on Energy Efficiency in Buildings*, Energy Enduse Forecasting and Market Assessment Group at Lawrence Berkeley National Laboratory, August, 1998, http://enduse.lbl.gov/info/ACEEE-Pred.pdf.

Roeleveld, P.J., Klapwijk, A., Eggels, P.G., Rulkens, W.H. and van Starkenburg, W. (1997) Sustainability of municipal wastewater treatment, *Water Science and Technology* **35** (10), 221-228.

Sanne, C. (2000) Dealing with environmental savings in a dynamic economy, how to stop chasing your tail in the pursuit of sustainability. *Energy Policy* **28**, 487-495.

Simon, M. and Dixon, A. (2001) A comparison of ecodesign potential in UK manufacturing industry sectors. *Proc. of International conference on engineering design,* ICED 01 Glasgow, August 21-23.

Sombekke, H.D.M., Voorhoeve, D.K. and Hiemstra, P. (1997). Environmental impact assessment of groundwater treatment with nanofiltration. *Desalination* **113**, 293-296.

Tillman, A.-M., Lundström, H. And Svingby, M. (1998) Life cycle assessment of municipal waste water systems. *International Journal of LCA* **3** (3), 145-157.

Vaze, P. and Balchin, S., (1996) The Pilot United Kingdom Environmental Accounts, Office for National Statistics. *Economic Trends* issue 514, August.

7 配水管网中的水损失管理策略研究

Stuart Trow Malcolm Farley

7.1 概述

7.1.1 水损失的理解

世界范围内的用水需求都在不断增长，而水资源量却不断减少。管网中的水损失一直是困扰工程师的难题，也是供水系统中比较麻烦的问题，即使在一些拥有比较完善的系统和丰富操作经验的国家，情况也是如此。在一些供水管网不太发达的发展中国家，不完善的供水系统、糟糕的卫生条件以及间断的供水状况在随时威胁着人类的健康。在一些缺水国家，为了满足日常需水，常将一些处理过的和未处理的水混合在一起使用。

水损失不只是管道的结构不佳或是管道破裂所致，管网的明显损失、过度使用或者滥用常常是由于当地习惯所致，加上水价过低和缺乏有效的用水计量政策。不过，这些水损失常常可以通过引入需水管理和节水项目，结合渗漏处理和改进供水管网等措施加以解决。所有这些措施构成一个综合策略，可以大大减少水资源的损失量。

制定水损失管理策略的关键是要弄清楚跑、漏水现象背后的原因及其影响因素。根据管网的具体特点和当地的影响因素，来开发有关的技术方法和程序，按照问题的重要顺序——解决其根源。虽然减少渗漏不能一蹴而就，但是英国水务产业中的近期宝贵经验就值得我们学习。在英国，在监管机构的督促下，水行业者开发了更为稳健的分析、控制渗漏的工艺过程，已经在管网中安装了多种用来了解、测量、监控和分析渗漏的装置。大多数水务公司实施了鼓励用水户节水的计划，并同时执行了解决实际表面水损失问题的计划。

7.1.2 国际水协会水损失工作组

国际水协会水损失工作组提出了水损失的概念和水损失的计量方法，并就水损失的组成进行了国际比较。一个重要的方法就是"水平衡"，并开发了一套计算机软件用于计算（见 7.2.2 节）。工作组还开发了一套绩效衡量方法，即基础设施漏水指数（infrastructure leakage index，ILI）（Hirner and Lambert, 2000；

Lambert and McKenzie, 2002），该指数在一种平等和一致的机制下开展国际渗漏比较。ILI 指数不仅考虑损失水量为标准的绩效，同时考虑了水务公司的操作方法。ILI 的参数包括压力管理、基础设施状况、漏水活动以及漏水修复计划。可以认为，ILI 指数是系统中每年损失水量与目前所有系统不可避免的损失水量的比值，它比传统的衡量公司绩效的方法更为精确，因为传统的方法只能说明水损失和非收入水量占供水的比例。

国际水协会关于水损失管理的概念见《配水管网中的跑漏水——评估、监控和控制实践手册》（Farley and Trow, 2003）。本章从介绍国际水协会概念和方法开始，最终提出跑漏水管理的新策略。

7.2 了解整个系统网络

适当的诊断方法，结合一些可操作和易完成的操作方法，可以应用于世界上任何角落的任何一家水务公司，从而制定水损失管理策略。但在发展中国家工作的咨询顾问总是会面临发展缓慢、严重的资金限制、落后的基础设施、较低的科技水平等问题，还有政治、文化和社会影响等多方面因素。这些因素影响着水损失和需水管理水平，并制约其发展的步伐。但应当通过引进新的信息、技术和激励机制提高当前的实践水平，这样做总是可以有所成就的。国际上有许多相关案例可供借鉴（Farley and Trow, 2003），这些案例对发展中国家，包括一些拥有完善设施和良好政策环境的国家中的水损失管理都有涉及，并详细分析了其成功和失败经验。英国国家跑漏水行动（1991～1994 年）（WSA/WCA, 1994）为从概念上理解水损失、制定管理水损失的方案与策略以及配套技术提供了典范。

7.2.1 任务的优先排序

和任何制造业一样，为水务公司开发水损失管理策略，其关键性的第一步是要基于系统的特点、生产流程和运作流程搞清楚几个问题，然后通过已有的工具和相应机制提出解决方案。这些典型的问题有：

（1）有多少水流失了？

（2）这些水是从哪里流失的？

（3）为什么这些水会流失？

（4）有什么样的策略可以减少水流失并提高整个系统的运行效率？

（5）我们如何保持这些策略的有效性并使得这些成果得以保留？

表 7.1 总结了解决以上问题应开展的工作。

表 7.1 回答以上问题应开展的工作汇总

问题	工作
有多少水损失 －测量方面的内容	水平衡 改进测量/评估手段 技术方法 仪表校准方针 仪表校核 确定记录需改进之处 程序
这些水是从哪里流失的 －量化漏水 －量化表面水损	水网检查 渗漏研究（蓄水池、输水网络、输水干线、配水网络） 操作方法/顾客调查
为什么这些水会流失 －水网和管理操作检查	水网实际运作的回顾 调查 历史原因 糟糕的运作方法 质量管理 流程 低劣的材料/基础设施差 当地/政治影响 文化/社会/财务
如何提高目前的运行水平 －升级网络 －设计相应的策略及实施计划	策略开发 升级记录系统 引入分区制 引入漏水监控措施 找出表面水损的原因 实施漏水监测/修复政策 设计短/中/长期的行动计划
如何可持续运作 －通过配备适合的员工和组织机构确保可持续性	培训、运行和维护 提高认识 提高主观能动性 技术交流 引入最好的技术方法 社区参与 节水/需水管理计划 监控计划建议方案 引入运行和维护流程

7.2.2 水平衡

前两个问题，即"多少水流失"和"从哪里流失"可以通过水平衡测试来解答。表7.2说明了水网中的水损所包含的内容，即系统输入量和认定消耗量之差。水损由真实水损和表面水损构成。真实水损主要是指每年从主供水管、蓄水池、给水管连接直到用户终端水表的整个运送过程中发生的各种漏水、管道破裂及溢出的水损失。这些渗漏的水量是惊人的，很可能数月或数年都发现不了，漏水量的大小与管道的类型、水务公司的漏水检测、修复政策有着直接关系。

表7.2　水平衡及其组成

系统输入量（已对已知的误差加以修正）	授权消耗费量	有收入授权消耗量	有收入的计量消耗量（包含输出去外地的水）	收入水
			有收入非计量消费水量	
		无收入的授权消费水量	无收入的计量消耗量	非收入水
			无收入非计量消耗量	
	水损失	表面水损	未授权消耗量	
			计量不准确时的遗漏	
		真实水损	在输水/配水过程中的漏水	
			蓄水池的渗漏和溢水	
			连接用户终端水表的给水管漏水	

表面水损包括未经授权的消耗以及所有计量失误所造成的损失。国际用水协会关于水平衡的一些定义包含：

（1）系统输入量是指每年输入供水系统的量；

（2）授权消耗量是指每年注册用户所用的水量（计量的或无计量的），这些用户包含直接或间接授权的用户、供水商和其他用户；

（3）非收入水是与系统输入量和有收入的授权消耗量之差；

（4）漏水是系统输入量和授权消耗量之差，包括表面水损和真实水损；

（5）表面水损由未授权的消耗量和各种计量误差组成；

（6）真实水损是指从主管道，蓄水池、给水管连接直到用户终端水表的整个过程中发生的各种漏水、管道破裂及溢出的水损失。

水平衡所包含的各个部分应该都是可以计算出其水量的，以用于计算性能指标。将无收入水分为无收入的授权消耗量、表面水损和真实水损也总是值得尝试的。我们可以用成分分析软件帮助操作者测量或评估水平衡的每个成分（Liemberger and McKenzie，2003）。

由于在国际上对于水平衡计算的形式和定义还不统一（即使在同一个国家也会有所不同），这时就急需一个国际通用的术语。从不同国家的经验来看，国际水协会水损工作组及其提出的性能指标提供了一个水平衡计算的国际"最佳实践"标准方法（Farley and Trow，2003），并对所有涉及的术语进行了定义。

7.2.3　水网回顾

第三个问题，即"为什么会发生水损"可以通过回顾水网的管理和实际操作来回答。正如对所有制造过程的检查一样，首先需要确定要改变和提高的政策及流程，以及那些进展顺利的部分。

确定了水损"如何发生的、在哪里发生的、为什么发生"，就可以开始解决最后的两个问题，即"可以引入什么样的策略和政策，以减少水损失并提高整个系统的运作效率"和"如何使这些策略可持续"。这不仅仅需要引入计量设备、流量监控设备、跑漏水控制设备及渗漏修复政策，还需要实施教育和宣传计划并建立一套可操作性较强的运行维护策略。

水平衡和水网回顾是要帮助解决重点问题。首先，表面水损到底有多大？仪表的准确性（供水者和消费者）是一个重要的问题——仪表误差真的非常大，必须实行一个校准及核查计划吗？未授权的消耗量或偷水量有多大？漏水量是否很大？如果这些问题的答案都是"是"，那么将供水区分成较小且易管理的计量区域（DMAs）是一个可以借鉴的方法。这些小的区域便于监督跑漏水和水管爆裂的发生，引导经营者将工作集中在管网中最易取得成效的部分（详情请看7.4节）。

7.3　处理真实水损（跑漏水）

水损现象在整个配水系统中都有发生，只是量不同，而这取决于管网的特点、地域特点、水务公司运行的实际情况，还有技术水平和专业技术应用到实际中的效果。不同国家的水损量有很大不同，甚至一个国家的不同地区也有很大差异。水损失的组成及其相对重要性，在不同的国家里也有所差异。水损失管理策略中的一个非常重要的基础就是要充分了解不同成分的重要性，并确保每一种成分都能够得到尽可能准确的计量或估算，这样就可以在一系列行动计划中确定工作的重点。

真实水损包括管道中的漏水，管道结合处和装置中的漏水，蓄水池的底部和壁部漏水及蓄水池溢水。真实水损有时非常严重，可能几个月或者几年都发现不了。管网的特性及公司的跑漏水检测及修复政策是影响真实水损失量的关键因素：

(1) 管网的压力；

(2) 新的漏水和水管爆裂发生的频率和典型水流流量；

(3) "举报"的新跑漏水占总体跑漏水发生的比例；

(4) 反应时间（要多久才注意到跑漏水发生）；

(5) 定位时间（锁定新的跑漏水发生地点的时间）；

(6) 修复时间（修复管道和关闭管网的时间）；

(7) "背景"渗漏水平（不易被人发现的微小漏水）。

7.3.1 跑漏水管理策略

确定渗漏控制目标和开发一套适合的管理策略所应采用的方法依赖于各个管网的实际的操作情况和地区特性。图7.1举例说明了一种通用的跑漏水管理策略，下节重点说明其中的一些关键步骤。任何一个水供应者都可以运用这种方法治理跑漏水。

7.3.1.1 确定投资需求

只有充分考虑到投资的需求，才可能建立起正确的降低跑漏水计划。即使渗漏控制目标看起来经济可行，也需要对工作先行投资以获得长期回报，有时回报期限可能超过20年。投资来源主要包括提高向消费者的收费标准、政府资金、国际资助和贷款或者在实施减少跑漏的工程期间降低利润率。因为解决投资问题所需要花费的时间和精力与解决技术问题相比不相上下，所以在工程早期阶段，渗漏计划发起人就需要让供水商的财务经理参与，这一点非常重要。

7.3.1.2 评估组织结构

在制定了实施大型减少渗漏计划的情况下，除非能够对组织结构进行评估，根据新需求对其进行调整，否则这个计划不可能完全实现应有的效率和效益。在

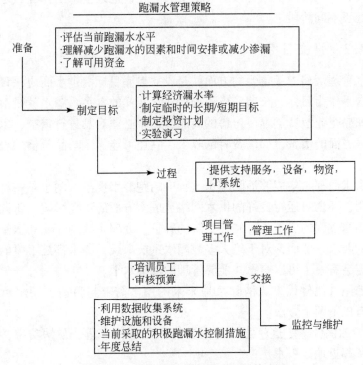

图 7.1　制定跑漏水管理策略的具体步骤

工作负荷需要任命一个漏水管理者的情况下，就需要开展组织结构评估。漏水管理者的职责是按照主管批准的策略执行减漏计划。另外非常关键的是漏水管理者需要获得主管的支持，如果可能的话，在计划执行期间不做职务变动。该管理者需要对计划全心投入，他是跑漏水管理中至关重要的一环，需对计划的各个方面进行协调。

　　不可避免有些时候项目会不按照计划进行。此时，区分两个不同的跑漏水管理计划实施阶段就十分重要：

　　（1）漏水降低至既定目标。此阶段应被视为包括基建工程和其他一些过渡性费用的项目，其管理类似于新的净化工程建设管理。这一阶段需要具有丰富项目管理经验的人进行管理，他不必是漏水处理专家。但团队中必须包括专家或外聘顾问，以及负责在漏水降低后的维护工作的操作人员。

　　（2）维持漏水的目标水平。此阶段需纳入供水组织的日常管理中，采取与净化工程操作类似的管理。在此阶段，不必一定设立专职漏水管理人员，但如果组织机构庞大，还是需要一位漏水协调员来保证本地区方法的一致性。

　　在同一组织中，这两个阶段可能会同时发生。供水区先会从操作人员移交给项目管理人员，在减漏工作完成后再次交回。在该地区全部工作完成之前，不同区域可能处于不同阶段。

7.3.1.3 设立目标

跑漏水管理策略中最重要的方面就是设立渗漏目标。供水商应该订立什么样的渗漏水水平作为目标？长期又应该维持在什么样的水平？漏水就是浪费的同义词，因此如果企业浪费了本可出售的商品，那就必须对其进行审查，以评判是否还存在其他方面的浪费，如消费者的收入。它还可能导致产品价格的设定超过合理水平。

所有供水商都希望能够消除配水过程中的跑漏水现象。漏水是一种浪费，没有任何作用，还会对运行良好的供水网络造成多方面的不良影响。跑漏水增加了水生产与输送过程的成本，对储存系统的容量、处理系统的性能和水管尺寸也提出了更高的要求。然而，对于绝大多数配水系统来说，漏水都是不可能完全消除的，但一定会有一个可以容忍并能够管理的渗漏水平。

在考虑用其他替代方式消除某地未来的用水需求与目前可用水量之间差距时，通常有以下两个方法。

（1）增加供应量。这就意味着需要提高蓄水池容量、泵站功率，增加水处理能力或从邻近地区引水。

（2）通过减少跑漏水、需求管理等方法来降低未来的用水需求。

这些方法都能提高预测的"余量"（headroom），即可供水量与预测需求之差，从而降低供水无法满足消费者需求的风险，如图 7.2 所示。然而，在比较两

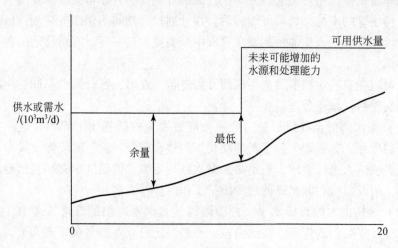

图 7.2 增加的供给和需求对可用"余量"的影响

种方法的经济性时，应该充分考虑一个总的原则。

减少跑漏水需要资金。然而，不同于提高供应量，在减少跑漏水方面规模经济的作用要小得多。事实是情况往往相反。所有与跑漏水相关的项目都遵循收益递减定律，投入的努力越大，从节水的角度来说影响就越小。图7.3展示了跑漏水管理的基本技术，这些方法被称为四"支柱"。这四种方法也都遵循收益递减规律（图7.4）。

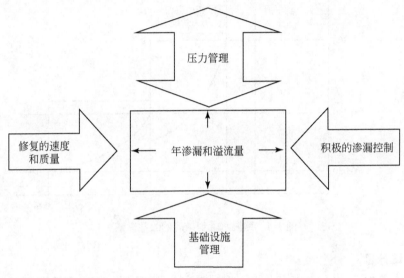

图 7.3　渗漏管理的四支柱

积极的渗漏管理

最初开始进行漏水检测和维修工作时，漏洞相对容易发现。如果由于之前几年投资不足而导致查找和修复的漏洞相比实际发生的要少，将造成问题的积压。然而，一旦发现明显的主管道和给水管爆管问题，要减少同样规模的渗漏则需要更高水平的投入。

压力管理

成本效益最高的渗漏管理计划是那些覆盖区域广，对平均水压有较大的影响的计划。在主管道的控制一个城镇的分支上安装减压阀就是一个很好的例子。一旦这一计划完成，下一步就是结合小区计量安装减压阀。在极端情况下，一些供水商给不足200户的社区，甚至是单个用户也装上了减压阀。由于覆盖的区域面积减少，这项计划的成本远少于获得的收益，因此成本效益偏低。

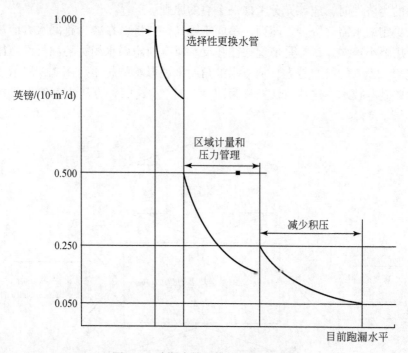

图 7.4 　跑漏水管理措施的收益递减

区域计量

在安装地区和区域水表时，人们比较倾向于选择那些无需在管网里额外安装任何设备就能测量的地区。通常利用管网中的天然边界，沿着主要道路、河流、运河或未开发土地进行区域划分。

其目的是划定具有单一供水源的区域计量区，该地区的供水只需要安装一块水表就可以了。这样做往往可使为划定独立的供水计量区所需设置的阀门数量最小化。以这种方式设立的区域数目取决于配水管网的布局。成本与收益大体持平。区域计量区中用户的数量增加到某一点后，用户数量的进一步增加将会提高单位成本。

主管道与给水管更新

更换旧的主水管可以降低主水管上的漏水损失。如果更换水管的原因并非控制漏水，而是水质问题等，这给漏水所带来的相关回报也应纳入考虑范围。如果更换水管是减少漏水的主要办法，那就需要进行目标研究，以确定在哪些区域、区域中的哪些水管破裂频率最高（以每年每千米数量计），哪些水管的背景渗漏（background leakage）量最大。如果目标定位能有效进行，那么计划初期的成本效益一定会高于后期。因此，水管更新同样遵循收益递减的规律。

维修速度

缩短维修漏水点所需时间也可以减少漏水量。然而，一旦维修时间降低到一定限度后，单位维修成本会由于员工待命、出动、加班工资或承包商成立额外维修队伍而不断增加。

7.3.1.4　经济漏水率

对于任何配水系统来说都存在一个漏水限度，低于该限度系统将不适宜进行进一步投资，或追加资源以进一步减少漏水。换句话说，节省的水的价值将低于进一步减漏的成本。我们将这一点称为经济漏水率（economic level of leakage，ELL）。以经济漏水率为基础的跑漏水控制目标因此应该是具体的、动态的。

图7.5是跑漏水管理支出与水的单位生产成本之间的概化关系，后者是漏水损失率的函数。漏水管理计划成功的关键在于收集充足的实际数据，以帮助在所有供水区建立这一关系。

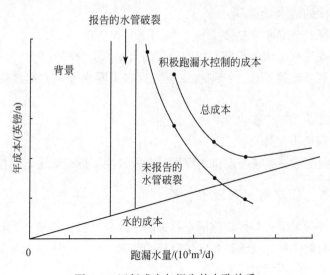

图7.5　运行成本与损失的大致关系

为了解经济漏水率的估算，有必要知道怎样衡量水的价值。地区之间，甚至是同一地区不同区域之间的估算方法都可能有所不同。

短期经济漏水率

短期内，以下几个关键参数决定漏水的实际水平。这些参数都是固定的，包括：

（1）系统平均水压；

（2）主管道和给水管道的状况；

（3）可用的数据收集设备（区域水表和遥测）。

因此，唯一一个任何时刻都能迅速调整从而影响漏水水平的参数，就是能够搜寻并维修漏水点的人员数量。漏水定位和维修有时被称为积极的跑漏水管理（active leakage control，ALC）。存在 ALC 边际成本等于采取 ALC 策略所节约水的边际成本的稳定状态。

长期经济漏水率

从长远角度看，区域水表、遥感监测、压力管理和管道更新等设备投入都会对短期经济漏水率产生影响。短期经济漏水率的降低及变化所带来的成本与节约可以同投资成本进行比较。投资成本有时称为过渡成本，也就是说，这些成本代表了从一个稳定状态向另一个状态转变所需的开销。

短期经济漏水率是以经济分析为基础的，通过考虑 ALC 成本以及供应区内短期水的价值来确定最佳 ALC 水平。长期经济漏水率则是基于以下问题的投资分析：

（1）目前的漏水量是多少？

（2）短期经济漏水率是多少？

（3）根据正在考虑的投资，短期经济漏水率将会怎样变化？

（4）与当前政策相比，计划投资能减少多少漏水损失？ALC 资源会发生怎样的变化？

（5）计划投资是多少？

（6）投资回报是什么？

这几个问题的答案将帮助供水商用一般投资决策标准来决定其投资政策。

7.3.1.5 设定临时跑漏水目标

计算经济漏水率只是设定跑漏水目标的一部分。目标必须针对特定区域来设定，供水商的整体目标应该是各区域目标的总和。每一个区域都要采用以经济漏水率分析为基础的不同方法。

图 7.6 介绍了影响漏水目标和损失的因素。

与经济漏水率相比，外部因素对目标的影响也很大。这些因素包括：

（1）同类供水商之间的比较。同一国家或同一地缘区域里的供水商会相互比较其当前的漏水水平和计算出的经济漏水率，这是不可避免的。

（2）国际比较。

（3）政治因素。一家供水充足但基础设施较差的公司，他们的真实经济漏水率可能会占到全部需求的 35%。然而，因为经济漏水率过高，该公司可能会受到来自用水户、政府或同行的压力以减少漏水。

影响跑漏水目标的最大外部因素则是针对供水商的监管。监管的性质要取决于特定国家对供水组织的总体控制和所有权。监管使用水户对供水商产生各种期望，必须对此加以管理。

（1）用户希望水供应商可以控制水价；

（2）政府经济监管者同样希望运行和投资成本合理；

（3）股东希望水供应商能进行有效管理，带来投资回报；

（4）环境监管者和压力组织反对进一步开采原水，这将会导致湖泊、河流的干涸，另外还有人抗议修建堤坝；

（5）饮用水监察员则保护供水，寻求限制任何可能会对水质产生不良影响的工程；

（6）国家政府管理供水的目标是要确保公众健康以及经济发展。

尽管跑漏水目标可以是非强制性的，但是可能会规定每年或间隔一定时间都要上交跑漏水数据。如果目标是内部设定的，不存在任何外部影响，那就要理解为什么要设立这些目标，也就是说：

（1）现在普遍存在缺水情况吗？还是在某一地区目前缺水？或是预测在近期会出现水资源短缺？

（2）目标的设定是为了使供水商达到其他同行的标准？还是这个国家整体上已经出现了严重的跑漏水现象，使其成为政治性问题呢？

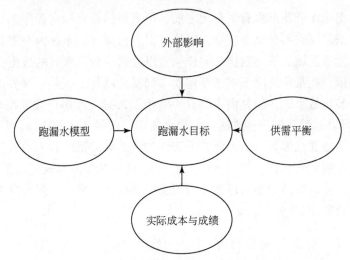

图 7.6　影响漏水目标和损失的因素

无论目标是在内部因素还是外部因素的影响下制定的，都会有相应的时间限制。可以把总体目标规定为在 5 年内漏水减少 20%，或者是给定年份（具有特殊意义的年份）每户每天需要实现的渗漏水平。时间限度必须是实际可行的。

即使在限定时间内有充足的资金来进行一次性改造，控制漏水也没有任何简单的解决方法。跑漏水管理是一个艰苦的过程，任何企图在短时期内大幅减少漏水的项目在长期来看都不大可能成功，欲速则不达。减漏计划通常会有一个正常速度，这个速度可能在地区之间由于一系列参数的不同而有所不同。

如果不存在特定内外部影响因素，只是想要将漏水降低到一个比较经济的水平，我们建议制定一个可修订的长期目标作为今后工作的努力方向。目标可以定得较高，但一定要现实可行。短期目标的制定要以长期目标为参考。比较合理的方法是选择一个期限，如 5 年，在此期限内实现长期减漏目标的50% ~ 80%。应该合理选择这一时间期限，以便修建必要的设施，订立合同，开展前期工作等。4 ~ 7 年是比较合理的时间限度，少于这个时间则目标过高，时间再长将影响经济效益。减漏的成本是固定的，但第七年后可能还会出现额外的漏水，增大供水成本。

跑漏水往往随着时间而减少，呈现 S 形曲线。早期漏水管理支出可能没有投资回报，因此存在员工失去信心的风险。然而如果能够继续坚持（通常一两年后），漏水将会在第三及第四年迅速减少。在最后阶段，由于之前提到的回报递减规律，漏水的降幅将逐步放慢。

7.3.1.6　制定数据采集程序

在大量支出降低跑漏水有关费用之前，很重要的是要制定程序来收集所有相关数据。数据采集需要分层次进行，以便可以通过累计供水区内所有区域计量区的数据来计算该区域的平均数据。同样，可以通过合计供水区的数据计算后得出公司的平均值。在某些情况下有必要建立非测量区域计量区——这些区域实际上都是没有安装区域水表，但是供水商有一些相关数据（如用户数量和本区域水管长度等），可以通过其他一些方法进行漏水估算。这些区域通常都有明确的范围。

漏水管理需要很多数据，因此数据管理的相关软件系统和人力资源投入就会很大。但是没有这些系统，投资和漏水点的检测与维修工作就可能都是低效的。因此，尽管建立高效的数据管理系统可能会使初始投入增大，但长期来看将会带来相应的投资回报。

7.3.1.7　建立实验性操作

在全公司范围开展相关项目前先在小范围内进行实验性操作大有裨益。只要条件允许，就应该进行示范性操作来介绍相关技术，这也将带来减漏项目的早期收益。这些操作不应该被视为独立于主项目的操作，而应该是主项目的必要组成部分，由负责项目主体工程的团队进行。

实验操作可能关注的是跑漏水管理的某些特定方面，如压力管理，或被用来在特定地缘区域，如特定供水区，进行整体计划测试。

7.3.1.8 公司具体数据的重要性

不论用什么方法来给漏水建模或制定策略，都不可避免地会遇到一个困境。在供水商开始着手大规模降低漏水操作时，策略是最为重要的。为了准确可靠，跑漏水管理和投资计划必须以该组织具体准确的数据为基础，同时还要计划周全地投资计划以保证计划支出可以带来相应回报。然而，不进行相关工作就不可能得到具体数据。没有数据则意味着要利用默认值和假定，因此建模结果的可信性将降低。

到目前为止，跑漏水建模已经进行了很多年了，爆管与背景渗漏估计（BABE）概念也已在世界范围内多个国家使用，这些国家操作环境各异，政策、服务水平、配水网络结构也大不相同。正因为如此，原始的英国数据进一步得到加强，这些世界不同情况也带来了大量新的数据。

不可能一开始就可以制定行之有效的减漏计划，从头到尾不做任何改变。解决办法就是采取渐进性步骤（图7.7），根据每个阶段的数据对模型进行调整，根据积累的经验修改计划。

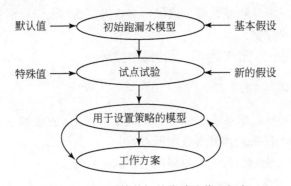

图7.7 采用具体数据替代默认值和假定

7.3.1.9 引进策略

跑漏水管理策略最重要的方面可能就是供水组织的各个部门都要了解并执行该策略。这就需要获得各部门以及大单位中各分站员工的支持与协作。有效的跑漏水管理需要大量人力投入，只有员工全力投入，项目才可能有效执行，否则将很难对降低漏水水平的基础设施进行维护。

作为策略的必要组成部分，需要仔细考虑以下几点：

（1）项目启动活动如研讨会。

（2）员工教育与培训，这些员工不应该只包括直接参与减漏项目的人员。

（3）"胡萝卜与大棒"方法被证明是成功的。负责配水系统运行的员工，如果渗漏管理设备管理得当就应受到奖励，对玩忽职守者采取惩罚措施以促使其履行保证系统正常运行的责任。

（4）公共关系。

7.4 渗漏管理

减漏工程主要包括图7.3介绍的四大管理支柱。

7.4.1 积极的渗漏管理

跑漏水管理可分为两类：积极控制和消极控制。

消极的跑漏水控制

消极控制是对报告的管道破裂或水压降低采取应对措施，这些通常是由用户报告或公司员工记录的。这种方法在供水充足或成本较低的地区是可行的。此方法通常在供水系统欠发达的地区使用较多，这些地方对地下漏水了解不多，消极控制是改善的第一步（也就是说，确保所有看得见的漏洞得以修复）。

积极的跑漏水控制

主要方法包括：①常规勘测；②跑漏水监测。

7.4.1.1 常规勘测

这种方法需要从配水系统的一端延续到另外一端，方法如下：

（1）听管道和接头的声音寻找泄漏点；

（2）测量流入临时分区的水量以确定夜间高水流量；

（3）分组使用噪声测量仪。

7.4.1.2 跑漏水监测

此项技术要求对进入区域的水流进行监测以测量漏水量，并确定漏水点探测的先后顺序。跑漏水监测要求在整个配水系统的关键点安装流量计，以一个水表记录一个边界明确的特定区域的流量。这样一个区域称为一个区域计量区。此技术目前是经济效益最好（也是应用最广的）漏水管理方法。图7.8介绍了一个典型的区域计量区。

通过分析区域计量区流量数据，操作人员可以尽早发现管道破裂或多处漏水

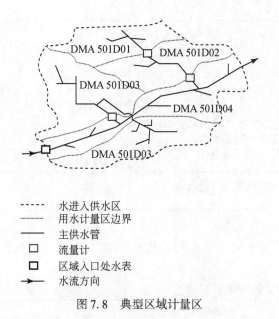

------ 水进入供水区
········· 用水计量区边界
——— 主供水管
□ 流量计
◆ 区域入口处水表
➤ 水流方向

图7.8　典型区域计量区

的发生，从而可以将发生水损的时间降到最低。损失的全部水量：

流率×爆管的持续时间

　　因此操作人员分析区域计量区流量数据的速度越快，就能越早发现发生破裂的区域或漏水点并及时定位。加上及时维修，可以限制水的总损失量。

7.4.1.3　分析区域计量区流量以估计漏水量

　　区域计量区流量最佳分析方法需要在区域计量区水流量最小时估算漏水量，其典型时间段是夜间，此时用户需求量也最小，因而渗漏所占流量比例最大。

　　以成分分析法为基础的技术，如爆管和背景渗漏估算，可以用来分析夜间最小流量，估算漏水水平和相关的背景漏损量和水管破裂流量（图7.9）。

　　这种渗漏分析是以夜间最小流量为基础的，夜间最小流量可用数据收集器和合适的软件连续多天记录并加以分析。这种分析让跑漏水管理人员能够监测区域计量区或若干组区域计量区以发现新破裂点并及时修复。

　　这种计算是以收集夜间流量数据转化为年渗漏量为基础的，是一种"自下而上"的方法。这种计算可以通过"自上而下"的渗漏评估加以验证。这种分析要求对用户用水量进行评估，其与总供水量之差即为渗漏量。这一渗漏量通常按12个月计量，大多数情况下是与同一地区不同典型计量区的渗漏总量加以比较。

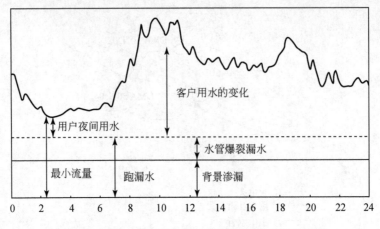

图 7.9　一个典型的 24h 用户用量与渗漏比例流量图

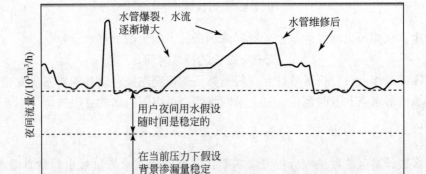

图 7.10　典型区域计量区夜间流量图

7.4.1.4　策略的选择

　　最恰当的渗漏控制策略要充分考虑供水网络和当地条件的特点，其中包括设备和其他资源等的财务限制因素。也需要考虑人力资源因素，因为如果劳动力充足且成本较低，则劳动密集型的方法就是合适的。然而如果从地面观测不到渗漏点，则需要比较采用强化的渗漏监测策略。

　　水的价值是影响选择的主要因素，它将决定某种方法相对于其节水效果在经济上是否可行。活动量较低的方法，如只修复可见的泄漏点、可能在水量充足、生产成本较低的地区具有较高的成本效益。另一方面，生产供应成本较高的国家（如中东地区），就需要较高活动量的方法，如连续监测，甚至是遥测系统，以对可能发生的破裂或渗漏发出预警。大多数发展中国家的渗漏控制方法是消极的或是活动量较低的，只修复可见的渗漏点或用声电仪器对网络进行常规检测。

7.4.1.5 区域计量区管理

某破损点的总渗漏损失量是察觉时间和定位并修复时间内损失量之和：

（1）察觉时间——从渗漏发生到水生产企业意识到渗漏的平均时间；

（2）定位时间——查找渗漏点所需的平均时间；

（3）修复时间——关闭漏失点并进行修复所需的平均时间。

积极的渗漏管理策略的主要结果就是可以缩短渗漏的平均持续时间，但是消极或积极政策的选择不会对修复时间造成影响。察觉时间主要受到数据收集方法的影响：

（1）流量遥感监测——不到1d；

（2）月度夜间流量测量——14d；

（3）常规监测——检测之间时间间隔的一半。

定位时间会受到监测系统的性质和范围的影响，但主要影响因素则是可用员工数量、设备和可用技术等。

渗漏监测技术被认为是成本效益和渗漏管理效率的主要影响因素。这种方法任何网络都适用。即使在存在供应不足现象的系统中也可以逐步引入渗漏监测分区方法。一次划分一个区域，查找并修复该区域内的渗漏点，然后进行下一区。这种系统性的方法会逐步改善网络的水力特性和供应情况。

渗漏查找和渗漏定位有明确的差别。查找是将渗漏范围缩小到管道网络的某一段。渗漏查找工作可以定期开展，也就是对网络进行"地毯"式搜索或是限定明确区域，这些都要以区域计量区数据分析为指导。渗漏定位是在开挖和修复之前确定渗漏位置，但是不能保证一定可以找到渗漏的确切位置。定位勘测前可进行也可不进行渗漏查找工作。

有些方法可以用来查找网络中的渗漏点，主要包括：

（1）通过临时关闭阀门或安装水表（图7.11）将区域计量区划分为更小的区域；

（2）改型的传统逐步测验法（阀门隔离法）；

（3）使用渗漏定位器；

（4）声音勘测。

渗漏查找和定位的相关技术和设备会在7.5节中详细讨论。

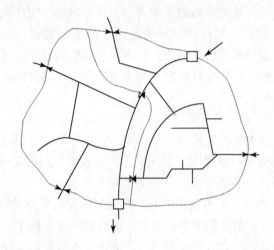

区域分隔水阀
区域计量水表
测试区边界
临时关闭水阀

图 7.11　划分区域计量区

区域计量区管理中有两个基本问题。

（1）勘查应该多久进行一次？

（2）清查每个区域应该做多少工作？

特定区域的勘查间隔时间被称为干预间隔。平均干预间隔是整体计划的关键因素，设定时要充分考虑到经济效益。干预间隔对工程所需资源有很大影响。

渗漏管理的很多方面都遵循收益递减的规律。这里同样如此。一旦在第一轮勘查中发现了最初的渗漏和破裂，此后在这个区域中花费的时间越多，以发现破裂点的数量和特性衡量的收益则越少。

即使发生问题的区域没有进行区域计量，在供水区层面上应用这些原则也是完全可能的。但是区域范围的扩大意味着很难确定具体渗漏点，因而渗漏定位也变得更加困难。然而，我们必须在进行区域计量投资成本、持续的读表成本以及改善运行效率而节约下的开销之间进行权衡。对这些区域都要执行的通常所说的常规勘查政策。勘查频率可以由经济原则决定，勘查计划必须包括维持勘查水平所需的人员数量。因为很难估测这些地方的渗漏水平，通常人们会倾向于采用轮流勘查方式而不是重点勘查。比较经济的常规勘查周期从几周到两年时间不等。

7.4.2 压力管理

配水系统中的渗漏率是抽水水压或重力水头的函数。渗漏流率和水压之间有物理关系,这一点已经得到了实验室测试和地下系统测试的证明。破裂率同样也是水压的函数。这种关系的可靠性和量化,我们现在还不能完全理解。尽管如此,仍然有充分证据表明破裂频率极易受到水压变化的影响。

压力管理是一个组织良好的渗漏管理计划的重要方面,应该是计划的必要组成部分,会对以下几个方面产生影响:

(1) 水压下降,渗漏增长速率也会随之下降。因此,对查找渗漏所需要的资源有一定影响。

(2) 所有渗漏路径(破裂和背景渗漏)的流率都会下降,如图7.12所示。

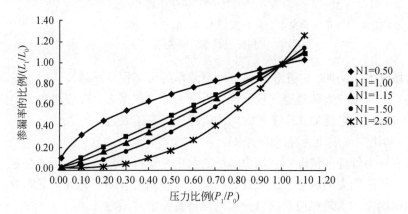

图 7.12 不同 N1 值的水压与渗透率之间的关系(N1 由输送系统中固定和
正在扩大的渗漏路径之间的比例决定)

(3) 在引入压力管理后可能需对计算渗漏目标和经济效益的数据进行修改。

(4) 减小水压会降低噪声,或是渗漏不流出地面,因而加大了渗漏查找的难度。

(5) 减小水压可能会减少某些类型的耗水。任何与主管道水压有直接联系的设备耗水,流率都会随着水压的降低而降低。

压力管理有几大优势,并且如果设计和维护合理,也不会带来什么弊端。优势主要包括以下四个方面。

1) 降低破裂频率

一家英国供水公司的数据(图7.13)显示了在某一地区引入压力管理后,管道破裂发生频率有所下降。尽管数据有限,但表明水压每下降一个单位,破裂频率则会下降3倍或4倍,例如,将压力水头从80m减少到40m(比率为2:1)

将使破裂率从每年每100户7次减少到1次。当然还有一些其他因素会影响到主管道的破裂频率。因此，很难得到高质量的数据来证明此种关系的可靠程度。

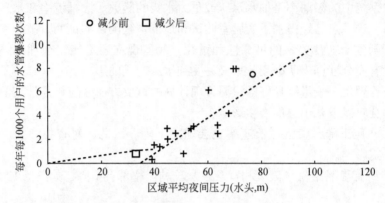

图7.13　英国自来水公司数据样本显示的平均夜间区域水压（ANZP）
和破裂频率之间关系

区域越大，例如，一个供水区，破裂频率的可靠程度就越高。但在这种规模下要想对水压做较大调整也比较困难。由于大部分数据来自破裂率更不稳定的区域计量区，因此可能要花若干年时间才能确定其真正效益。

2）向用户提供更为稳定的供水

没有压力管理的情况下，用户居所的水压是输水系统进水水压减去通过地下管网后的压头损失的函数。组织良好的压力管理制度有助于充分认识影响用户居所水压的因素，安装相应系统以使水压维持在特定范围内。

3）提高消防能力

同样，缺乏压力管理可能会导致消防给水供应不足。很多供水组织避免压力管理，原因就在于他们担心压力管理会使消防用水不足，从而引发与消防部门的矛盾。然而，随着当代技术和设计方法的发展，现在压力管理已经既可以减小压力（继而减少渗漏），又能为消防提供充足用水。

4）保护资产使用寿命

日常的压力变化会给管道网络带来压力和劳损。在连接及配件处可能会有所损坏，某些类型的管道还可能会发生压力裂痕。损坏可能来源于长时间的疲劳效应。变化的强度越大，频率越大，引发损坏的可能性也就越大。压力管理试图稳定这些变化，从而减少对网络造成的伤害，延长产品使用寿命。

7.4.3　基础设施管理

在供水管网里影响渗漏水平的最大因素就是主管道、给水管和配水池的总体情况。这也是通常认为影响该网络渗漏经济水平的最主要因素。基础设施通常是由历史遗留下的，只有投入大量资金进行更新整修，条件才能彻底改善。研究表明，即使在高渗漏区，基础设施改善也并非十分经济的渗漏管理方法。如果是为了其他目的而进行基础设施改善，如为了符合水质参数要求、满足消费者标准或最低水压标准等，那么由此而对渗漏水平所造成的影响也应该纳入考虑范围。但是如果渗漏是最主要的问题，那么难以从成本的角度出发论证需要进行主管道更新。

基础设施的状况评估可以通过以下两种方法。

（1）管道破裂倾向。这一点会受到很多因素的影响，如水压、土地条件、天气状况以及主管道和给水管道材料质量等。

（2）背景渗漏的倾向。这一点也受到水压的影响。

初看起来，这两个参数之间好像是有联系的，并且看似都会受到管道质量低劣的影响。但是，高破裂率并不意味着高背景渗漏，反之亦然。因此这两个参数应该分开考虑。

大多数供水组织会定期更新或维护其配水网络。如果不这样做，管道网络就会持续老化，质量下降，最终为了保持消费者服务水平，花费的维护费用将远远高于最初。管道更新和维修的主要理由通常会是下列其一。

（1）管道内部状况对水质有影响。通常情况是无内部保护的一般铸铁或球墨铸铁管道腐蚀。

（2）腐蚀或沉淀物累积，造成管道内部口径变小，因而造成输送水量不足。

（3）管道壁变薄因而无力承受内部水压，或其梁强度不足而无法承受路面交通负荷。通常侵蚀性较高的土地中的石棉水泥管道会出现此类情况。

（4）一些外部因素会导致管道不能再继续承担当前的任务。

通常降低渗漏不会是更换主管道的唯一原因。消费者服务水平和运行成本才是主要的推动因素。然而在任何情况下，都要将评估渗漏影响作为各段主管道更换论证过程的一部分。

对渗漏造成的影响完全取决于旧水管对于整个渗漏水平的影响以及网络维修所采用的技术。如果更换管道，虽然无法完全避免渗漏，但漏损量将大幅降低。然而，除非也同时更换给水管接口，否则实际上因为压力增大（因为承载能力增大），将导致给水管的渗漏流率提高，反而会起到相反效果。主管道复砌的刮擦过程会对管道接头、给水管接口和管壁造成损害，因而导致渗漏流率增大。如果主管是采用新塑料管进行滑动内衬，则不会出现问题，但如果主管道是用水泥砂浆或环氧树脂作涂层，则维修后的管道渗漏率可能会更高。

总体说来，笔者的经验表明，除非主管道维修和更新的目的是减少渗漏，否则不会对渗漏水平产生明显影响。一些工程将会减少渗漏，一些工程则造成渗漏增加，影响将相互抵消，并且从统计数字上来看，每年维修的主管道所占比例较低，因此它不可能是造成渗漏问题的根源。

由于主管道遭受内部腐蚀或给消费者带来不同程度的服务问题，人们通常都认为其状况不佳也是渗漏发生的主要原因。然而，英国的数据说明，事实并非如此。同样，有证据表明，破裂频率和背景渗漏之间基本没有相关性。高破裂率的地区背景渗漏量可能很低，反之亦然。这可能是因为高破裂率通常会发生在直径较小、梁强度较低的总管道上。而背景渗漏更多地出现在直径较大的管道和给水管接头等地方。因此，管道的每一段都需要进行评估，任何一概而论的政策都可能是不经济的，对于实际减少渗漏也起不到多大作用。

如果主管道维修是渗漏管理计划的一部分，那就需要为此开展相应工作。目的是找出供水区内存在严重渗漏现象的主管道，并用最为恰当的方式进行更换。这种勘测需要耗费成本，因此必须使分析与设计费用与主管道更新所花费的实际费用达到平衡。如果准备阶段勘测不足，更换管道可能不会带来任何收益，勘测过多也会增加不必要的成本。

应该遵循以下几个步骤：

（1）明确需要更换的主管道。第一步需要检查主管道事故记录，并咨询当地工作人员，以明确管道的哪些部分过去曾发生过破裂和渗漏，哪些部分经常进行维修。根据水的价值、破裂频率、每次破裂损失水量和继续进行维修的费用可以确定盈亏平衡点。

（2）确定高渗漏区。在渗漏查找和维修工作完成后，下一步就是要明确哪些区域是高渗漏区。这最好在已经划分好的区域计量区中进行。这些区域应该根据各自的基础设施条件，或是简单地以每升每用户每天或每立方米每千米每天的背景渗漏为依据，划分优先顺序。应该仔细调查每个区域以确定其渗漏的主要来源。任何可以通过常规定位方法来查找的渗漏点都已经找到了，下一步就需要采取逐步测试的方法。目的是要分段测量主管道的渗漏情况。最理想的情况是每一条街道都要检查，但如果不可能实现，也应当将渗漏点的范围尽可能缩小。

（3）成本收益分析。在区域计量区内，每个子区域都可以进行分析，以确定为了消除背景渗漏而更换主管道是否符合成本效益。管道的不同部分的渗漏率可能有很大不同。在进行勘测的过程中，很可能会发现并修复过去用其他方法没有找到的渗漏点，这样就避免了更换整段管道。

（4）考虑其他收益。在进行成本效益分析时，可以将其他收益带入等式并为其赋值。例如，如果管道更换的目的是减少破裂，停止维修而采取更换管道的方式将节省维修费用，并带来用户服务等方面的收益。

（5）设计方案。应该制定包括具体计划和一切其他相关数据在内的一揽子方案。

（6）项目管理。确保好的项目管理，对于实现计划收益至关重要。

7.4.4　监测运行情况，维护减渗进展

一旦目标达成后，关键问题就是日常维护，按降低后的水平进行渗漏管理。如果要把渗漏维持在降低后的水平，渗漏管理的各个方面都需要不懈的努力。渗漏从来都不可能完全消除，需要持续进行关注，否则渗漏量将再次增大，甚至回到减漏工程之前的水平，让所有的工作和投资全部付诸东流。这一阶段的渗漏管理要比实施减渗的阶段更为困难。对于重大投资项目的关注已经成为过去，未来可能更难以获得进一步的投资，持续进行中的工作被视为一种成本负担，不会给企业带来任何收益。

在降低渗漏计划中必须要建立一套得力而有效的程序，以确保一旦既定目标实现后，在未来几年中渗漏可以维持或接近于当前的目标水平。渗漏和弹簧一样，除非可以保持向下的力，否则将会反弹。这些程序应用于以下三个不同层面。

（1）战略（strategic）；

（2）战术/设备；

（3）操作。

每个层面应轮番考虑。

7.4.4.1　战略（strategic）监测

渗漏管理性能的总体指标来自每年的水平衡计算。然而供水商不必等到12月后才进行下一次计算。监测年份内的变化趋势非常重要，如果出现年度目标没有实现的情况，则需采取修正行为。这个情况跟企业的财务管理极为类似，财务管理也需要每年为公司账户存档。企业需要更频繁计算利润和损失才能保证财政目标可以实现。建议每季度进行一次水量平衡计算，对目标极为重要的地区或对上一年度执行的计划进行调整的地区，建议每月计算一次。

7.4.4.2　设施监测和维护

应该对减漏阶段建立的设施进行维护。这项工作通常包括周期性检查：

（1）区域水表需要定期校对，检查；

（2）区域界限必须保留；

（3）相关数据如用户数目需实时更新；

（4）减压阀需要进行监测和维护；

（5）各种设备如相关仪等需要经常进行校对，并定期更换。

所有设施及设备部件都需要建立类似汽车保养记录的维修记录，记录每次维修的内容和时间。每个区域计量区都要建立相关文档，及时记录并更新近期勘测结果、边界阀门位置变动等一切相关信息，这种做法非常有用。采用电脑存储此类数据的软件包，可与数字化的主管道记录建立链接。

7.4.4.3 操作监测

日常渗漏管理是一项很艰苦的工作，需要连续监测大量数据和信息。可以用软件系统来存储水表读数、水压数据、消耗数据等，结合夜间用水信息和常规（如每周）读表数据，可以得出区域计量区的渗漏值。这些系统也可以用于在渗漏查找中确定区域优先顺序。此类系统尽管对组织渗漏管理操作有一定的帮助，但是也需要日常维护。

监测过程中的一个关键内容就是对负责查找渗漏点的员工进行生产力评估。在降低渗漏阶段，根据节约的水量成本可以对支出进行监督。然而，在维持渗漏在设定水平阶段，支出监督则将变得非常困难。这就需要采取一些其他方法，其中的一些与在减漏阶段所使用的方法类似。

7.4.4.4 新技术和操作法的应用

在降低渗漏阶段，管理的主要驱动力来自实现渗漏目标。一旦目标实现并维持了一定时期后（如 1~2 年），下一个战略性目标就是要在继续保持目前的渗漏水平的同时实现年运行成本逐年下降。这就需要进行研发投资，运用新技术，从而逐步减少操作人员数量。效率节约来源于：

（1）使用相关技术提高积极渗漏控制的运行效率，从而可以用较少的工作实现同样的效果。

（2）检查渗漏计算所用的数据和假定是否以夜间流量估计或年度水平衡为基础的。在很多情况下，一些原本被认为是渗漏的水量最后被证明是隐藏的用户使用量或运行用量，或是由水表计量不准造成的。

（3）检查相关做法和员工数量以明确季节性变化。渗漏的增加有时是季节性现象，但是通常的情况是全年操作人员数量保持不变。通过调查季节性变化，可以采取在每年的不同时期对工作方法和员工职责作出调整或是在必要时期雇佣临时员工的做法来节省成本。

（4）有些公司监测天气预报情况，用相关数据预测未来几天可能的破裂数量。通过这种做法来确定待命和外勤的渗漏查找与维修人员数量。

7.4.4.5 进行年度审查以评估计划的有效性

建议定期审查渗漏管理策略并进行年度审计。审查要由高级管理人员或外部顾问进行，应该包括以下因素：

（1）根据目标对取得的进展进行评估；

（2）根据所积累的经验对目标作出调整；

（3）调整假定与默认值；

（4）已经进行的投资。

7.5 技术和设备

通过监测区域计量区流量来监测分析渗漏的方法在7.4.1节中已做过介绍。本节将主要介绍一些目前应用于查找、定位渗漏和破裂处的新旧技术。

7.5.1 数据捕捉与分析

现代测量技术和数据捕捉技术对于快速识别破裂和估计渗漏累积量具有重要的作用。很多自来水公司已经运用遥感监测技术将区域计量区水表数据纳入其管理控制和数据搜集（SCADA）系统中。配合一套能够为渗漏工作人员提供区域计量区指导信息以完成渗漏定位工作的复杂的分析软件，这种方法非常有效。

20世纪80年代初刚刚设立区域计量区时还只有机械水表，而现在流量计已经有了很大的发展。这些水表是坚固、耐用、准确的。加上脉冲发生器后，这些水表就变成了机电水表，能够将流量信息发送给数据记录器。电磁水表尽管具有非入侵性（没有能够被碎片或石块损坏的移动部件）、准确度高的优点，但也具有非常重要的两大缺点：流量范围小于机械水表，更重要的是价格昂贵。这些情况已经有了很大的转变。现代电磁水表和机械水表流量范围相同。并且，自来水公司的大量应用使得产量大幅提高，因而生产成本大大降低。电磁电表具有非入侵的特性，同时又可以埋在地下（表的主体而不是电子设备部分，它通过电线与地表的盒子连接），因而被越来越广泛地作为区域计量区计量器使用。另外一个大的进步使得电磁水表具有很大的优势：电池供电。电池的寿命一般为6~10年，水表克服了偏僻位置通常会遇到的供能问题。未来的发展包括将电磁水表接入全球移动通讯系统（GSM）和通用分组无线业务（GPRS）技术。未来区域计量区监测可能还会应用超声波水表。超声水表同样也是非入侵性的，性能在该领域得到了很好的证明，但是由于目前成本高昂，因而不能用于其他用途，只能作为供水计量表和临时检查表，来验证供水表和总量表的精确度。

数据收集器也开始投入使用了。除了应用 GSM 和 GPRS 技术外，为了补充传统的遥测系统的不足，数据收集器制造商们正在生产光学和数字流量传感器，以使收集器与流量计信号输出技术兼容。大多数收集器都有液晶显示器可以随时读数，或者可以用掌上电脑或"蓝牙"技术来下载数据。

7.5.2　寻找渗漏点

尽管流量表数据对于确定哪些区域存在未被发现的破裂或渗漏累积现象非常有用，但最后渗漏工程师还是要缩小渗漏范围，查明渗漏位置。这种判断需要有较高的准确度，否则将浪费大量挖掘费用，对于渗漏工程师来说最可怕的情况就是"干洞"。

设备操作人员手中通常有大量的工具和设备来查找破裂和渗漏。渗漏噪声相关仪曾经被认为是渗漏定位的终极工具，到现在已经应用了超过 20 年，体积也从原来的需要汽车搬运，缩小到现在的可携带手持装置。渗漏噪声相关仪并不是根据渗漏的噪声大小来定位渗漏点，而是渗漏沿管壁流动的声速，利用两个放置在间隔一定距离的管道配件上的麦克风就可以监测到。可以在水柱中安装水听器，来增大塑料管或较大管道中的渗漏声响。现在的相关仪已经具有选频和过滤功能，只要总管道有足够的触点，完全可以快速准确地对大多数管道进行渗漏定位（误差小于 0.5m）。因为这种设备是可携带的，只需要一名操作人员。这一制造领域最大的发展可能就是，现在世界各国都有大量的相关仪制造商。竞争导致很多制造商纷纷降价，还有部分开发出一系列精密程度不同的型号。一些型号价格低廉，但也足以满足大多数情况下的需求。

近几年，相关仪开始和其他用于缩小存在破裂或渗漏的区域计量区范围的设备配合使用。除了应用广泛的逐步测试外，噪声记录技术也越来越流行。通常一个调查区域中要安放 6 或 12 个记录器，安放位置包括消防栓、水表和其他地面装置。记录下的数据可以当场分析，或现场下载，或通过货车载接收仪在经过时下载数据，以找出异常噪声信号。这样可以对怀疑是由渗漏引起的噪声加以确认，并用定位设备如渗漏噪声相关仪、地面拾音器和听漏棒等来具体定位。一些噪声记录器系统还装上了多点关联设备来"即时"定位渗漏位置。

尽管渗漏定位技术不断涌现，听漏棒的作用和受欢迎程度未受任何动摇，此项技术一直被用于确认相关仪发现的渗漏位置。听漏棒在发展中国家也极具应用价值，因为这些国家可以用较容易获得的材料如木头、金属棒等制造这种便宜简单的仪器。2003 年研发的一项最新渗漏定位技术将声响原理又向前推进了一步。这一装置是一个由 8 个相互连接的感应器组成的紧密耦合的平面阵列，安装在一个大约 1.5m 长的声聚合体垫子上。把这个垫子沿着主管道移动以确认可能的渗漏位置。制造商将这种设备命名为"高级渗漏查找器"（advanced leak detection），声称其定位准确度为20cm，将干洞率降低到了10%。这种设备的售价大约为12 000美元，接近低端噪声相关仪的价钱。该制造商还在研发用于渗漏定位的UHF无线电干涉仪。通过采集渗漏信号的变化，这种干涉仪可以在无明显声响信号的地方判断渗漏位置。

在声学办法无法找到渗漏点时，可以采用其他声学或非声学方法。其中一种就是气体示踪技术，利用氢气来寻找比较难发现的渗漏点，这些渗漏多发生在非金属管道、大口径管道、无位置记录或非直线铺设的老旧给水管道。此项技术不像听起来那么危险，它采用的气体为工业氢气（95%为氮）。气体被注入主管道后从渗漏点的溶液或表面溢出，由手持传感器接收。

另外一项快速兴起的用于查找大传输量管道渗漏点的技术就是管道内声音定位，它能替代相关仪的使用。麦克风从气阀送入加压主管道中，电线经过校准，可测量从进入点到渗漏点间的距离，这些会在麦克风的移动过程中被确认并加以记录。这种设备目前唯一的商业化型号是由WRC公司开发的"撒哈拉"，该公司向世界各国的自来水企业提供专业知识和技能等约定劳务。因为这种感应器是在管内接收渗漏噪声，因而适用于各种材料。该设备成本大约为10美元/m，可用于其他技术无法应用的地方，如铺设在主要高速公路、铁路轨道等下方的管道中。

最后，探地雷达（GPR）在一些国家的应用似乎非常成功，但是在其他国家则非常少见。这是一种十分小巧的便携式仪器，接收从地底发出的"异常"信号。这种异常可能是孔洞、排水沟、管道等，当然也可能是渗漏或破裂造成的干扰。关键就在于信号的分析，世界各国有很多非常有经验的操作人员每天都在进行这样的工作。探地雷达是渗漏查找仪器中的另一种武器。

从20年前发明数据记录器和渗漏噪声相关仪开始，渗漏查找与定位技术一直在不断发展进步。重要的是不仅渗漏工程师们现在有多种设备可供选择，新技术的不断开发试验，同行业竞争也使得上述设备和技术的成本不断降低。最令人可喜的是，过去由于预算原因只能依靠听漏棒的发展中国家从业人员，现在已经能够以相对较低的价格负担一系列更为先进的设备。

7.6　结论

配水网络的水损失问题是一个全球性的问题，因此也需要找到一个可以在全球推广的管理策略。这类策略需要采用诊断性方法，首先确认问题及其原因，然后运用恰当的工具解决问题，最终缓解或根本清除问题。配水网络的渗漏管理或

"真实水损"是需求管理的重要组成部分，需要和其他项目共同执行来达到节水的目的，如解决"表面水损"的原因、执行监管框架、引入计量政策等。渗漏管理的起点就是探索为减少影响成本的渗漏可选择的各项方案的成本效益，这就是渗漏管理经济学。

大多关于渗漏经济学及策略的读物，其目标读者主要是渗漏专家或经济监管者。本章的主要目的是让从业人员了解该理论的主要内容，以及制定恰当的策略和做法所需要考虑的问题。任何渗漏策略最重要的方面都是渗漏目标。渗漏目标是指供水商应该设定的渗漏水平及长期应该保持的水平。在理想情况下，所有供水商都想要彻底消除配水系统中的渗漏。然而，渗漏是不可避免的，但一定存在一个可以容忍并加以管理的渗漏水平。

本章简单介绍了渗漏管理的几项基本技术，被称为四大"支柱"。这四项技术在节约渗漏方面都符合投资收益递减的规律。本章讨论了引入这四项技术的关键问题以及计算经济漏水率的几个步骤。

世界各地的所有自来水公司都可以通过应用诊断性方法，结合现实可行的解决方法，来制定渗漏管理策略。

本章重点关注的是制定渗漏管理策略中的经济问题。但是，策略的其他元素也要求管网达到一定的水平，以便进行相关技术的应用，如评估、监测、控制等。其中一些技术是用来解决表面水损的识别问题，可能需要社会、文化、政治和法律等方面作出改变，需要有长远的视角。另外一些技术解决的是真实水损，如渗漏查找和定位、设备采购、管网改善等。只要有足够的资金支持，这些都可以在短期内加以实施。

所有方案的共通点在于都需要维持员工的工作动力，理解需要达成的目标，并且提供项目运行所需的技能技术。这样可以确保采用的减少水损策略所带来的进步是可持续的。这些问题包括：

（1）确保合适的员工数量；

（2）员工教育与培训；

（3）运行与管理；

（4）评估和监测运行情况。

对于所有组织来说，在某个阶段都需要对水的生产输送方面的相关政策加以审查。一些政策涉及基础设施管理——如管道性质和状况、运行和维护方式以及基础设施的更新和管理等。其他政策涉及的主要是组织问题，如公司如何看待其与消费者之间的关系，建立适当的员工和监管框架以充分履行其主要职能——为消费者生产和提供自来水。这些政策都是比较主观的，不仅会受到管网的物理和地方特性、消费者社会和文化态度的影响，还会受到公司自身结构的影响，如公司是私营的、公有的还是公私合营的？在这种情况下，该组织还要考虑到其他一些驱动因素，如董事及股东的利益、政治和财务压力、消费者和公众认识等。另外还存在平衡新资源与满足消费者日益增长的需求所带来的环境风险。此类政策包括：

(1) 需求管理与节约用水；

(2) 监管和法律框架；

(3) 用户计量策略，计费结构和费用收取。

7.7 参考文献

Farley, M. and Trow, S (2003) *Losses in Water Distribution Networks - A Practitioner's Guide to Assessment, Monitoring and Control,* IWA Publishing, London.

Hirner, W. and Lambert, A. (2000) *Losses from Water Supply Systems: Standard Terminology and Recommended Performance Measures.* IWA, www.iwahq.org.uk.

Lambert, A.O. and McKenzie, R.S. (2002) Practical experience in using the infrastructure leakage index. In *Proc. IWA Conf. Leakage Management – A Practical Approach,* Cyprus, November.

Liemberger, R and McKenzie, R. (2003) Aqualibre: A New Innovative Water Balance Software. In *Proc. IWA/AWWA Conference on Efficient Management of Urban Water Supply,* Tenerife, April.

WSA/WCA (1994) *Managing Leakage. UK Water Industry Managing Leakage, Reports A-J.* WSA/WCA Engineering & Operations Committee.

8 发展中国家的需求管理

Kalanithy Vairavamoorthy M. A. Mohamed Mansoor

8.1 引言

8.1.1 发展中国家的水危机

全世界的可利用水资源量正在逐渐减少，随着世界人口增加，尤其是发展中国家人口的快速增加，这一问题不断恶化。此外，污染导致水质恶化，流域过度开发和植被破坏导致水资源量减少以及农业用水需求日益增长，这些都是水资源面临的严重威胁。

对于一个人口快速膨胀的世界来说，水是整个社会经济发展的主要限制因素，这已经得到广泛认可。采取措施应对水资源危机并有效管理水资源成为人们关注的焦点。联合国"千年宣言"十分关注水及涉水活动在支撑发展、根除贫困中的重要作用（UN，2003）。

当前，约有 30 个国家面临用水压力，其中 20 个国家严重缺水。据预测，到 2020 年，缺水国家可能达到 35 个（Rosegrant et al.，2002）。更令人担忧的是发展中国家将面临最为严重的危机：预计到 2025 年第三世界 1/3 人口将面临严重的缺水问题（Seckler et al.，1998）。图 8.1 是世界不同地区非灌溉用水量（家庭、工业和牲畜用水）（Rosegrant et al.，2002），表明发展中国家用水量将急剧增加，例如：

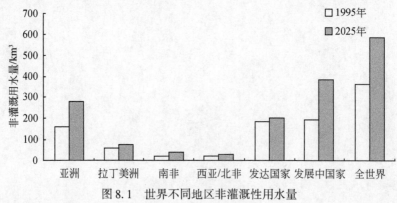

图 8.1 世界不同地区非灌溉性用水量

（1）2007 年有 12 个非洲国家处于用水困难的状态，而到 2025 年这一数字又将增加 10 个（总共 29 个国家中的 20 个），届时 2/3 非洲人口（约 11 亿）将受此影响（Dzikus，2001）。

（2）在印度，按现状人口增长速率计算并考虑到可利用水资源量更加紧缺，在未来的 25 年，印度将很可能成为世界上缺水人口最多的国家（Singh，2000）。

8.1.2 城市地区缺水问题

城市地区的缺水问题特别值得关注。农村人口向城市的迁移导致城镇和城市的快速扩展。1950～1990 年，人口超过 100 万的城市数目由 78 个增加到 290 个，预计到 2025 年，这个数目将超过 600 个（Serageldin，1995）。

城市人口持续增长和大城市扩张建设给现有的公共服务带来了极大的压力，并导致发展中国家许多城镇和城市出现混乱状态。城市供水的重要性不仅体现在当地居民的生存上，也体现在国民经济发展上。

在许多发展中国家的城市中，贫困阶层往往是创造财富的劳动力源泉，而生活贫困加上水与卫生设施的缺乏使他们健康面临极大风险。显然，这些城市缺水造成的后果是十分明显的（UNESCO，2003）。

例如，虽然 85% 的印度城市人口有饮用供水，但只有 20% 的饮用水满足健康和安全标准。据估计，到 2050 年印度城市人口将达到总人口数量的一半，他们将面临严重的水问题（Singh，2000）。

如何在城市人口快速增长的同时解决供水问题，是世界各国政府面临的严峻考验。1987 年非洲各国部长签署的《开普敦宣言》中已经认识到这一点：

"……城市无力为其居民提供安全的饮用水将导致卫生负担增加以及生产力和生活质量下降，人们对此感到十分担忧……关注非洲大陆因城市扩张导致淡水资源的耗损、污染和退化之严重威胁（UN-HABITAT，1999）。"

在很多发展中国家，供水困难的原因不仅仅是水资源数量有限，还包含其他因素，如城市管网分布不合理、富人穷人间不公平供水（UN-HABITAT，1999）。据报道，在印度由于供水位置的不同和经济收入的差异，个人日用水量为 3～16L（Singh，2000）。

8.1.3 供给驱动型

一般情况下，城市供水往往属于供给驱动型，即每当出现供水不足情况时，解决方案就是增加资金投入以新增水处理设备和输配水管网。正基于此，涉水部门在需水管理方面鲜有创新，他们常认为需水管理仅仅是一种导致供水服务水平下降的旱情缓解手段（UN-HABITAT，1999）。

　　大多数发展中国家的供水系统都属于供给驱动型。在大多数水源地已经被开发利用的条件下，开发新水源地或者扩大现有水源地开采量的代价会越来越高，故这种供水方式被广为诟病（UNESCO，2003）。例如，北京现在不得不从1000多千米外的地方调水；墨西哥城将建造泵站把水抽到2000m的高度（Serageldin，1995）。一些城市第二代供水工程每立方米水的实际成本与第一代工程相比，已经翻了一倍，而第三代又在第二代的基础上翻倍（Bhatia and Falkenmark，1993）。图8.2（Serageldin，1995）展示了一些城市当前供水成本和未来预计成本。例如，约旦安曼市的一项地下水供水方案，其每立方米水平均边际成本最初估价为0.41美元，但后来发现地下水源不足而不得不将抽取地表水作为补充方案，其每立方米水的平均边际成本估价涨到1.33美元。

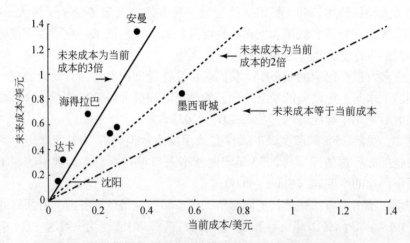

图 8.2　城市供水未来成本与当前成本对比（Serageldin，1995）

　　因此，随着新水源地的开发越来越有限，发展中国家的水务部门采取危机管理模式，迫于实际需求而不是按照良好的规划实施一系列节水措施。

8.1.4　需求管理渐热

　　发展中国家的水务部门已经认识到应该更加明智谨慎地管理可利用水资源，应采取更加主动的措施进行水资源管理。

　　基于发展中国家对需水管理越来越关注的认识，本章简要介绍了一些支撑城市需水管理的措施，此外着重强调了制度建设和提高公共意识的重要性。另外，由于间断供水是大多数发展中国家的常有现象，本章亦对此作了适当的探讨并提出了对策建议。

8.2　需求管理

8.2.1　定义

需求管理注重在有限资源条件下，更好更高效地发挥资源的作用。它并非一定导致用户所受到的服务水平的下降。节水可被定义为（DWAF，1999a）：

"水损失或水浪费降至最低，水资源得到保护，水的有效和高效利用。"

而需水管理的定义为（DWAF，1999a）：

"涉水机构通过调整政策和采取相关措施来调整需水要求和用水活动，从而实现提高经济效益、促进社会发展、维护社会公平、实施环境保护、维持供水服务的可持续性以及提高政治满意度等目标。"

如前所述，由于开发新资源或扩大现有资源开采规模的代价越来越大，大多数发展中国家采用的供给驱动方法是不可持续的。在这种情况下，不论是从经济的还是从环境的角度来看，节水常常是最好的选择。因此，对供给侧与需求侧共同进行良好的水资源管理是值得采纳的办法（UNESCO，2003）。

政府对需求侧管理很感兴趣，因为它能延缓因扩大供水规模而带来的巨额投资需求，从而为政府赢得更多时间。大多数情况下，通过推迟投资而节省下的资金远远超过实施综合需水管理的成本。另外，工业、农业和商业用水户也对节水很感兴趣，因为节水几乎总是可以降低他们的运行成本。

对于发展中国家来说，需水管理带来的一个主要潜在益处在于，通过在高收入地区进行节水并向低收入地区多供水，可使水资源分配更加公平化。同时，增加供水和提高用水效率也可以改善城市贫困阶层的健康状况（UNESCO，2003）。因此，任何发展中国家的需水管理都应该着力改善城市贫困阶层的用水条件和卫生设施，以此改善他们的生活条件。图8.3（Thompson et al.，2001）显示了东非地区自来水用户与非自来水用户日人均用水量情况。由图可知，非自来水用户（主要来自低收入人群）的用水量仅为自来水用户的1/3。图8.4进一步展示了各种生产及生活用水量的细目表，其中值得注意的是，非自来水用户比自来水用户少用的那部分水量正是卫生洗漱用水。因此，任何一项需水管理方案都必须改善低收入群体的用水条件，从而达到改善他们的卫生和健康状况的目的。

1987年非洲各国部长签署的《开普敦宣言》明确强调（UN-HABITAT，1999）："在区域、国家和地区层面上实行水资源管理战略，以保障和促进公平供水与充分供水。"

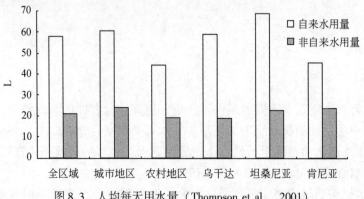

图 8.3　人均每天用水量（Thompson et al. , 2001）

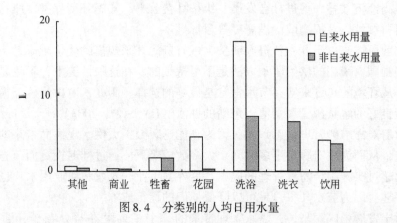

图 8.4　分类别的人均日用水量

8.2.2　措施

为实现需求管理的目标，大量措施应运而生。这些措施之间相辅相成，其最优应用方案取决于当时当地的条件。

需水管理的措施主要包括间歇供水、减少输水损失（包括渗漏检测和维修）、全面用水计量、改变对水价的观念、安装（改造）节水设备、污水重复利用、制度建设、提高公众意识以及宣传教育等。

当然还有包括雨水收集在内的其他一些增加水量的方法，但是当涉及这些方法时，需水管理和供水管理之间的区别就变得非常模糊，例如，雨水收集究竟算是需水管理技术还是供水管理技术呢？本章对雨水收集技术不作探讨，对其感兴趣的读者请参见第 2 章。

8.2.3　需求管理与用户类型

值得注意的是不同的需求管理措施适用于不同类型的用水户（Wegelin-

Schuringa，1999）。

高收入用户：适用的需水管理措施有室内改造加室外节水（花园、游泳池）。高收入阶层往往不会单纯因为用水费用的提高而去节水，因此只有配合节水宣传，水价调整才可能对高收入用户产生节水效果。

中等收入用户：本阶层内处于上端的用户非常接近高收入的用水户，处于下端的又近似低收入用水户，故针对这一类型群体的需水管理措施有很多，其中最有效的就是水价调整，尤其是结合节水宣传增大阶梯式水价的加价幅度。

低收入用户：该群体很少使用到户的自来水服务，且用水量一般较小。然而，由于需水管理将增加对本阶层的供水并促进供水分配公平化，故恰恰是该阶层最有可能从有效的需水管理实践中获益最多。经验告诉我们，只有同时采取积极有效、以社区为重点的行动策略才能实现这种效果。

8.2.4　需求管理方案——目的与目标

在实施需求管理之前，明确并建立方案的目的和目标非常重要。这些目的和目标应该根据当地需求量身订制，故应使公众参与进来共同制定。Arlosoroff（1999）简要描述了一份需水管理的典型目的，其中包括减少渗漏和无法计量的水、增强公众节水意识、减少现有用户的用水量、降低新用户的用水量、建设完善计量系统等。

需求管理的目的和目标不仅要体现水资源高效管理和生态可持续性两个方面，还要体现出经济效益、社会发展以及社会公平等方面。DWAF（1999a）为南非的《节水和需求管理——国家战略框架》提供了一份全面而详细的目的和目标，其中目的是促进社会发展和社会公平，目标有：

（1）确保所有涉水机构在制定规划过程中考虑社会因素；

（2）确保规划过程中公众和用户的利益得到有效体现；

（3）明晰并量化各种需求管理措施带来的直接和间接的社会效益。

8.3　间歇供水

8.3.1　无奈之选

间歇供水是控制水需求最常用的方法之一，即在白天大部分时间停止供水，以限制用户的用水量。

例如，据估计南亚地区至少有 3.5 亿人口每天仅享有几个小时的供水服务，而另据报道几乎所有印度城市都实行间歇供水。图 8.5（ADB，1993）显示了亚洲八大城市日均供水时间。其他地区情况也类似，仅在拉丁美洲地区的

10 个主要城市中就有超过 5000 万的居民接受定量供水（Choe and Varley，1997）。1995 年，尼日利亚的城市扎里亚仅有 11% 的自来水用户每隔 1d 能得到水供应。此外，据报道，蒙巴萨岛平均每日的供水服务时间仅为 2.9h（Hardoy et al.，2001）。

采用间歇供水方式通常不是源于工程设计的要求，而是迫于现实不得已为之。间歇供水会导致很多严重问题，包括供水管水压不足（很多地区甚至为零压力）、不公平配水、短历时供水（图 8.5）以及水质恶化等。这些问题意味着今后的努力方向是 24h 持续供水，然而在 24h 持续供水并不现实的地方，设计出一个能保证适当服务标准的间歇供水系统才是当务之急。

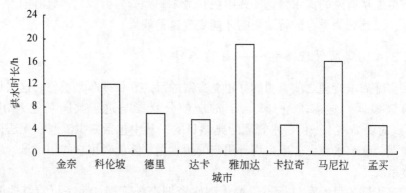

图 8.5　亚洲部分城市每日供水时长（ADB，1993）

8.3.2　间歇供水的问题

问题：为什么实行间歇供水时，配水管网表现得如此糟糕？

低压力

间歇供水系统是基于 24h 不间断供水和低人均供水的标准设计建造的，但实际情况却是水集中供给于短短几个小时。因此，管道设计口径偏小，管内实际水流比设计标准大得多，因此压力损失较大，管网压力普遍较低。

不公平的配水

间歇供水地区一般极度缺水，用水户们在供水期间总是尽可能多地囤积水（Vairavamoorthy et al.，2001）。他们获得水量的多少取决于出水口处的水压大小，而供水管网中的水压差别很大，这就造成了不同地方人群用水的不公平性，即高水压地区的用户取水多，使得低水压地区用户取水少。

水污染

管网污染往往发生在供水间断时段，因为在这些时段里，管道长时间处于空置状态，污染物可以通过渗漏进入其中（Vairavamoorthy et al.，2001）。尤其是在粪便处理不合卫生要求且排污明渠靠近配水管道的城市，污染情况格外严重。在印度新德里，间歇供水加上供水管道与污水管道相距太近，是造成 1996 年副伤寒病大爆发的主要原因（Arti Karpi，1996）。对印度 4 个间歇供水城镇地区的抽样显示，27% ~76% 地区的大肠杆菌测试结果都呈阳性（NEERI，1994）。

用户的代价

当供水不能得到满足时，用户们为应对这种情况就需付出一定代价（UNDP，1999），主要包括建造地上或地下储水池、使用替代水源、抽水和水处理设备等费用，当然使用公共水龙头的用户因使用不便而造成时间成本也应计算在内（McIntosh，2003）。低收入用户无力购买这些设备，只能以花费更多的时间从公共水龙头取水的形式来弥补，相比那些享受连接到户自来水服务的富人阶层所付的水费，这种时间成本往往更大。德拉敦是一个拥有 30 万人口的印度北方邦城市，研究表明（Choe et al.，1996），不论收入水平如何，该城市每一户家庭都要付出相当大的代价来应对间歇供水给他们造成的不便，其家庭年成本估算见表8.1。在洪都拉斯的特古西加尔巴市的研究结论类似：贫困家庭的间歇供水应对成本大约是其所付水费的 180%（Yepes et al.，2001）。

表8.1　德拉敦居民间歇供水条件下的年成本（单位：美元，按 1996 年汇率计算）

费用类型	到户供水	使用公共水龙头	加权平均
水费	18	0	11.7
间歇供水应对成本	13.3	69.3	22.1
总成本	31.3	69.3	33.8

数据来源：Yepes et al.，2001；Choe et al.，1996

8.3.3　改善间歇供水系统

如前所述，间歇供水系统往往是在被动的方式下实施的，其运行效果很差，然而同时又必须认识到，在极其缺水地区，间歇供水是节水的最普遍方式之一。因此，当务之急是认清间歇供水系统的问题并提出改进意见。

最近有研究者提出了一些关于间歇供水系统的设计指南（Vairavamoorthy et al.，2001；2004）：

（1）提高供水公平性；

（2）改善供水水质。

应该指出，虽然这些指南并没有从根本上解决间歇供水系统的缺点。然而，当实现 24h 不间断供水并不现实的时候，就应努力改进间歇供水系统的设计，以确保其符合一定的供水服务标准，尤其要促进有限水资源条件下的供水公平性和水质改善。

8.3.4 提高供水公平性的指南

该项设计指南的提出寄望于以最小的成本实现以下目标（Vairavamoorthy et al.，2001；Vairavamoorthy and Elango，2002）。

供水公平性：在有限的水资源条件下实现公平供水是整个设计过程的重点，也是一个不可妥协的设计目标，主要通过对供水水压的有效管理来实现。

以人为本的服务水平：是指南设计思想的核心理念，采用了在以下4个参数：供水历时、供水时间、出口压力（或出口水流速度）及其他（如管道连接类型和位置，这点对于街喉尤为重要）。

应该指出，在持续供水系统中实现以上目标十分容易，但对于间歇供水系统来说则变数很大。解决该问题的主要工具之一就是包含优化设计算法的数学模型，这种模型专为间歇供水系统而开发，借助于它可实现以最小成本达到公平配水目的。

8.3.5 改善水质

目前，拉夫堡大学正在进行一项由英国国际发展部资助的研究项目，该项目旨在通过控制污染风险来改善城市间歇供水系统的水质管理与监控（Vairava-moorthy et al.，2004；Yan et al.，2002）。该项目综合考虑了供水管网中水质管理技术可行性与决策制定时的用户水质期望，预计将获得三类独特成果：第一类成果包括一本面向所有供水系统工作人员的指导手册，用于指导如何进行风险评价，如何确定关键控制点与其验证方法以及如何在供水评价（水安全规划）时将社会经济准则与用户期望结合起来；第二类成果是一套污染物运移与水质模拟软件，主要用于供水系统详细评价和决策支持，软件中包含一个基于 GIS 的风险评价工具，该工具将水安全规划方法与社会经济数据相结合，以辨明并突出显示需要优先采取行动的地区。

8.4 水损失

8.4.1 水损失定义

输水系统的水损失是不可避免的，涉水机构或公司应该努力减少水损失，以实现有效供水和高效供水。"水损失"（water loss）和"无收入水"（non-revenue water）已经成为大家熟知的需水管理术语，并取代了"未计量水"（unaccounted for water）等词汇（Farley and Trow，2003）。国际水协会水损失特别工作组提出了一项最为实用的辨别和评价水损失的方法，从而大大推进了相关研究工作（Farley and Trow，2003）。他们定义水损失为

$$水损失 = 真实损失 + 明显损失$$

式中：真实损失包括管道、接口和设备渗漏以及水库下渗等；明显损失包括私接水管（偷水与非法用水）和计量错误，详见第7章。

发展中国家城市的水损失极为严重，高达供水量的40%~60%（Arlosoroff，1999）。图8.6（WHO，2000）是世界不同地区大城市的平均未计量用水比例，图8.7（ADB，1997）是亚洲8个主要城市的平均未计量用水。图中的"未计量用水"是水损失（不包括免费用水和违规用水）造成的。在许多情况下，图中的水损失指标反映了供水系统管理效率。要想减少水损失，就不仅要解决技术和系统运行方面的问题，更要采取一致行动解决制度、规划、财务和行政上的问题（WHO，2000）。

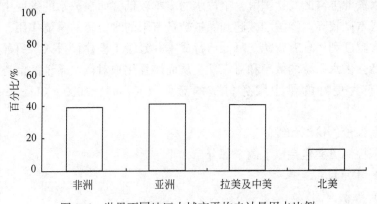

图8.6 世界不同地区大城市平均未计量用水比例

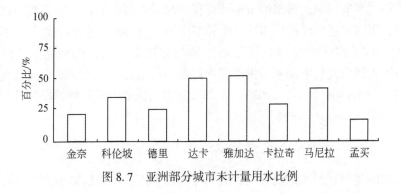

图8.7 亚洲部分城市未计量用水比例

8.4.2 真实损失

大部分真实水损失往往来源于设备年久失修导致的渗漏。渗漏消减工作不仅使供水系统更加高效可持续，同时也降低了水价而得到公众支持。渗漏削减减小了实际供水量与设计需求之间的差距，由此增强了供水系统面临供水短缺时的应对能力。

值得注意的是，渗漏消减方案遵从回报递减规律——随着渗漏削减投入的增加，单位投入产生的节水量是递减的。因此，任何一个配水系统都对应着一个经济渗漏水平（economic level of leakage）——当渗漏率低于此水平时，投资是不合算的。

经济渗漏水平的定义为"积极渗漏控制的边际成本与渗漏边际损失相持平时的渗漏水平"（WHO，1985），故不同地区只有确定了水的价值之后才能估算得出其经济渗漏水平。

在水资源丰富的发达国家，单位水的成本较低，而在缺水的发展中国家，单位水的成本则较高。渗漏削减起到保护数量有限的水资源的重要作用，同时也有助于最大限度利用现有资源，降低运行成本并延缓工程建设投入。另外，渗漏削减可以增强供水系统的效率和可靠性，从而增强用户对供水系统的信心，并最终提高他们为更好的供水服务付费的意愿（Kusnur，2000；Choe and Varley，1997）。

渗漏评价、检测和维修

渗漏控制方案包括以下两个部分。

（1）水审计；

（2）渗漏检测。

水审计是对水在系统中的流入与流出进行详细计量，可以帮助识别供水系统中水渗漏过多的区域。详细的水审计流程请参看本书第 7 章。要想查明准确的渗漏位置，则需要进行渗漏检测。在世界卫生组织（1985）的相关报告和本书的第 7 章中，对如何进行详细渗漏评价和检测的方法有着很好的阐述。然而如前所述，由于大部分发展中国家的供水管网都是间歇运行的，传统的渗漏检测方法无法应用（Farley and Trow，2003）。本部分针对间歇供水系统的渗漏评价与检测进行详细介绍（Kumar，1991）。

8.4.3 间歇供水系统中的水渗漏

要想测量间歇供水系统某一区域的渗漏量，需堵住该区域所有出口并测量评价期间的入流量，这是一项非常费力的工程。通常间歇供水系统的渗漏评估方案分为两个阶段：准备阶段和渗漏检测试验。

对于一个具体的区域或试验区，准备阶段的工作包括：核查水源记录；查明所有管道供水外接去向（包括公共水龙头）；挖掘试验孔以检查交叉连接以及检修边界阀门以确保水密封性。如果可行的话，还应在试验之前对正常运行条件下水压和流量进行记录。对一个典型区域中完成这些准备工作最多需两周时间。

渗漏检测试验在非供水时间进行。首先，关闭所有边界阀门和供水口以将试验区隔离出来；其次，利用水罐车以小型增压泵将试验区的管道灌满，主管道水压应维持在10m左右，再通过若干个水表进行计量，就可以直接测出管网中的水渗漏量。典型试验区域的管网通常有约100个接口，总长度约500m。

由于间歇供水系统中的水压通常很低，大多数渗漏检测设备在此条件下发挥不出作用，因此在试验期间人为地维持高水压以进行渗漏检测就显得十分重要。在印度钦奈市进行的一次试验中，其总持续时间约为8h（Farley and Trow，2003）。

显然，对间歇供水系统进行渗漏评价和检测是十分费钱又费力的，因此，需要专门针对此类系统研制出更有效的检测手段。目前，拉夫堡大学正在研究如何运用决策树来帮助工程师们确定最易渗漏区域并挑选试验区以进行详细渗漏评价。他们还在开发一种模型，用以确定最优渗漏控制界线与安放水表（渗漏评价用）的最优位置。此外，他们还基于统计学方法来研究确定具有管网系统整体代表性的试验区，这将有助于在已知不确定性程度下进行管网整体渗漏评价。

维修与更换

找出供水管道系统的渗漏点后，就需采取相应解决措施。有许多维修技术或手段可选，但具体情况下选择哪一种却是有一定难度的。决策支持系统可以用来帮助确定优先使用哪一种维修方案（Kulkarni and Reid，1991；Madiec et al.，1996；Fenner and Sweeting，1999；Yan et al.，2002；Yan and Vairavamoorthy，2003a；2003b）。

8.4.4 表面水损

影响表面水损的主要因素有私接水管（偷水）、计量不准（包括水表安装不当与读数不准）、计费异常和管理不善。

私接水管

私接水管不仅造成水损失，还大大降低了供水服务水平。印度南部海得拉巴的一项研究发现（Chary，1997），该市49%家庭拥有合法的自来水管，其余的家庭不是依靠公共水龙头，就是私接水管取水。

私接水管的主要原因是缺水、管理不当以及公众意识薄弱。如果用户家庭未能安装自来水管或者不合理的水费损害贫困阶层的利益，他们就会私接水管。出现缺水时用户在当地水管工人的帮助下私自从未加防护的暴露在外的自来水总管上接管，这种现象在发展中国家是很常见的。

在大多数发展中国家，处理并减少私接水管给自来水公司工作人员留下了不愉快回忆，并在社区引起骚动。许多人认为，水是人类的基本需求，用水无需交费，于是他们联合起来对禁止私接水管进行抗议。尤其是当那些想谋取公众支持而不顾可持续发展的政客们卷入时，情况就更加糟糕了。在印度马哈拉施特拉邦，当自来水公司工作人员发现并断开私接水管时，事件由最初恐吓工作人员逐渐升级为一场暴乱（Alwani，2000）。

最近，一些地区开始通过以下手段来规范私接水管：

（1）对已经非法或违规接管的用户不予追究责任，以便他们自行规范自己的接口；

（2）进行宣传教育以减少公众非法违规接管现象；

（3）给予地方管理者和工作者"现场执法"权利来规范非法接口。

然而，除了鼓励规范化外，适当的威慑，如法律介入、罚款、强制断网等也必须加以利用，以阻止非法接水继续扩散。然而，为了继续保证用户用水需求得到满足，接水规范化始终应是首选方案。

计量方案

虽然8.5.4节会更详细地讨论计量问题，但我们将该问题也列入本节，原因在于准确计量对于合法用水量的评估至关重要，因此，自来水公司对各类家庭水表进行检核校准并定期维修和更换，是很重要的一项工作。印度海得拉巴最近的一项研究正说明了这一点。（Chary，1997）：

"现有水表的精确度差强人意……水表不准，经常因齿轮故障失灵，而且常被人做手脚……间歇供水情况下，气流和回水经常导致指针错误。"

图8.8（WHO，2000）表示了非洲、亚洲和拉丁美洲的一些大城市的水表覆盖率和每年水表更换比例。这些地方的水表平均每8年或更久才更换一次，由于水表使用年久、读数偏低而造成计量上的误差是账面水损的主要原因。

收费方面

是否拥有足够人力进行抄表对于自来水公司来说是个重要问题。在发展中国家经常会出现水表读数与所收水费不相符的情况，可能原因如下：抄表员无法入户抄表于是伪造读数；抄表员受用户贿赂后篡改读数；计费系统在计算和信息收集方面的效率低下缺陷严重（Gokhale，2000）。进行适当的人员培训和推行自动抄表计费系统可以在很大程度上解决这些问题，然而由于缺乏资金，后一种方法在发展中国家的适用性值得商榷。

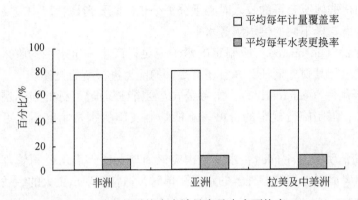

图 8.8　不同地区大城市的平均水表计量率及水表更换率（WHO，2000）

8.5　水费、水价与水计量

8.5.1　水费与补贴

以单位水价为基础将水费与用水量挂钩是促进需水管理的一种有效方法。不考虑用水量多少的包费制或基于资产价值的收费制度都无益于节水，原因在于固定费额对用水量大小没有丝毫影响（Arlosoroff，1999）。

应该认识到，用水收费制度并不是仅仅为了实现需水管理这一个目标，它还促进了供水公平化（以可承受的水价为所有人供水）和成本回收（使供水服务可持续化）（PPIAF，2002）。因此，若想在成本回收同时确保所有人都可以负担得起水费，就需要向低收入用户提供补贴。

南非国家水法（RSA，1998）对用水的公平性作出了进一步规定：

"……要制定针对不同的地区、不同类别用水户或个人用户的差异化定价策略。实现社会公平是制定差异化价格的目的之一。收取的水费应该用于补偿水资源管理、开发、利用的直接或间接费用，并且也可以用于促进公平高效的水量分配。"

8.5.2　"CAFES"原则

在确定价格政策时应考虑商业利益和社会福利。现对简单而又全面的"CAFES"的原则（Sansom et al.，2002）概述如下。

（1）节约（conserving）：水价结构要以这样一种方式来影响用水量，即在用水户能够购买足够的水满足其需求，同时又不致浪费水。

（2）公平（fair）：平均费率足以保证供水公司财务上可持续经营。确定需要从不同用户群体所获得的收入时必须公平公正，既要考虑社区中较贫困家庭的需要又要考虑选择不同的供水服务水平。

（3）足额（adequate）：所制定的水价应足以产生一定水平的收入，使得水务公司能够履行其财务责任，并且还有足够的能力进行新的投资。

（4）强制性（enforceable）：水务公司应当能够通过可行的强制措施，如诉讼、断水等，强制施行规定的价格。不能强制实施的水费制度不大可能是可持续的。

（5）简洁明了（simple）：水价结构应该简单，便于供水公司管理和用水户理解。用水者面对他们能够理解的水费账单时，通常表现出更大的缴费意愿。

8.5.3 阶梯式水价

在所有水价方案中，累进制阶梯式水价在发展中国家应用最为广泛，其单位水价会随着分段用水量的增加而增加，使得高用水量的用水户通过一定方式补贴低收入用水户。

累进制阶梯式水价下，第一梯段用水量的水价较低，并能满足用水户基本用水需求。各梯段水价不同，以约束用户浪费用水行为。相比其他水价体系，这种水价体系下的工业、商业和高用水量的用水户支付的水费更多，这在一定程度上对低用水量用户进行了补贴。

有关累进制阶梯式水价体系各梯段水价的意义描述如下（DWAF，1999b）。

梯段1——基本需求

第一梯段的用水量应该可以满足用水户基本用水需求，其对应的水价很低。从社会公平的角度来说，必须建立一个人们可支付得起的生命线水价以保障最基本的用水量。

梯段2——正常用水量

正常用水量是指正常情况下某一特定地区的人均用水量，这一梯段的水价用于回收包括固定资产折旧费在内的全部成本。

梯段3——奢侈用水量

奢侈用水量是指超过正常用水量的那部分用量，其中考虑了水的供应能力和潜在旱情（因扩大供水能力而增加的成本反映在这部分水价中）。

图8.9（ADB，1997）是亚洲5个主要城市的不同阶梯水价结构。其中，马尼拉、科伦坡和新德里的第一梯段月家庭用水量定为10m³，曼谷为30 m³。值得注意的是：马尼拉第一阶梯用水量没有收费，而科伦坡是单一费率水价体系。

关于累进制阶梯式水价缺点的研究很多，而且其中一些例子表明，这些缺点可能对穷人更为不利。不利之处主要是由于共享水管造成的，即多个家庭共用一

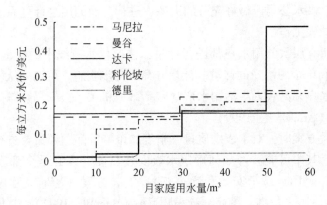

图 8.9 亚洲部分城市水价结构 (ADB, 1997)

根供水管道导致他们总用水量超过了累进制阶梯式水价最低阶梯用水量 (Whittington, 1992; Liu et al., 2003), 从而导致这些家庭比非共用管道家庭支付的单位水价更高。Boland 和 Whittington (2000) 指出了累进制阶梯式水价的另一个缺点, 即贫困家庭通过本方式得到的最大补贴通常少得可怜。这是因为, 要想得到最大程度的补贴, 他们必须用完第一梯段的全部用水量, 事实情况是第一梯段的用水量通常很大, 而他们的用水量一般较少, 因此他们很难得到全部补贴。有人认为, 累进制阶梯式水价之所以得到推行, 其主要原因在于它们貌似公平从而在政治上获得了人们的认可。

为克服累进制阶梯式水价的不足之处, 其他一些水价体系应运而生, 例如, 渐进式水价 (increasing rate tariff), 这是基于人均用水量而不是单接管用水量 (per–service connection consumption) 的阶梯式水价体系 (Liu et al., 2003)。其水价结构为: 水价取决于家庭总用水量与家庭规模这两个方面。虽然这种类型的水价结构可以解决共用自来水管的问题, 但它的实际应用却存在一定的问题。Boland 和 Whittington (2000) 也提出了一种水价方式——两部制水价: 由计量水价 (等于边际水价) 和按月给予的固定回扣组成。另外, 他们的方案中纳入了每月最低收费, 以避免亏本运营。经他们计算, 相比累进制阶梯式水价, 这种水价方式下最贫困阶层的家庭负担的水费更低, 同时, 承担用水边际成本的用户数量更多。关于水价也存在一些较为激进的观点, 例如, 有人认为应该对管网铺设 (家庭自来水管、街喉等) 而不是对用水本身进行补贴 (PPIAF, 2002)。

8.5.4 计量

计量是用水与收费之间的纽带, 对于需求管理方案的成功实施至关重要。因此, 在实施需求管理前, 应尽可能最大限度地减少未计量用水, 最大限度地增加计量覆盖度。供水公司应做好充分的准备，进行全面的用水计量系统的安装、校准、维护和抄表工作。

必须对所有层次的用水户都进行计量，主要供水管线中的计量（总表计量、区域计量）和单个用水户的计量。计量方案可分步实施，可以先从较大的用水户如工商业用水户和高收入生活用水户（包括政府机关、公安局、军队和公共自来水站）入手（Arlosoroff，1999）。

执行计量方案时，对水表的质量、精度和维修等问题都需要进行全面的技术评估与规划，其中可能涉及如何确定水表安装密度（未必是全部家庭都安装）、性能（精确、耐用、易于安装和读表等）、安装方案（历时、程序、设备和人员）、控制和使用（校准、维修、读表频率）（Buenfil，1992）。其他几个值得考虑的重要方面有购买和安装水表方面的财务问题（用户收费、贷款等）、依法强制执行、动员和向用户提供信息。

用水计量方案实施前，应先进行问卷调查和选择试验区进行试验，从而实现以下重要目的：评估用户对水表安装的合作态度及对新水价体系的反应；发现困难以便采取适宜安装技术应对不同情况（室内、室外）；找出读数、检查和维修方面的问题并提供解决方案；评估各项安装任务的单位成本和技术可行性（Buenfil，1992）。

南非最近进行了一项研究，试图解决多家庭共用水管情况下的计量问题（DWAF，1997）。在无法对各家庭用水单独计量情况下，如何对共用管道用水进行收费是一个复杂的问题。针对这种情况，南非对一种预付费电子水表装置进行了成功的测试，结果表明，此种装置在节约用水和回收成本方面效果显著，而其缺点有二：一是存在预付费点的偷水现象；二是导致低用水量用水户的单位用水成本偏高。

有关计量不当的问题常常见于许多文献中，计量不当主要源于水表质量不合格、水质较差、水表超龄使用、水表型号不合适和水表安装不当（Dzikus，2001；Farley and Trow，2003）。

如前所述，大多数发展中国家的供水方式都是间歇供水。研究表明，间歇供水系统中的水表功能较差。Gokhale（2000）将这些问题概述如下：

（1）供水启动时会造成水表叶轮旋转从静止到最大速度间的突然加速，供水停止时则会出现相反的突然减速现象。这些突然的变化将会导致水表性能受损。

（2）水表部件在干与湿的状态间不停变化也会损害水表性能。

（3）供水启动时，原先存在于管道中的空气会从用水户水管出口喷出，导致水表的超速运转并影响水表机能。

这些常见问题意味着我们必须对水表进行持续监控和频繁的更换。

8.6　节水器具改造

8.6.1　发展中国家节水改造潜力

对于高收入家庭和机关单位来说，节水器具改造是降低用水需求的最为快速有效的方法。典型的节水器具有小排量抽水马桶、感应式/低水流/充气式水龙头和低流量淋浴喷头等。以墨西哥城为例，该市将35万个马桶更换成6L型号后，由此节省的水可供应25万居民使用（Serageldin，1995）。

很多政府机关的用水是免费的，因而他们对节水并不感兴趣，大学校园、部委大楼、政府附属医院等就是很好的例子。其实只要投入很少的资金（每件设备通常只需要几美元），这些建筑物的用水量就能减少达20%（Dziikus，2001）。所有参与到"非洲城市水管理"行动（见8.10节）的城市都在施行节水改造（特别是在政府大楼等地方），以作为他们需求管理方案的一部分。例如，在塞内加尔的达喀尔（UN-HABITAT，2003）：

"将采用现代性能优良的器具进行水龙头、淋浴喷头和冲水马桶的节水改造试验。这些装置可以先从外国进口而来，以后由本国制造。市政大楼和大学校园等地方都将安装上这些装置……"

由于可以节省运营成本，节水改造对于工商业机构总是非常具有吸引力的。节水改造也可以减少高收入家庭用水花费，还可以为限量供水的用户延长供水时间，从而使他们无需购买从外地运来的昂贵的水。

虽然家庭节水器具的安装和维修属于用户的需求管理措施而不是配水方管理措施，水务服务机构不应当忽视由他们出资实施这些措施可给他们节约费用的潜力。为了监测节水改造的效果，尤其是要起示范作用时，必须对用水进行有效计量，如对整个公寓楼进行计量。另外，可以对进行节水器具改造的用户予以某种方式的鼓励，例如，把器具安装费用算进水费中以分摊其成本，由政府对其进行补贴等。

8.6.2　低收入群体

一般来说，低收入群体都是低用水量用户。他们一般从多户共用的自来水龙头或水塔取水（这些地方已经安装了节水装置，如一种取名"不浪费"的水龙头）（Talbot，2003），使用小排量冲水马桶（0.5~2L）（Franceys et al.，1992），因此在这些地方再进行改造已不太适用。然而，已经开发了许多设备来提高低收入家庭的用水公平性。例如，RFR（Lindeijer，1986）就是一种专门为低收入群体设计的流速控制仪, 既可以安装在家庭自来水管上, 也可以安装在水塔上。这个设备可以使水流不论管网水压如何变化 (在一定范围内), 始终保持稳定的出水速率。这使得管网水压分布的不均不至于影响取水者的取水速度, 因而提高了供水公平性。然而, 目前尚未见关于此类设备的适用范围和成功推广实例方面的报道。

另一个节水的例子是 "德班储水池" 系统 (DWAF, 1997; Macleod, 1997)。该系统灵活方便, 造价不高, 可为低收入群体提供可靠的供水, 因而得到广泛认可。该储水池容量约为 200L, 放置在各户门前, 每天都有干净的饮用水注入其中。每一片区设置一名管理员, 负责在每天固定时间内开启供水干网往各储水池注水。这一过程很快, 200 户的注水工作 1h 内就能完成。另外, 管理员有权在其辖区安装一个可计量的公共取水龙头, 那些无力负担安装储水池系统的居民可以从这里购水。这种直接到户的供水方式价格低廉、水量较大、水质干净, 省去了人们长途运水的负担。

8.7　污水回用

一些原本以自来水为水源的用水可以用回用污水来替代, 从而增加了供水系统的效益并有利于需求管理。发展中国家污水回用前景主要体现在: 集中收集污水回用于景观和灌溉用水 (如公园、绿化带、运动场和墓地等用水), 工业废水回收与重复利用 (如冷却水, 不同工艺流程分质用水的重复利用) 以及家庭灰水重利用 (主要用于园艺)。

发展中国家污水重复利用最常见方式是将污水处理厂处理后的水用于农业。在印度, 农业污水利用占到可利用污水总量的 55%, 而在墨西哥城该数字达到 100%。在津巴布韦的布拉瓦约, 每 6 家污水处理厂中有 5 家将其处理后的污水用于郊区公园、高尔夫球场、苗圃、风景地等 (Sibanda, 2002)。然而要想实现这一污水回用方式, 就需要建设包括污水处理厂、泵站等在内的一系列相关基础设施。

应该在企业中大力提倡污水处理后回用或循环使用, 他们将因新水用量减少而从中获益。例如, 北京污水处理回用率从 1978 年的 46% 增长到了 1984 年的 72% (Sibanda, 2002)。政府应该出台相关法律法规, 充分挖掘工业用水的污水回用潜力。

在较大住户、医院、学校和政府大楼的园艺用水上, 虽然污水回用利用范围较小, 但也是可行的。例如, 在博茨瓦纳洛巴策镇的一家医院, 一个占地 150m^2 的蔬菜园艺区就是依靠洗涤盆与洗手盆里的废水浇灌的 (CES, 2003)。这些废水先通过管道排入一个地下储水池中，然后用于园艺灌溉。

实施废污水回用需要考虑的重要问题包括以下三个方面。

（1）对用水户的保护：接触污水给人们带来一定健康风险。

（2）环境保护：回用的水不能含有那些可能导致地下水污染的高浓度污染物。

（3）社会可接受度：由于审美、宗教或其他原因，一些反对意见常会出现，任何废水回用方案都应该考虑到人们的不同偏好，有必要对群众加强教育和宣传活动。

8.8 机构能力

8.8.1 机构能力与需求管理

若想成功实施需水管理计划，执行计划的机构就需要有足够的能力。Farley和Trow（2003）列出了一些为有效执行减少水损计划而需要进行机构能力建设的内容，这些内容与进行内容更广的需求管理所需进行的能力建设内容相似。

（1）适当的人员配备：具有数量充足的有执行任务能力的从业者。

（2）人员教育和培训：主要形式有研讨会（高级职员）、培训班（工程师和技术人员）、持续的实习锻炼（技工）。

（3）设备操作与维护：十分重要，因为设备缺乏有效的操作和维护会导致行为低效、服务无效和资源浪费。

（4）评估与监测：持续监测才能保证需求管理目标实现，体现在三个层面上：战略层面（趋势分析与预测）、战术层面（对需求管理项目实施期间安装的设备进行定期检修维护）、操作层面（系统性能常规监测）。

然而，发展中国家的水务公司通常：

（1）缺乏对需求管理实际操作过程的了解；

（2）不了解对需求管理项目进行高质量管理带来的潜在财务和管理效益；

（3）缺少积极开展需求管理的具体操作人员；

（4）缺乏各类资源。

因此，在水务公司内部提高对需求管理的认识和理解尤为重要。即使在操作过程中遇到一些好像难以克服的障碍，也应当努力说明如何采取合理的步骤实施有效的管理，有必要对工作人员持续进行激励，不断认清理解已取得的成果和成功实施需求管理的条件。

8.8.2 机构建设

机构的建设和管理是个充满困难的过程。Edwards（1988）写了一本关于供水和卫生部门实施机构建设与管理项目的手册，手册内容翔实生动。他指出："机构建设项目应当着重于全面的组织体系和体系中使体系运转的人的发展……项目的总体目标是建立学习型机构或实现机构的可持续发展。"

最近，印度 Loughborough 大学筹办了一个"变化管理论坛"，论坛主要内容之一是讨论水损失和如何增强供水系统的供水效率。论坛宗旨是："通过能力建设、知识共享和互利合作，提升机构和组织的能力，支持城市供水与卫生系统改革。"

论坛上会聚了来自市政、水务公司及公共卫生部门的众多政策与决策制定者，形成了推动变革的群体。通过分会场、主题线路游览和论坛简报等形式，论坛还起到了发布有关最佳实践、知识产品、绩效评价指标及基础数据库建设信息的作用（CMF，2002）。

8.9 公众意识

8.9.1 公众意识的重要性

需求管理的主旨之一是帮助用水户提高用水效率，其手段主要有用水计量、调整水价和器具更新，显然，这些手段都会直接或间接地对用水户产生影响，因此，在任何一项需求管理项目中，提高公众意识的活动都会扮演重要的角色。这种活动应致力于加深公众对节水紧迫性的理解，促进他们节约用水以防止将来出现用水危机。应注意到，以前许多项目和行动的开展大都只是基于工程师和规划者的决定，并没有咨询公众的意见，没有开展过提高公众意识的活动。这种自上而下的方法是导致以往许多项目失败的原因，这一点已得到广泛认可。

8.9.2 如何提高公众意识

提高公众意识的活动主要包括两个方面的内容：一是知识与信息的传播；二是教育。其主要目的是为当下或将来的项目争取更多公众支持，以保证项目的可持续性（见本书第 12 章）。

在信息传播方面，应该对不同的目标人群制定不同的应对策略，应鼓励公众的参与。有多种不同的方法可以用于知识与信息传播，从成本效益来看，大众媒体的运用或许是在大多数城市中最有效的方法了，原因在于即使是城市贫困阶层也可使用这类通信工具。

除了向家庭散发材料外，教育是提高公众意识活动的另一个主要手段。教育手段面向从决策制定者到用水户各种不同层次人群。为保证活动的可持续性，教育应从娃娃抓起，可通过在学校课程中加入需水管理内容来实现。

举例说来，在印度南部城市海得拉巴，需求管理的实施包括（Chary，1997）：

"……通过声音和视觉媒体，对用水户进行大力宣传教育，使人们认识到未计量用水管理、水资源保护、使用 ISO 标准水表、规范非法接水行为等带来的益处。运用英语和各地方言，通过张贴画、宣传册、报纸广告和公共集会，对以上主题进行了宣传。"

提高公众意识运动是"非洲城市水管理"项目的有机组成部分（见8.10节）。以塞内加尔城市达喀尔为例，此地全方位的器具更新计划正在实施中（UN-HABITAT，2003）：

"将在全市范围内进行一场提高公众意识的运动，在器具更新前和整个项目实施期间对用水进行宣传。"

8.9.3 公众意识运动中应考虑的几点因素

公众参与的程度取决于实施地的地方情况。例如，在一个小城市，成立专门的指导委员会加上与政府官员的沟通就能够得到足够的项目形成所需要的信息和反馈意见。而在大城市，在广大群众当中实施一个项目需要成立正式的咨询专家组制定项目。正如 Arlosoroff（1999）所述：

"把向关心节水的社区领导人和利益团体进行咨询所需要的时间和方法列入规划内容是一项明智之举。若要规划实施节水器具更新，咨询环节就更为重要。对于安装用水计量设备、减少未计量用水和水价改革等行为来说，咨询环节同样重要。"

此外，Arlosoroff（1999）指出，以下人物可在需求管理中发挥重要作用：

（1）政府官员、水务公司工作人员和地方政府机构的关键人物；

（2）主要的地方经济组织代表——主要产业、社会团体领导人、承包商协会、农民、旅游局、公园承包者及其他；

（3）主要社会团体的代表——学校董事会、地方联合会、宗教团体、街区领导、地方出版社与媒体老板；

（4）地方环保组织的代表（如果有的话，他们是强有力的支持者）；

（5）地方知名专业人士，如经济学家、工程师等。

8. 10 发展中国家的需求管理项目

如前所说，发展中国家的水务部门已经认识到需要更加明智小心地管理水资源，并已着手实施需求管理项目，例如，开展以需求管理为核心内容的"非洲城市水管理"和"亚洲城市水管理"两个项目。预计从这两个项目中获得的经验和教训将大大影响其他发展中国家的水资源管理实践。

8.10.1　非洲城市水管理

"非洲城市水管理"是联合国人居署（UN – HABITAT）和联合国环境规划署（UNEP）合作下的产物，是对 1997 年 12 月由非洲各国部长签署的《开普敦宣言》的直接响应。

该项目的目标受益者包括水与环境方面的政策制定者、市政水利设施管理者、用水户、接受水资源教育的学生、致力于提高水资源意识的大众媒体。

开展该项目的城市有 7 个：阿比让、阿克拉、亚的斯亚贝巴、达喀尔、约翰内斯堡、卢萨卡以及奈洛比。项目设置了三个相互联系的优先目标。

（1）在非洲城市中建立有效的水资源管理战略；

（2）保护淡水资源，使其免受数量持续增长的城市污水的污染；

（3）通过信息共享、人员培训、提高公众意识以及宣传教育等手段，增强区域城市水资源管理能力。

非洲多国政府对此项目作出郑重承诺并提供广泛支持，政策制定者、城市管理者、城市水务从业者之间已建立起工作网络。鉴于项目的创新性和成功，非洲许多其他国家也已申请加入该项目。关于该项目的更多细节请参见联合国人居署报告（2003）。

8.10.2　亚洲城市水管理

2003 年 3 月，亚洲开发银行与联合国人居署签署了一份备忘录，开始实施亚洲城市水管理项目。该项目的设立是为了提高亚洲城市筹集根除贫困投资资金以及投资管理的能力，以帮助该区域实现关于"2015 年前将缺乏安全饮用水和基本卫生条件的人口比例减半"方面的"千年发展"目标。为实现亚洲地区的此目标，预计须解决亚洲城市中 6.75 亿人口的卫生问题和 6.19 亿人口的安全饮用水问题。

该项目将吸取非洲城市水管理项目中的经验与教训，确保致力于消除贫困的水资源可持续发展政策得以实施。如"非洲城市水管理"项目一样，该项目主旨之一是加强城市需水管理。

主要通过以下措施实现：

（1）全面关注需求管理中涉及的经济、社会、技术、法律、行政和制度等各个方面；

（2）确定以下问题的优先顺序：减少未计量用水、水价和公共 – 个人的关系、配水公平性、规范用水以及水资源再分配。

8.11 结论

大多数发展中国家都认识到需更加明智地管理其水资源，同时也认识到需求管理可以延缓扩大水资源供应带来的巨额投资需求。从"非洲城市水资源管理"和"亚洲城市水资源管理"两个项目来看，发展中国家存在启动需求管理的内在驱动力，在这两个项目中，需求管理都占据核心地位。

在发展中国家，需求管理可使水资源分配更加公平，公平的水资源分配则意味着低收入阶层的供水条件获得改善，而这对改善其健康状况意义深远。因此，对于任何需求管理项目来说，城市贫困阶层的供水问题必须得到解决。

实施需求管理的方式多种多样，它们相辅相成，如何最优化地运用这些方式取决于实施地的地方条件。运用这些方式需根据发展中国家的特点因地制宜，并充分理解它们的实施如何对不同收入水平不同取水方式的用水户产生影响。

在发展中国家，成功实施需求管理最大的限制条件在于供水机构的能力不足，这一点在项目实施之前就应认识到。任何需求管理项目都应包含机构建设的内容。

最后，公共意识和群众参与对成功实施需求管理来说至关重要。就发展中国家普通大众获得的供水服务来说，水平一般较低，效率低下且带有不公平性。当前情况很可能是，大多数用水户在数量有限的水资源供应条件下已经自己开展了节水行动和需求管理。通过鼓励群众参与需求管理，可以获取群众支持并提高实施需求管理的胜算。

8.12 参考文献

ADB (1993) *Water Utilities Data Book: 1ˢᵗ Edition*, Asian and Pacific Region, Asian Development Bank, Philippines.

ADB (1997) *Water Utilities Data Book: 2ⁿᵈ Edition*, Asian and Pacific Region, Asian Development Bank, Philippines.

Alawni, A. (2000) Handling Unauthorised Connections Case Study of a City. In *Proc. International Seminar on Intermittent Water Supply System Management*, Indian Water Works Association, Mumbai, India, 49-59.

Arlosoroff, S. (1999) Water Demand Management. In *Proc. International Symposium on Efficient Water Use in Urban Areas*, IECT-WHO, Kobe, Japan.

Arti Karpi. (1997) Letter to the Editor. *Emerging Infectious Diseases* **3** (3), July-September.

AWWA (1990) *Water Audits and Leak Detection*, Manual of Water Supply Practices No. M36 American Water Works Association, Denver, USA.

Bhatia, R and Falkenmark, M. (1993) *Water Resources Policies and the Urban Poor: Innovative Approach and Policy Imperatives*. Water and Sanitation Currents, UNDP-World Bank Water and Sanitation Program, USA.

Boland, J. and Whittington, D. (2000) *The Political Economy of Increasing Block Water Tariffs in Developing Countries*, Oxford University Press. Oxford, UK.

Buenfil, M.O. (1992) *Water Metering Planning and Practices.* MSc thesis, Loughborough University, UK.

Chary, S. (1997) *Managing UFW-A Case of Hyderabad.* Internal Report, Administrative Staff College of India, Hyderabad, India.

CES (2003) Water Saving and Reuse of Water. *Rain Water Reservoirs Above Ground Structures for Roof Catchments.*
http://wgbis.ces.iisc.ernet.in/energy/water/paper/drinkingwater/rainwater/rainwater.html

Choe, K., Varley, R., and Bilani, H. (1996) *Coping with Intermittent Water Supply: Problems and Prospects, Environmental Health Project.* Activity Report No. 26 USAID, USA.

Choe, K., and Varley, R. (1997) Conservation and Pricing-Does Raising Tariffs to an Economic Price for Water Make the People Worse Off?. In Proc. Best Management Practice for Water Conservation Workshop, South Africa.

CMF (2002) *Change Management Times*, www.cmfindia.org, 1, Jan.

DWAF (1997) *Implementing Prepayment Water Metering Systems.* Department of Water Affairs and Forestry, South Africa

DWAF (1999a) *Water Conservation And Demand Management - National Strategy Framework.* Department of Water Affairs and Forestry, South Africa.

DWAF (1999b) *Draft Tariff Regulations for Water Service Tariffs.* Department of Water Affairs and Forestry, South Africa.

Dzikus, A. (2001) Managing Water for African Cities: An Introduction to Urban Water Demand. In *Proc. Regional Conference on the Reform of the Water Supply and Sanitation Sector in Africa – Enhancing Public-Private Partnership in the Context of the Africa Vision for Water (2025)*, Kampala, Uganda.

Edwards, D. (1988) *Managing Institutional Development Projects: Water and Sanitation Sector.* WASH Technical Report, No.49, Water and Sanitation for Health Project, USA.

Farley, M. and Trow, S. (2003) *Losses in Water Distribution Networks - A Practitioners Guide to Assessment, Monitoring and Control.* IWA Publishing, London.

Fenner, R. and Sweeting, L. (1999) A decision support model for the rehabilitation for the non-critical sewers. *Water Science and Technology* **39** (9) 193-200.

Franceys, R., Pickford, J. and Reed, R. (1992) *A Guide to the Development of On-Site Sanitation.* World Health Organisation, Geneva, Switzerland.

Gokhale, M. K. (2000) Metering in Intermittent Water Supply Systems. In *Proc. International Seminar on Intermittent Water Supply System Management,* Indian Water Works Association, Mumbai, India, 79-82.

Hardoy, J. E., Mitlin, D., & Satterthwaite, D. (2001) *Environmental Problems in a Urbanizing World: Finding Solutions for Cities in Africa, Asia and Latin America.* Earthscan, London.

Kulkarni, R. and Reid, F. (1991) Replacement/maintenance priorities for gas distribution system. In *Proc. Annual Conf. of the Urban & Regional Information Systems Assoc.,* Australia, 1, 156-66.

Kusnur, N. (2000) Leakage Control in Intermittent Water Supply systems-Experiences in Mumbai. In *Proc. International Seminar on Intermittent Water Supply System Management,* Indian Water Works Association, Mumbai, India, 95-100.

Madiec, C., Botzung, P., Bremond, B., Eisenbeis, P., Skarda, B.C., Ray, C.F. and Matthews, P. (1996) Implementation of a probability modal for renewal of drinking water networks. *Water Supply,* **14** (3-4), 347-350.

McIntosh, A. C. (2003). *Asian Water Supplies, Reaching the Urban Poor.* Asian Development Bank, Manila.

NEERI (1994) *Evaluation of Engineering, Economic, Health and Social Aspects of Intermittent vis-à-vis Continuous Water Supply Systems in Urban Areas.* National Environmental Engineering Research Institute, Nagpur, India.

PPIAF (2002) *New Designs for Water and Sanitation Transactions-Making Private Sector Participant Work for Poor.* PPIAF- Water and Sanitation Program, Washington D.C., USA.

RSA (1998) *National Water Act, 36 of 1998.* Pretoria, Government Printers, Republic of South Africa.

Rosegrant, M.W., Cai, X., Cline, S.A. (2002) *Averting an Impending Crisis, Global Water Outlook to 2025.* Food Policy Report, International Water Management Institute (IWMI), Colombo, Sri Lanka.

Sansom, K., Franceys, R., Njiru, C., Kayaga, S., Coates, S. and Chary, S. (2002) *Serving all urban consumers-A marketing approach to water services in low-and middle-income countries Vol. 2.* Water, Engineering and Development Centre (WEDC) Publishing, Loughborough University, UK. ISBN -1 84380 055 1.

Seckler, D., Molden, D. and Barker, R. (1998) *Water Scarcity in the Twenty First Century.* IWMI Water Brief 1, International Water Management Institute (IWMI), Colombo, Sri Lanka.

Lauria, D.T (1992) *Case Study: The Cost of an Unreliable Supply in Tegucigalpa.* Note prepared for the World Bank, June 1992, USA.

Lindeijer, E.W. (1986) How to Develop Distribution Control. In *Proc. 12th WEDC Conference: Water and Sanitation at Mid Decade,* Calcutta, India.

Liu, J., Saenije, H.H.G. and Xu, J. (2003) Water as an Economic Good and Water Tariff Design Comparison Between IBT-con and IRT-cap. *Physics and Chemistry of the Earth* **28**, 209-217.

Serageldin, I. (1995) *Towards Sustainable management of Water Resources.* Direction in Development Series, World Bank, Washington D.C., USA.

Sibanda, P. N. (2002) *Water and Sanitation: How Have African Cities Managed the Sector? What Are the Possible Options?* The Urban and City Management Course for Africa, Kampala, Uganda.

Singh, N. (2000) Tapping Traditional Systems of Resource Management, *Habitat Debate, UNCHS* **6** (3).

Talbot (2003). *"Valves and Stopcocks-The Talbot Talflo".* www.talbot.co.uk/valves-stopcocks/valves-talflo.htm.

Thompson, J., Porras, I. T., Tumwine, J. K., Mujwahuzi, M. R., Katui-Katua, M., Johnstone, N. and Wood, L. (2001) *Drawers of Water II.* International Institute for Environment and Development, London, UK.

UN (2003) *Millennium Development Goals.* United Nations, New York, USA, http://www.developmentgoals.org/Education.htm.

UNDP (1999) *Water for India's Poor - Who Pays the Price for Broken Promises?* UNDP-World Bank Water and Sanitation Program – South Asia.

UNESCO (2003) *Water for People Water for Life* - The United Nations World Development Report, United Nations Educational, Scientific and Cultural Organisation, New York, USA.

UN-HABITAT (1999) *Managing Water for African cities - Developing a Strategy for Urban Water Demand Management: Background Paper No. 1.* Expert Group Meeting UNEP & UN-HABITAT.

UN-HABITAT (2003) *Managing Water for African Cities.* Demonstration Projects, UN-HABITAT & UNEP, www.un-urbanwater.net/cities.

Vairavamoorthy, K., Akinpelu, E., Ali, M., Anand, S., Elango, K., Harpham, T., Lin, Z., Patnaik, R. (2001) *Guidelines for the Design of Intermittent Water Distribution Systems.* Report submitted to Department of International Development (DFID), UK.

Vairavamoorthy, K., Akinpelu, E., and Lin, Z. (2001) Design of sustainable water distribution systems in developing countries. In *Proc. EWRI-World Water and Environmental Resource Congress,* May 2001.

Vairavamoorthy, K. and Elango, K. (2002) Guidelines for the design and control of intermittent water distribution systems. *Waterlines*, ITDG, **21** (1).

Vairavamoorthy, K., Yan, J., Galgale, H. and Mohan, S (2004) A GIS based spatial decision support system for modelling contaminant intrusion in to water distribution systems. In *Proc. 30th WEDC International Conference on People-Centred Approaches to Water and Environmental Sanitation*, Oct 2004, Laos PDR.

Weglin-Schuringa. (1999) Water demand management. In *Proc. International Symposium on Efficient Water Use in Urban Areas*, IECT-WHO, Kobe, Japan.

Whittington, D. (1992) Possible adverse effects of increasing block water tariffs in developing countries. *Economic Development and Cultural Change*, October.

WHO (1985) *Leakage Control, Source Material for a Training Package*. World Health Organisation, Geneva, Switzerland.

WHO (2000) *Global Water Supply and Sanitation Assessment Report*: World Health Organisation-United Nations Children Fund, Geneva, Switzerland.

Yan, J. M., and Vairavamoorthy, K. (2003) Prioritising water main rehabilitation under uncertainty. In *Proc. CCWI International Conference on Advances in Water Supply Management*, London, September.

Yan, J. M., and Vairavamoorthy, K. (2003) Fuzzy approach for pipe condition assessment. In *Proc. ASCE International Conference on Pipeline Engineering and Construction*, Baltimore, U.S.A., July.

Yan, J, Vairavamoorthy, K., and Lin, Z. (2002) Vulnerability assessment in intermittent water distribution systems-water quality aspect. In *Proc. International Conference on New Information Technologies for Decision Making in Civil Engineering*, London.

Yepes, G., Ringskog, K., and Sarkar, S. (2001) The high cost of intermittent water supplies. *Journal of Indian Water Works Association* **33** (2).

9 英国节水和再生水利用的驱动力和障碍

Susan Roaf

9.1 引言

"无论怎么形容水资源在人们社会、经济、政治、精神等各方面生活中所扮演的中心角色都毫不为过。水是人类社会几大文明盛衰的重要影响因素,是国家冲突的导火索。水的质量可以揭示出人类在生态系统中的作为正确与否。水也是社会贫穷和发展的标志。我们做的几乎每一项决定都与水资源利用直接相关。简言之,水就是生命。

与能源危机不同,水资源危机威胁到生命;与石油不同,淡水没有替代品。水资源数量枯竭和质量恶化会对社会、经济和生态系统产生深远影响。水是如此重要,以至于没有了水,生态系统将会毁灭,经济活动将会停止,人类将无法生存……

水资源利用只有以环境可持续为原则,才能实现社会经济利益最大化。水资源开发速度不应超过其更新速度,水资源不可遭受污染。"

地球上充足洁净水资源的供应已经成为一个严峻考验,它不仅影响人们的生活质量,更是关系到人们的生死存亡。近年来水资源越来越稀缺珍贵,原因如下:

(1)气候变化。随之而来的往往是区域性和季节性旱灾不断发生,极端天气现象频现和气候系统变得不可预测。现在世界上 1/3 的人口生活在面临中等及严重水资源紧张状态的国家,如果按现在的水资源消耗模式持续下去,到 2025 年世界 2/3 的人口都将面临水资源紧张的状态。

(2)人口变化。人口和家庭数量逐年增加,人类越来越长寿。

(3)人们生活方式发生改变(各社会经济阶层的人们不断追求提高生活舒适度),致使人均用水量不断加大。

(4)地下水开采速率加快,淡水资源迅速枯竭。

(5)农业、药剂和极端天气事件造成河湖中化学物质和有机物浓度升高。目前,每年约有 500 多万人死于水质问题(是死于战争人数的 10 倍),其中一半以上是儿童。

（6）建坝遇到越来越强烈的公众反对和实际障碍。

单凭上述原因就足以使英国不得不开展节水和水资源再生利用工作，再加上英国供水设施年久失修，推行以上措施就显得更为迫切了。

英国在水资源再生利用方面潜力巨大。在英格兰和威尔士地区，30%以上的饮用水都供城市所用，因而英国在水资源可持续管理方面大有可为。减少城市需水量将会大大减少总用水需求，在这一点上，英国的潜力远远大于其他欧洲国家。此外，英国的城市化率要远远高于欧洲其他国家，超过一半以上的居民生活在人口数量大于 10 万的城市中。由此可见，英国面临着在城镇地区推行节水和再生水利用的巨大机遇（WROCS，2000）。

9.2　三个主要驱动力

9.2.1　气候变化

预计未来气候状况将比 20 世纪的表现更为极端化：冬季更加多雨，夏季更加干旱（Hulme et al.，2002）。英国冬季降水在所有的预测期和气候变化情景下都将增加；到 2080 年，降水的增幅为 10%～35%，具体数字取决于采用何种排放情景，即人类二氧化碳排放量是增加了、减少了，还是保持不变。相反，未来英国夏季可能会变得更加干旱，降水量减少 35%～50%，甚至更多。预计，冬季与夏季降水变化最为剧烈的属英格兰东部和南部地区，而变化最小的是苏格兰西北部（Roaf et al.，2004a）。总之，英国夏季发生干旱和冬季发生洪水的概率都在增加，这一点十分令人担忧。

英国各地（苏格兰西北部可能除外）无论冬天还是夏天的降雨类型都将发生巨大变化，降雨雨强可能加大。尤其在英国东南部，冬天的雨量雨强都会增加，这对本来就存在巨大洪水风险这一地区来说无疑是雪上加霜；而对应于夏季，其旱情则变得更加频繁严重（Hulme et al.，2002b）。

上述气候变化情况将通过以下几种方式对水资源数量及质量产生影响：

（1）干旱时期可利用水资源量减少，尤以英格兰东南部等地区最为严重。

（2）洪水期和干旱期水资源受到更严重的污染。

（3）地下水源长期枯竭。

（4）洪水期供水网络压力增大，导致本来压力就很大的水管破裂，洁净水源受到污水污染。

（5）高排放情景下，2050 年夏季英格兰部分地区土壤含水量将减少 30%，而 2080 年将减少 40% 甚至更多，这必将导致地面下沉和区域与地方供排水管网遭到破坏。

（6）地质灾害。干旱可能增加洪水风险：2003年夏天阿姆斯特丹的旱灾使得河堤变形严重并造成局部洪水；同期在设得兰群岛，长期干旱使山坡泥土变得疏松，一场大雨过后发生的泥石流吞没了数间房屋。类似上述的地质灾害事件不仅阻碍了区域供水，同时也增加了供水系统维护成本。

9.2.2　人口增长

据预测，1996~2016年，英国人口将增长330万，城市人口不断增长，小规模家庭的数量增多，而人均用水量持续上涨[①]。1996年英国有2000万户家庭，预计到2021年将增加19%，达到2400万。2016年，36%的人口将过着单身生活[②]。2025年，65岁以上人口的比例将超过20%。1950年英国85岁以上人口的比例为0.4%，2000年为2%，而到2050年这一数字将达到5%。随着退休金保障程度越来越低，更多的退休人员将依靠政府救济为生。只有拥有充足的饮用水、食物及燃料以供取暖和能量摄入，人们才能维持正常和基本的生活。

现在约有470万人负债于水务公司，即相当于1/5的家庭平均每户欠费166英镑，并且此债务还在迅速增长。在煤气或电力供应领域，若用户欠费，就可以采取切断供应来应对，而水不同，我们不可以切断给人们供应水，随着债务的增长，供水成本也在增加。英国的水务监管机构曾就以下事件向政府发出警示：人均年水费目前为234英镑，2009年这一数字将增长到306英镑，增幅为31%；而联合公司则请求允许将该数字由现在的243英镑，到2009年提高为416英镑，增幅达71%。气候变化正在使供水成本快速增长。2004年4月为了应付洪水、债务和工程建设，数百万用户的水费和污水处理费大幅上涨[③]。为了维修维多利亚港的下水管道和扩建水利工程，平均每人将多付75英镑的账单。Anglian公司希望将人均水费由2005年101英镑提高到2010年的279英镑，并宣称将为进行下水道防洪工程建设向其500万用户收费。为了修缮在暴雨中受损的水利设施，所有水务公司都在向其用户额外收费。

削减向贫困群体供水的成本的要求十分迫切，这将促进减少总用水量，同时也迫使人们思考如下问题：相比于20世纪，未来的地表地下水源供应越来越得不到保障，在此情况下，我们将以什么方式来提供充足的洁净的水资源呢？

9.2.3　人均用水上涨

2004年英国环境署向政府各部部长提交了一份《保障水资源安全》报告，

---

① http：//www. waterforesight. com

② http：//www. waterforesight. com

③ http：//money. guardian. co. uk/utilities/story/0，11992，1211560，00. html

其中，人均用水量的定义为平均每人所使用的家庭生活用水量，作为水务公司进行规划的重要指标。装有水表的家庭的用水量一般相对较少，因而水务公司将人均用水量分为两种：计量的和未计量的。不论是计量的还是未计量的，人均用水量数据都是通过相关的供需水量数据估算得来。英格兰和威尔士地区前几年的数据显示，两种人均用水量的较高值大都集中于东南部地区。

2002～2003年约克郡计量人均用水量上，东片区为97L/d，东南片区的南部为214L/d。英格兰和威尔士地区的计量人均用水量为134L/d，较上一年132L/d有所增长，其原因可能与水表安装率的上升有关。总体来看，计量用户的用水量相对非计量用户较小，即所交水费较少，故安装水表对用户来说是划算的。而随着安装水表的用户越来越多，计量用户的用水量稍有上升也是有可能的。

东南片区南部人均用水量看起来相当大，为214L/d，较往年增长很多。水务公司认为，其原因在于根据2001年的人口统计结果，环境署对供水人口的估算数字作了较大修正。在之前第三期年度报告中曾显示，计量人均用水量的两处最低值都来自约克郡地区，而2006年这两个地区的值虽然稍有上升，但相对来说依然很低。在 Dwr Cymru Welsh 片区，South Meirionydd 和 Tywyn-Aberdyfi 两地的计量人均用水量也非常低，分别为98L/d 和103L/d。就英格兰和威尔士地区总体来说，2002～2003年未计量人均用水量为145L/d，与2001～2002年的数据基本持平，其中各地区未计量人均用水量的范围为108～194L/d。在南部片区，Hampshire Kingsclere 和 Sussex Hastings 两地未计量人均用水量较高，都达到194L/d，而上一年它们分别为154L/d 和169L/d，两地水务公司都将这种变化归因为计算方法的变动。英格兰和威尔士各地水务公司都已经意识到，供水人口和人均用水量发生了重大变化，为此，一系列供需管理项目势在必行[1]。

不同驱动力之间的相互作用可能会加剧水资源紧张态势，例如，区域发展、需水量增加和可利用水资源量减少几个因子同时并存，互相影响。鉴于此，应进行战略规划使区域人口数量与可利用水资源量相匹配（Roaf et al.，2004a）。然而令许多保险公司、政治家、水务公司吃惊的是，政府竟然正在考虑在一些预计21世纪严重缺水的地方兴建大量的建筑，还就其环境影响向他们咨询，例如，Thames Gateway 项目的规划地就属于洪水和干旱都最易爆发的地区（DMB，2003）。

---

[1] http：//www. environment‐agency. gov. uk/commondata/105385/4_ an_ review_ 590262. pdf

9.3　节水与再生水利用措施

9.3.1　节水措施

节水措施主要有①②③：

（1）为产品节水性能设定最低的标准；

（2）对用水进行计量；

（3）减少渗漏损失；

（4）推行节水型水价；

（5）进行景观节水设计；

（6）水资源重复利用；

（7）节水教育；

（8）制定鼓励节水的机制，如对节水者进行奖励；

（9）紧急情况下限制用水。

9.3.2　灰水重复利用系统

进行生活灰水重复利用主要是为了减少：

（1）对供水、私井和污水处理系统的压力；

（2）水处理成本；

（3）水开支；

（4）供水对环境的影响。

灰水分类④：

（1）浅灰水——洗浴污水；

（2）深灰水——厨房污水；

（3）黑水——厕所污水。

澳大利亚水资源重复利用项目主要有⑤：

（1）雨水再利用工程；

（2）污水再利用；

---

① http：//aggie – horiculture. tamu. edu/extension/xeriscape/xeriscape. html

② http：//www. environment – agency. gov. uk/subjects/waterres/286587/？version = 1

③ http：//www. mrsc. org/Subjects/Environment/water/wc – measures. aspx

④ http：//www. awwa. org/Advocacy/govtaff/REUSEPAP. cfm

⑤ http：//www. clw. csrio. au/publications/consultancy/2004/national_ issues_ water_ conservation_ re-use. pdf

（3）水敏感城市设计；

（4）城市综合水资源规划与管理。

9.4　政府和监管机构的驱动力与障碍

9.4.1　监管机构和政府：驱动力

英国政府曾多次声明进行可持续发展的意愿，例如，1996 年在其《双重方法行动规程》中就体现出对水行业环境问题的强烈关注（DOE，1996）。政府希望运用"双重方法"，通过与利益相关方进行长期合作，以对水务产业进行体制改革，加大节水与再生水利用力度，同时对一些短期的局部的问题尤其是热点问题，提出切实可行的迅速解决之道。短期问题的迅速解决有助于增强相关方的互信与信心，从而有利于加快水务产业和用水模式的改革。针对 2003版《水法》出台的第 641 号条令进一步强化了节水工作的责任，明确了关于如何实施《水法》中节水部分（第 81、83 款）的办法，该条令自 2004 年 3 月起实施。

针对许多短期问题，政府提出了一些解决之道。例如，尽量将过量水开采带来的环境破坏减至最低，充分准备以应对需水上升。当旱情来临，河流和地下水位急剧下降导致供水困难，环境署在媒体上公布流量过低的河段或者地下水供水量过低的地段的取水许可证的取水量信息，这时人们才对政府的作为体会良深。某些地方水务公司推行的禁用橡胶水管举措便是一个降低家庭和企业用水量的好办法。

政府经常需要平衡各利益相关方（包括环境、用水户和水务公司）的利益需求。1995 年旱灾过后，人们对气候变化的大为关心促使供水行业进行了较长期的结构性改革，以进行需水管理，需水管理在法律法规方面取得了里程碑式的进展，如《水资源法》、《环境法》、1999 年《供水条例》以及《水费条例》相继出台。

英国政府设有水服务办公室（即水工业监管机构）、环境署，这两个机构都是执法机构，还设有饮用水监察署。水服务办公室可颁布命令，督促水务公司提高用水效率和以最小成本进行供需平衡管理等；环境署是负责确保英格兰威尔士地区水资源合理利用的法定机构。

政府、监管机构和产业部门的立法和财政措施也提供了部分适用于各个利益相关方的政策。目前已为各个利益相关方规定了各种责任和义务。这些部门和水务公司还以由上至下的方式推行了许多促进用户节约用水的项目，例如，旨在帮助用户削减水开支的"水标志"方案就是其中一项。

政府还提高了面向教育科研界的"环境署水效率奖"的地位，相关信息与申请表格可从环境署网站上获得①。

9.4.2 监管机构和政府：障碍

在英国推广水资源重复利用，遇到的最大障碍或许就是再生水利用水质标准的缺失。换句话说，对应于冲厕用水和园艺灌溉等具体应用方式，所用的再生水应该符合什么样的水质标准？关于这一问题目前还没有一个指导性的意见，这就导致设计再生水回用系统的工作变得很困难。商业公司一般不愿意对此标准进行估算或者推测，这是可以理解的。没有官方指导意见或准则，许多组织都在观望，只有在出现了首个对再生水回用的法律判决案例后，才会决定是否对再生水利用开展长期业务。包括加拿大在内的许多国家目前都面临相似问题②。

英国再生水利用水质标准的制定面临以下困难：

（1）缺少经验数据，从而无法建立定量化的风险评价模型；

（2）监管机构或政府部门对标准制定和监督工作缺乏主动意愿。

目前在英国，倒是存在一些水质方面的标准（其中被引用最多的是英国建筑服务研究与信息协会（Brewer et al.，2001）和 WRAS（2000）两大标准），然而这些标准没有一个是基于定量化风险评价作出的，且它们与美国的那些标准大同小异。目前，欧洲委员会正与世界卫生组织合作，准备推出再生水利用相关标准，主要涉及以下问题：

（1）处理后的再生水水质；

（2）用于作为源水的再生水处理过程；

（3）各种类型的再生水回用系统的设计和运行。

使用再生水回用系统带来的风险与系统所处的环境与规模有关，因而制定标准时应把应用的规模也考虑在内。需要注意的是，标准一旦制定，就会对英国再生水回用事业的方方面面都产生影响。例如，对于特定用途的标准的严格程度和质量符合要求的再生水供水成本直接相关，如果标准过于严格，就会阻碍对再生水回用的投资热情。还需要注意的是，为特定的处理过程规定标准有可能阻碍仍具有巨大技术进步潜力的领域里的创新发展（Roaf et al.，2004b）。

最有希望的单户或多户住宅再生水回用商业化方案适合于新建楼宇中，至少从经济效益的角度来说是这样的。然而，目前还不存在关于室内污水回用系统设计、安装和运行的标准，楼盘开发商和制造业正对此翘首期待（BSRIA，2003）。应该尽快将严格但可接受的标准写入法规中，作为规范或者准法律性的指南。

---

① www. environment – agency. gov. uk/savewater

② http：//www. cmhc – schl. gc. ca/publications/en/rh – pr/tech/98101. htm

　　在某些方面，也存在政府在节水与再生水回用政策上出现失控局面的问题。随着将供用水监管权利越来越多地下放给各监管机构和水务公司，政府给水务产业的短期和长期体制改革设下了障碍。例如，某水务公司本应该投资于节水项目，却基于自身利益考虑，将资金转而投向新建大坝或水库等供水项目中，并在决定未来投资方向上有决定权。

　　人们对法律法规的接受程度也是一个问题，一些较为严格的合理措施却不大受人们欢迎，例如，对洗车和园艺浇灌等高耗水行为的限制。因此，一些负责用水效率监管事宜的公司其实都不大愿意去限制人们使用高耗水器具或其高耗水行为，他们在采取相关措施时会异常谨慎。

　　负责起草法律法规的核心政府部门往往很少对实际情况有所研究，这一点对于更加有效的法律法规的制定是一大障碍。而与此同时，水务公司做了很多研究，却不愿意把信息与他人分享。立法需以正确的信息为基础。另外，法律法规的起草周期与现有的研究资助体制（主要资助者是自然环境研究理事会（NERC）和工程与物理科学研究理事会（EPSRC））也不同步，当前的研究成果常常在多年以后才在法律法规中体现出来。

　　由于存在前述信息共享与合作研究方面的问题，人们在节水方案的成本和效益上就难以达成共识。没有以上共识，监管机构和立法机构就难以推出新的举措强化政府在此领域的干预措施，例如，目前就没有一个关于在新的建筑中使用高效用水器具的相关规定。现行对水务产业的各种规定基本上都是以防止"坏行为"为目的，很少有鼓励"好行为"的。

　　推进节水和再生水利用的另一大障碍是，在英国，用水户很难获得关于用水规定及如何实施这些规定的信息，例如，在规范和安全用水方面用户存在的诸多问题就体现了这一点。

　　还有一个值得深入探讨的问题是，如何理解和执行现行的关于河岸与取水的法律，这些法律在涉及具体地点和水源时变得十分复杂。要想查清楚关于涉及某一水源的所有法律法规，可以先从当地的环境部门查询，实在不行还可以向位于伦敦的"环境法律基金会"求助。

9.5　地方主管部门

9.5.1　地方主管部门：驱动力

　　无论洪水期还是干旱期，地方主管部门常常都是因为发生了"热点事件"而实施节水管理项目。在缺水季节，水资源循环利用和有效的雨水利用、规划与管理措施一样成效显著。河流流量减少给当地居民带来的危害很大，它不仅影响到野生生物和当地生态系统的存活，还对环境的美观造成很大影响，特别是在旅游区。因此，地方主管部门经常与当地水务公司一起合作，努力使河流流量维持在一定水平之上。

21世纪越发频繁的洪水则是一个更为严重的问题。地方主管部门只对其辖区的河段具有管辖权，他们开展河段整治和控制工程，以使本地居民受洪水淹没的风险降至最低；他们尽量消除或减少下水管道污水溢流，减少其给当地居民带来的健康危害。许多地方主管部门甚至自筹资金（而不是向中央政府要钱），推行"可持续排水工程"，建设暴雨存蓄工程。这些工程为中央政府和水务公司省却了一大笔开支，否则他们得为暴雨排水管网建设进行巨额投资。

9.5.2 地方主管部门：障碍

地方主管部门开展节水和再生水利用的程度较低，其部分原因在于地方主管部门的管理者、地方议员、规划者、建筑部门和环境健康部门的官员缺乏相关领域的知识，以及各部门缺乏交流。为这些部门提供信息和指导将会推动地方上节水和再生水利用的进程，如同在可持续排水工程中取得成功一样。

对生活灰水、雨水再利用系统中的蓄水池、过滤系统、维护工作和水质标准的费用缺乏了解也构成了明显的障碍。

9.6 水务公司

9.6.1 水务公司：驱动力

水务公司战斗在节水第一线。他们越来越关注日益增长的用水需求（这些需求有时过大，是不可持续的）。气候变化、夏季越发炎热以及人们用水需求的增长是他们推行节水和再生水利用工程的驱动力，他们采取"双轨法"，一方面采取措施以解决燃眉之急，另一方面针对以上问题制定中长期应对战略。

过去几年中，一系列越来越严厉的法律法规陆续出台（如1999版和2002版《供水管理条例》），对私营公司售水业务形成一定约束。根据规定，这些公司有义务依法（如1995年《环境法》、水服务办公室颁布的MD118条例）提高其用户节水水平。

供水公司在家庭及工商业用户中推行用水计量，这也是一种促进节水的经济措施。

通过颁发取水许可证限制河流与地下水源开采，这也促进了供水公司提高用水效率。

公众对新建大坝的反对意见促使水务公司加强节水管理。

政府制定的可持续发展战略（如 1997 年政府水峰会提出的关于水务的 10 点计划）迫使水务公司实施输水损失削减和供水基础设施改造等节水改造工程。

1998 年颁布实施的《竞争法》让水务公司得以突破传统束缚，采用新技术、新方法进行节水减污工作，从而增加了可出售给消费者的水量。

9.6.2　水务公司：障碍

水务公司进行节水和再生水利用最大的障碍为其营利方式之一，即他们总是将自来水加工到可以饮用的标准后才向用户供应。许多节水和再生水利用措施在单个建筑中就可实施，由于其自身特点，这些措施可以减少各个用户购买的饮用水量。这样一来，供水公司就缺乏建设节水和再生水利用设施的积极性。

供水公司也不愿意为小型用水户进行工程改造，因为降低向个人用户供水的成本是水务行业的宗旨。为此目的，传统做法是在宏观层次上贯彻规模经济原则，其最终目标是降低自来水供应成本，而非使供水服务在未来几十年或上百年内可持续发展。普遍的僵化水费体制也不利于节水管理。为其股东赚取更多利润与节水需求二者之间的矛盾也明显阻碍了节水措施的应用。

从节水行为产生的环境及社会影响的角度来说，各项节水措施的成本效益分析还有待进一步研究并定量化，目前此类研究的信息共享程度远远不够。例如，虽然许多私营公司曾就人口增长、富裕程度和用水设施普及率等情况做了大量的调研，但并没有公布过什么研究成果。水务公司要推行节水，就必须与用户建立合作关系，这一过程既费时又费力。水务公司所做的各项研究中常常不会涉及供水安全的问题。能源产业的风险分析能够深入到各个层次，而水务产业则做不到这一点。

还有一个不那么明显的限制再生水利用推广的因素是人们对现行的供水系统已习以为常，这种惯性让他们不想做出改变。例如，英国人已经习惯于做什么都使用最优质的水；英国的供水企业习惯于按需供水；WROCS（2000）项目研究人员发现几大水务公司普遍缺乏想象力和创造力。要使人们的思维从单一服务模式转到多重服务模式上来，这有利于为推广再生水回用系统创造条件。除了节水和再生水回用这样的需水管理措施外，水务公司和相关机构可先采用渗漏削减和水价调整等措施。

9.7　私营咨询公司

9.7.1　私营咨询公司：驱动力

供水成本和环境意识的上升，为私营咨询公司开展咨询业务提供了机会，为公共行业提供咨询以改善用水状况，提高节水和再生水利用程度，并可以从中获得收入。节水已经成为英国政府推行可持续发展战略的核心手段，通过提供知识、技术和意见等服务形式大把赚钱，这就是私营咨询公司的驱动力。

9.7.2　私营咨询公司：障碍

节水被认为不利于节能，并且目前的经济效益也较低，尤其是因为对节水和再生水利用的经济性和回报还缺乏了解。缺少清晰的节水和灰水回用技术标准及缺少成熟的市场是主要的障碍之一，示范项目的经验正在帮助改善这一情况。

9.8　建筑师、开发商与规划者

9.8.1　建筑师、开发商与规划者：驱动力

随着人们环境意识普遍提高，购房者为楼宇节水和再生水利用设施付费的意愿也越来越高。在楼宇中建设节水和再生水利用设施被看成是一种绿色标志，在一些地方已成为一种趋势。创新意识和对新产品的好奇（不论该新产品是否通过测试或是否被试用过）可以看作是对节水和再生水利用技术发展的一个驱动力（当然也可能看成是一种障碍，因为消费者通常不愿意冒风险）（WROCS，2000）。

洪水使人们更加关注用水和水源的作用和性质。为了防洪，需要像"可持续排水工程"所倡导的那样为在洪泛区内外的房屋建设制定节水和蓄水发展策略。

建筑师、开发商和规划人员越来越认识到"可持续排水工程"的优点。可持续排水工程要求制定"滞水"策略，其中包括绿色屋顶和人工景观等深受建筑师和消费者喜爱的"绿色建筑元素"。它们不仅起到滞水作用，还可以改善当地气候，吸收城市二氧化碳，从而降低温室效应，这些都成为此类房屋的环境卖点。然而，绿色屋顶不是最佳节水方式，它破坏了雨水水质，不利于水的循环利用。因此，滞水与水的循环利用需采取不同的方式。

长期干旱下的耕地萎缩问题导致保险业的赔偿诉求迅速增加，也使人们越发意识到水资源短缺所带来的严重环境问题。

由于考虑到供水安全和气候变化问题，开发商可能会考虑建设额外的蓄水源，尤其在那些像英格兰东南部地区一样预测未来会发生干旱的地区。

9.8.2　建筑师、开发商与规划者：障碍

有两大主要障碍：一是对节水和再生水利用相关知识和信息掌握不够；二是还没有真正意识到，应该把实行节水和再生水利用上升到体现建筑设计可持续理

念的重要高度。

　　另一个很实际的障碍是，当前人们已经习惯于水开支较低的事实，建设并运行节水与再生水利用系统对他们来说是水开支上的额外投入。除非像 Hocktan 住房项目那样硬性规定，将建设该系统作为整体建设计划不可分割的一部分，否则在可以自由决定的情况下，人们总是将该系统看成是一种额外的可选可不选的成本负担。

　　人们常常担心新发展起来的再生水利用技术还不够成熟，以致其水质可能对人们的健康造成危害，这也是各利益相关方常常不引入创新的供水和再生水利用系统的原因之一。事实情况是，许多在运行的再生水回用系统的确出现过多次水质不良事件，因此人们的担心也是可以理解的（Roaf et al.，2003）。在灰水和蓄滞雨水利用问题上缺少一个清晰公认的水质标准是造成此障碍的主要原因，没有这样一个标准，一旦出现问题和要追求责任方时，设计者和消费者都会无据可依。媒体常常对成功实例宣传不够，反而对 Linacre 学院（Roaf et al.，2003）"马桶冒黑泡"等反面典型大肆宣扬，这一行为愈发加重了人们的担忧。

　　工程师、规划者和建筑师们在讨论水务系统时缺乏共同语言也是一大问题，这是教育的失职之处（Roaf et al.，2004b）。应该在各相关专业的本科和研究生课程中都加入上述领域的教育内容，否则这一障碍在未来将继续存在。

9.9　教育与研究界

9.9.1　教育与研究界：驱动力

　　教育和研究部门可以通过向利益相关方、地区、国家甚至各大洲输送有用的知识来获得经济收入。世界各国越来越意识到缺水是一个全球问题，尤其是在当前还面临气候变化的情况下。

　　教育和科研界正面临着许多机遇，他们可以将工业、建筑和工程界人士联合起来进行跨学科研究和发展新的交叉学科，并获取课程和研究资助。英国政府的可持续发展战略已经在其研究资助体系中体现出来，这对他们来说无疑是个好消息。

　　当前，监管机构支持加大需求管理力度，这是提高相关教育和研究投入的一个机遇。由工商界发起的"美化家园运动"（如"绿色校园行动"就是其一）也为教育和研究领域提供了一个从实践中学习的机会。

　　另外，设计行业和基础设施管理界的从业人士（如建筑师、工程师、测绘人员和市政管理者等）也要求在教育活动中加入关于可持续性方面的教育内容，因而有关方必须作出努力，确保水问题也被列为内容之一（WROCS，2000）。

9.9.2 教育与研究界：障碍

节水和再生水利用领域的教育和研究机构面临许多较为严重的阻碍因素。他们在课程设计和研究立项上普遍比较被动，这就意味着相关活动进展十分缓慢。同时，在水系统的环境影响分析问题上缺乏先进的知识和技术，这也是摆在他们前进道路上的一大难题。

可供利益相关方获取的本领域出版物不多，由于本领域标准缺失等原因，在关于"什么样的选择才是最好的"这一问题上缺乏统一认识。人们对运行再生水利用系统之必要性的认识程度普遍不高。

水务公司在花了很多钱做过大量调研后，不愿意将结果与研究机构共享。反过来，教育和研究机构又经常自恃为专家，在学校（如建筑、规划及工程等学院）的课程设置上缺少与其他行业的沟通，使得教育在缺乏共同理解的状态下进行，进而也限制了相关研究活动的范围和影响力。

在环境科学大家庭中，由于长期以来水费偏低等种种原因，节水研究的地位颇低。人们一说到节水和再生水利用，脑中就会浮现马桶之类的污秽画面。或许，对于年轻人来说，这的确是个没有什么魅力的研究领域。

9.10 制造业

9.10.1 制造业：驱动力

一些地方已经把节水和再生水利用作为一种解决供水问题的好办法，并形成了一些小型的市场。这些地方包括：
（1）孤立的建筑楼群和偏远的居民区；
（2）自给供水的家庭和小区；
（3）靠近再生水源的建筑楼群；
（4）下水管道独立于公共排水管网之外的建筑物。

使循环用水变得充满商业吸引力的市场条件迅速发生变化。不应当认为供水和污水处理公司有责任推动建设和运行水循环利用设施，市场机制才是强大的驱动力。例如，1996 年 6 月以前，公共厕所安装的都是双冲马桶，而按 1999 年《供水设施管理条例》放宽了的规定，允许对这些马桶进行节水改造。这一规定为相关节水产品开启了一个新的市场。

一些小型市场已经十分繁荣。在技术选择上，相对于灰水利用，雨水滞蓄技术在短期内更加切实可行，也更具商业潜力，其原因是雨水滞蓄技术具有如下优势：

（1）更多设备可选（多是些成套的部件，用户可以自行安装）；

（2）对公众健康的风险更低；

（3）建筑师和建筑工人对此技术更为熟悉；

（4）高投资回报率（已在示范工程中得到证明）。

9.10.2　制造业：障碍

对于制造业来说，如何把水质处理并保持在可靠的水准的确是一个挑战。在某些情况下，尤其是在当前还没有建立合适的水质标准的情况下，这个挑战还可能升级成为影响产品开发的一种障碍。就灰水和黑水处理技术来说，如何保证处理后的水质达到安全可靠程度不是一件简单的事情。运用一些生物技术处理灰水，可以确保处理后的水适用于大部分用途。然而，这些技术（如超渗透膜技术）同样也可以把黑水处理到相似水平。这就引出了如下问题：建立一个只处理灰水的系统是否是最经济的资源利用方式？如果不建只处理灰水的系统，而是建设一个综合性的灰黑水处理系统，那么设备安装和布管工作就会更加简单，成本也会得到降低。

在 WROCS 项目调查的大部分再生水利用系统中，再生水水质状况及其对公众健康的风险大小在很大程度上取决于系统的可靠性。它们当中许多系统的技术稳定性都难以获得保证，其中对一个灰水处理系统的检测结果显示，其所有处理后的水样品都存在大肠杆菌（虽然有些样品只有一两个）。水循环利用系统一旦出现事故，就会在公众中造成极为恶劣的影响，因此，应该在所有系统中都安装上故障保护装置，这样当水处理过程出现问题时，可以及时发现并切断系统供水。然而，故障保护装置本身也可能存在问题，它们本身必须可靠有效。另外，实现水质在线监测的成本很高，在大范围内应用会更划算一些。

缺乏相关水质标准也是制造业相关技术发展的瓶颈。阻碍制造业的产品发展的其他因素还包括销售市场不广、使用寿命问题、许多技术尚处于起步阶段以及当市场需要不同的系统时制造业界常拿不定主意。最后，节水和再生水领域的研究水平不够也会阻碍相关产品的发展。

9.11　用水户

9.11.1　用水户：驱动力

在许多不同类型的建筑物中，供水都是头等大事，例如，宾馆和地处偏远的家庭存在着人均用水需求量非常高或传统供水系统无法满足其供水要求等问题。它们当中的许多都已经安装了节水与再生水利用系统。

对于家庭来说，除了少数有着特殊用水需求和用水类型的家庭外，现行市场上的再生水利用系统都因为成本回收期太长而对多数家庭没有吸引力。显然，公共供水价格上涨，加上未来再生水利用系统投资成本和运行费用的降低，将会改善这一局面。在特殊时期如旱季，园艺浇灌用水户已经开始大量使用或大或小的储水设施来节水。通过这些简单的方式，用水户可以节省大量水开支，许多人也的确做到了这一点。

环境意识的增强也是人们继续进行节水和再生水利用的重要驱动力。灰水利用在许多可持续发展规划中都占有一席之地，尤其在新建房屋项目中。随着全球环境问题突显和家庭单位用水费用的不断上涨，水在人们心中的价值也在不断上升。节水是大势所趋，自从家用水表安装以后，家庭用户就更加注重节水了。水表使得用水户清楚地看到自己的用水量情况，并进行妥善的用水安排，以控制住总用水量和水费开支。如何通过节水来节省开支成为用户们越来越感兴趣的事情。

用水成本的上升最终会促使全国各地加大节水和再生水利用力度。2004 年中期英国有 470 万人付不起水费，与此同时，水务公司还提出增加收费以进行基础设施修缮及能力建设。英国仅有约 140 万人无力负担电费，人们就已经对该"用电贫困"问题给予了巨大的关注力，可以预计，越来越严重的"用水贫困"问题也将会被提上政治议事日程，从而成为节水和再生水利用事业一个强大的驱动力。

9.11.2　用水户：障碍

再生水回用系统在用水户们看来是一种未得到完全检验的高风险产品，他们对这类产品一般都表现出不甚关心、不愿投资等被动倾向。英国大众还没有形成一种节水和再生水利用的文化氛围，尤其是在英国处于一个多雨型气候的条件下。

关于节水和再生水利用系统的有用信息很少，这加重了消费者对此类系统和产品的稳定性的疑虑。此外，用水者们有一种被剥夺对自来水公司的合法权利的感觉，因为他们认为没有洁净的自来水供应就活不下去，而他们对供水又没有发言权，这种状况在没有可靠标准去约束水务企业行为的条件下就更严重了。消费者们总是想当然地认为，价格公道且洁净充分的供水服务是有保障的，其实这中间可能有很多问题。

对未知的恐惧总是阻碍着创新和新产品研制，当一件其重要地位堪比饮用水的新产品尚处于测试期时，人们总是心存忧虑，害怕错误的选择会导致健康受损。

缺少性能可靠的产品对于推广节水和再生水利用来说是一个大障碍，其实这两者的关系有点类似于《第 22 条军规》一书中所描写的那种进退两难的矛盾境地。

然而我们又回到了缺乏相关水质标准以及消费者对此类产品高风险性的担忧的问题上了，这是发展节水和再生水利用的一大障碍，尤其在人们认为英国的水资源比较丰富因而其价值较低的情况下。然而，随着气候变化和连年干旱（如 1995 年大旱情）的到来，以上情况也可能会发生迅速转变。

9.12　结语

我们现在十分肯定的是，伴随人口增长、人均需水量上涨以及气候变化等问题，英国在洁净水供应方面面临着严峻的考验。与此同时，仍然有大量的英国人想当然地认为可以永远地用饮用水来洗车浇花园等。英国的水务企业必须作出适应性调整，而节水和再生水利用技术就是进行这种调整的核心工具。

通过多学科交叉研究和多机构联动，可以强化以上驱动力并同时减少障碍，提高节水和再生水利用技术的安全性和经济性。"节水网络"（WATERSAVE Network）的建立给节水和再生水利用的开展提供了一个讨论平台和领导核心，这里会聚了来自商界、监管机构、学术界和政府机构的许多成员，为辨明前述驱动力和障碍起到了至关重要的作用。

然而，正如英国"水务法规咨询计划"（WRAS）的报告中所写（WRAS，2000）："由于在成本、可靠性及事故控制方面缺少实际明了的信息，人们对安装再生水利用系统的热情很低。是否安装再生水利用系统很大程度上取决于用户对系统的理解和系统所产生的经济效益。然而，一旦安装上了，系统就不应该处于失修或停用的状态，人们需要认识到对系统故障进行及时调查并提供解决方案的重要性。"

虽然前文各节的论述尚不充分彻底，但从中我们可以看出整个水务产业及市场联合起来行动的必要性。21 世纪的供需水形势正在发生重大改变，英国的节水和再生水利用事业面临的障碍很多，但同时更应该看到，其驱动力正在变得越来越强大。

9.13　参考文献

Brewer, D., Brown, R. and Stanfield, G. (2001) *Rainwater and Greywater in Buildings: Project report and case studies.* Technical Note TN 7/2001, BSRIA.

BSRIA (2003) *Safety and performance of grey water systems.* Building Services Research and Information Association.

DOE (1996) *Agenda for Action*. Department of Environment, London.

DMB (2003) *Demand Management Bulletin*. Environment Agency. No.59, June.

Hulme, M., J. Turnpenny, and G. Jenkins (2002) *Climate Change Scenarios for the United Kingdom: The UKCIP02 Briefing Report*, Tyndall Centre for Climate Change Research, School of Environmental Sciences, University of East Anglia, Norwich, UK.

Ofwat (2001) *Leakage and the efficient use of water 2000-200*. Office of Water Services.

Roaf, S., Horsley, A. and Gupta, R.(2004a) Flooding. *Closing the Loop: Benchmarks for Sustainable Buildings*. RIBA Publications, London.

Roaf, S., Crichton, D. and Nicol, F. (2004b) *Adapting Buildings and Cities for Climate Change*. Architectural Press, Oxford.

Roaf, S., Fuentes, M. and Thomas, S. (2003) *Ecohouse 2: A Design Guide*. Architectural Press, Oxford.

WRAS (2000) Water Regulation Advisory Scheme. HMSO.

WROCS (2000) *Final Report of the Water Recycling Opportunities for City Sustainability (WROCS) project*. Cranfield University, Imperial College London and The Nottingham Trent University.

10 需水管理经济学分析

Paul R. Herrington

10.1 概况

10.1.1 定义和分类

目前人们认识到，通过增大供水来解决当前或未来的水资源供需不平衡问题，如筑坝、调水或提水等，在某些情况下很有可能造成显著的环境问题和资金浪费。而实际上，可以通过以下措施解决水资源供需不平衡问题：①增加供水；②更好地利用供水，进行供水管理（如多水源联合利用）；③强化水务监管部门管理力度；④对各行业进行需水管理（如生活、工业、农业等部门）。将这些解决措施分为供水管理和需水管理两个部分，其中需水管理定义如下：

通过各种政策、方法和行动，控制或限定需水、用水或排水以及其他与水相关的服务[①]。

需要注意的是，本章中所说的需水管理并不限于提高水的配置效率（根据Renzetti（2002）的定义）或者根据供水成本确定水的价值（Baumann et al.，1980；Winpenny，1994）的方案。因此所提议的需水管理方案从经济的角度可能较好，也可能不理想。本章的目的之一就是介绍评估的方法，用以从众多的选择中挑选出更好的政策和措施。本章的题目"需水管理的经济学分析"已经表明了本章的中心思想，即通过经济学的评估方法，对需水管理的措施和项目的成本及效益进行定量的鉴定和评估。根据以上定义，可将相关政策和措施按照表10.1分为5类。

原则上，表10.1中所有的要素都能在社会水循环的各个环节（如取水、蓄水、供水等）及各个用水部门（如家庭、商业、工业等（EEA，2001））中体现。因为不同用水部门的生活用水方式是相似的并且当前需水管理政策主要是针

---

① "需水管理"、"节水"（waterconservation）以及"水的利用效率"这几个术语常常在文献中交替使用。而在本研究中，考虑的是用户相关的政策和行为，采用"需水管理"这个术语。"节水"这术语强调自然资源的节约并关注于取水和排水，而"水的利用效率"过于强调技术问题，容易使人认为主要是指生产部门的用水效率，如农业部门、工业部门等。

对生活用水的，所以我们主要考虑家庭的公共供水需求、污水管网服务以及其他部门（办公室、旅馆、工厂、学校等）传统的生活用水，而在公共管道供水系统的运行控制、非生活用水以及取水、排水等方面不予以考虑。

表 10.1　需水管理措施的分类

分类	需水管理的种类
经济	水价的结构和水平；补贴，税收以及税收优惠；折扣与回扣；低利率贷款；对违规个人或单位进行罚款
教育	教育、提供信息与宣传，水审计
监管	使用和消费方面的条例；城市建设、管道铺设和景观建设方面的规范
限制	水量的分配①，道德上的规劝和自愿的缩减使用量
运行管理	管道渗漏的检测和控制，压力管理和下水道渗漏的控制

①通过供水方的水量分配进行管理，这种需求管理是一种事后管理，而非事前管理。

10.1.2　供水管理的范围

从 1975 ~ 2000 年 21 个 OECD 成员国的家庭生活用水数据可以看出，各国的家庭生活用水水平相差甚远，德国 2000 年的数据显示人均日生活用水量为 116L/d，而美国在 1995 年就达到了 382L/d(Herrington，1999)。4 个国家人均日生活用水量呈上升趋势（加拿大、斯洛伐克、英国【未计量的家庭用水】以及美国），5 个国家的人均日生活用水量超过 200L/d(加拿大、美国、澳大利亚、意大利和日本)，3 个国家人均日生活用水量为 150 ~ 200L/d(英格兰和威尔士【未计量】、瑞士和瑞典)。根据这些数据分析，21 个国家中有 9 个国家应该有兴趣实行严格的需水管理，但实际上，9 个国家里只有 5 个国家（澳大利亚、加拿大、英国、日本和美国）考虑了需水管理。有的国家由于不同的原因也考虑了需水管理，如丹麦（供水受到地下水污染的影响），荷兰、比利时和德国（基于其他的环境问题），西班牙和葡萄牙（快速发展与环境之间的矛盾）。

关于英格兰和威尔士的比较详细的信息显示了公共供水（public water supply，PWS）的有效用水量（即包括渗漏量在内的用水量）中生活用水的比例。有调查显示，1995 ~ 1996 年的生活用水（包括厕所、便池、洗涤间、洗浴用水以及花园的用水）占非家庭用水部门的有效用水量的 61%，这些非家庭用水部门主要集中于以下地方：工厂、医院、旅馆、业余活动中心、看护所、办公室、中小学校、大学和零售店等（BSRIA，1998）。根据 Ofwat 的研究结果，1995 ~ 2002 年，公共供水的有效用水量中，有 86% 左右的用水都是生活用水，见表 10.2。

表 10. 2 英格兰和威尔士公共供水中生活用水的重要性

（Ofwat，1996；BSRIA，1998；Ofwat，2003b）

用水/（ML/d）	1995~1996	2002~2003
1. 家庭用水（未计量用水）	7 736. 2	6 364. 9
2. 家庭用水（计量用水）	146. 0	1 325. 1
3. 非家庭用水部门的生活用水比例	2 502. 2	2 423. 5
（占第 4 项的比例）	（60. 9%）	（60. 9%）
4. 所有的非家庭用水部门用水	4 108. 7	3 979. 5
5. 公共供水中所有的生活用水	10 384. 2	10 113. 5
6. 公共供水总有效用水量	11 990. 9	11 770. 3
7. 生活用水的重要性（第 5 项占第 6 项的比例）	86. 6%	85. 9%

不少学者对生活需水管理的方法进行不断深入的研究：Baker 等（1996a）列出了 97 项生活需水管理的办法，Pinnie 等（1998）列出了 33 项方法。在 Tate（1990）对加拿大进行调查后，White（1998c）又编著了一本澳大利亚的管理手册，强调了采用"全资源成本分析"进行经济学分析的重要性。Grant（2003）采用了"家庭经济学"的理论方法对英国采用的多种措施进行评估，并使用节省的费用和价格等对净效益进行评估，其评估结果可以用每年节水的价值（英镑/a），净现值（英镑）或投资回收期表示（见 10. 2. 3 节）。

然而，当前对所有主要行业需水管理方法所做最全面的研究要属 Vichers（2001）所做的杰出工作了（是完全针对美国的情况进行的）。其研究报告中以表格列举了所有主要类型的生活用水（或其他用水）及器具的历史资料，包括 1980 年以前器具型号的典型用水量和可能的节水量，表明美国大规模实行了需水管理措施。但是却没有对这些措施进行经济学方面的分析。

10. 2 经济学评估

10. 2. 1 不同的评估方法

所有提出的需水管理措施、政策或项目都应该进行系统的评估，包括技术方面的、经济方面的、环境方面的和社会方面的评估。在介绍经济和财务方面评估技术之前，先对以上四个方面的评估进行简要介绍。

10. 2. 1. 1 技术评估

在考虑是否采纳某一需水管理措施时，该措施必须具有技术上的有效性，这意味着该措施应该具有令人满意的功能，相对较低的出错率，并能达到明显减少用水或污水处理的效果。但是评估该措施是否"满意"、"低出错几率"和节水减污效果是否"明显"时，需要考虑措施的成本和效益，即用于确保该措施顺利实施需要付出的经济成本、环境成本和其他社会成本。因此，技术上的有效性在某种程度上是包含在经济和环境的有效性方面的。然而，仍然有必要将技术评估分离出来进行讨论，因为一个措施即使没有进行细致的经济评估，也可能很容易发现其在技术方面是无效的。有时，决定技术有效性的是国家"标准"部门的责任，这样的部门不应当不考虑需要由它确定的最低标准的经济和环境影响（以及技术有效性）。如果不考虑，标准就有可能设置过高。

10.2.1.2 经济评估

经济评估是评估所有需水管理措施、实践和项目的必要内容，也是评估供水管理和增加供水的计划的必要内容。从根本上讲，经济评估和实际的现金流动并没有太大关系。其主要目的是利用货币值对需水管理的措施、政策和项目及实施的时间选择等进行经济学上成本和收益的定量分析、评估和比较。在这样的成本或收益中并没有现金流动。因此需要对以特定方式利用稀缺资源的经济性进行评估。

而财务评估是检验需水管理项目对一个或多个利益相关群体（如一般用户、某一类别用户、如家庭用户、水务公司、国家环保部门、"环境使用者"）的财务影响。有时需要进行社会成本效益评估（包括所有社会经济效益），从而区分各个利益相关群体的财务或其他方面的效益和损失。在这样的情况下，如果考虑了所有相关的现金流，则所有相关群体（构成社会）的净效益总和必然等于所做的成本效益分析所得到的社会净效益（见10.2.3.5节）。

10.2.1.3 环境评估

一些实践者认为，如果所提议的需求管理措施的环境和其他非经济的社会影响（收益、损失）可以准确地折算为货币价值，那么措施的所有影响就都可以用经济要素来表示，进行单一的"社会效益"和"社会成本"比较分析即可。而其他的实践者则持怀疑的意见，例如，Bowers（1997）就认为："……许多环境资产是无法用经济价值进行衡量的。"

对于后一种情况，有两种解决办法。首先，可以事先设立环境标准来处理不利的环境影响问题，这些标准的设定直接或间接地反映社会对可持续发展的抉择。然后，不一定需要用经济价值来衡量环境资产，如果没有达到标准（如由于水的需求过高，加大供水导致河流流量减少）或者标准需要提高时（Bowers，1997）[1]，才需要计算达到某一环境标准需付出的成本。

另外，可能需要对资源进行一系列的环境评估，例如，第6章提到的环境影响评估（EIA）、战略环评（SEA）、风险评估（RA）、生命周期评估（LCA）等，以及一系列多准则分析（MCA）（DETR，1999）。生命周期评估以及与之相关的"生命周期成本"（Tucker et al.，2000）有效地将资产清理成本加入到"从头至尾"全过程的环境成本－效益分析（CBA）中，但是也可能由于在较高市场价格和生命周期评估中对资源稀缺性的重复计算，导致分析中产生错误（Pearce and Barbier，2000）。多准则分析往往分析决策的多个目标（如影响的分配、环境的可持续性、经济的有效性）并对方案可能达到的目标进行分析。对每一个方案的各个目标附上相应的权重使得各个方案可以评分进行比较。一般的，权重都经过慎重考虑并对其敏感性进行检验。任何赋予经济有效性的权重都暗示了对其他目标的赋值，因而能够进行成本——效益的情景分析。

10.2.1.4 社会评估

"社会评估"其实包括对于节水方案的社会的、政策的和机构的可行性的一系列评估，代表了公众的一致选择、法律法规的立场以及贯彻方案的组织机构能力（Flack，1982；Herrington，1987a）。"可行性"意味着能够克服困难，用于这些社会因素比"评估"一词所隐含的定量含义更贴切。

10.2.2 经济评估：从宏观到微观

在最近二三十年中，对于需水管理进行经济评估的相关文献主要集中于两个方面：微观经济方面和宏观经济方面。

微观经济评估

微观经济评估方法认为，对于正在编制过程中或编制完成的需水管理政策或方法，或已编制完成，经过试点，并考虑将要在新条件下实施的需水管理政策或方法，工程师、水务公司决策者、政府政策顾问和其他相关人员需要能够预测其经济影响。很明显，需要考虑资产、运行和维护成本如何与预期的效益相平衡。水务行业采用了多种用于比较分析及支持决策的方法，10.2.3节（理论基础）及10.3.2节（实际应用）将会对此作详细的探讨。10.2.3部分将讨论以下内容：

（1）成本－效益分析；

---

[1] 可得到的严格推论看来是对环境标准提高到所需最低标准以上不赋予任何货币价值。

（2）内部收益率；

（3）成本－效果分析；

（4）投资回收期；

（5）全资源成本分析。

White（1998a）认为，从整个群体的角度来看，全资源成本分析是决定需水管理方法的净经济效益的最合理分析方法。

宏观经济评估

从另一个完全不同的尺度上来说，宏观经济方法反映了这样一个事实，即由于技术、财务、监管和政治的原因，水务公司越来越需要采取透明合理、一致的决策来应对今后其核心业务的供需矛盾问题。原则上，应对供需矛盾需要从"量"和"质"两个方面着手，但是当前更多的是将"质"（包括供水服务的质量和水质）看成是给定条件，而在此基础上，才考虑如何解决水量的问题。在未来任何"质"的提高，甚至降低（如由于政府立法或欧盟指令的要求）都可以在需水预测中考虑，这样会使问题更加复杂而供需矛盾的基本问题没有改变。为取得政策、计划和备选方案之间的最佳平衡，需要确定最佳的投资方案。在10.2.4 节中会列出解决这个问题的方法。

10.2.3　经济评估：微观

10.2.3.1　成本－效益分析、折现及净现值（NPV）

简介

成本－效益分析是对单个项目、政策或政策的调整所进行的评估，考虑的是在其生命周期内（或一些更短的时段内）社会效益和成本的不同的货币价值。社会效益（或成本）可以被定义为经济或环境方面能够增加（或减少）人类福祉的事物。人类福祉被假定是由个人的喜好（或需求）以及他们愿意为其喜好或需求付出的代价所共同决定的。因而人类福祉是基于个人偏好的，在大多数情况下谁获得效益并付出了成本并不重要[①]。

理论

个人偏好是由"直接"的市场行为和结果、替代市场（如房屋市场价格可揭示赋予降低大气污染的价值的信息）与相关的市场调查（如对于人们对环境产品的支付意愿的调查）等揭示的。一般来说，社会效益有以下形式：产出的增加、经济资源或时间的节约以及环境服务质量的提高。而社会成本是为某一

---

① 成本可以对效益分析（CBA）进行调整，以反映分配目标。但是在近 20 年的实践中，却很少进行这方面的调整。见 DETR（1999）的讨论。

特定目的消耗经济资源（使其不能用于其他方面）或者环境或社会福利的降低。

我们可以对需水管理的方法对一个团体（国家、区域或用水区等）的净影响进行评估。需水管理方法的社会价值和收益的货币价值在其生命周期（n 年）中定义如下：

（1）资本成本（K_0）假设从起始开始计算；

（2）每年的社会收益（B_t）随时间增长，年 $t = 1$，…，n；

（3）每年的社会成本（C_t）随时间产生，年 $t = 1$，…，n。

人们的喜好（一般情况下）是喜欢先得到收益而之后再付出成本，这样的喜好用"时间偏好"来表述。这个概念通常以成本 – 效益分析中的年折现率反映，通过折现率，未来的收益或成本（X_t）表示成现值（PV）

$$\mathrm{PV}(X_t) = \frac{X_t}{(1 + r)^t} \tag{10.1}$$

式中：r 为年折现率（用百分数表示），该值代表了在今后几年"社会"（被认为是消费者的总和）对其未来收益或支出进行权衡而采用的比率，即"社会时间偏好率"，也可以代表用水机构通过贷款或其他方式为管理措施的实施筹集资金而采用的比率，即与"资金机会成本"的思想有关[①]。一般认为，折现率在今后一段时期是固定不变的[②]（但是也不总是这样）。

净现值（或净收益的现值）公式为

$$\mathrm{NPV} = K_0 + \sum_{t=1}^{n} \frac{(B_t - C_t)}{(1 + r)^t} \tag{10.2}$$

决策准则

最简单情况下的项目决策准则是：

若 NPV > 0 则接受，若 NPV < 0 拒绝 $\qquad\qquad$ (10.3)

这个准则也存在复杂问题。首先，如果成本和收益都是不确定的，则净现值 NPV 也不确定。如果只能确定成本和收益的范围，则可向决策者提供 NPV

---

① 2003 年发布给供水公司用于确定 2004 年的价格（PR04）的指南中也使用了折现率的方法（Environment Agency, 2003）。在对 PR04 环境计划的备选方案进行评估并为政府部长就该计划范围拟定建议的过程中，水务办公室和环境署使用社会的时间偏好年折现率为 3.5%。当确定下来总体计划以及"据此制定了有效的监管水平"后，供水公司就应该使用资本费用折现率以得出成本最小的执行方案并对财务问题作出决定。有关政府设定的社会时间偏好率 3.5%/年依据的理论和数据，见英国财政部数据（2003）。

② 财政部最近推荐，在进行公共服务的经济学评价时，对未来超过 30a 的成本和收益进行考量应该考虑折现率的递减，从 31～75 年采用每年 3% 的折现率，超过 300a 降到每年 1% 的折现率。这在某种程度上解决了"折现率不改变"带来，有关的观点认为，折现率，特别是高的折现率将会影响后代的环境权益。见 Turner 等（1994）就这一问题开展的讨论。

的可能取值范围。如果"输入"的不确定性能够通过概率函数表示，则使用Monte Carlo 的方法就能提供估算 NPV 的概率函数。其次，如果对最初的资金或其他输入有确定的预算且资金不能超过预算，那么并不是所有满足 NPV > 0 的项目都能负担得起。在这样的情况下，按照项目单位资本的 NPV 值对所有项目进行排序，按照项目清单逐项考虑直到预算用完为止，以此方式使整个计划的 NPV 最大化。

直接应用上述 NPV 准则进行需水管理措施和政策评价的研究报告很少见，已经发表的报告大多是有关如何对未计量家庭开展计量以及如何对计量用水按照边际成本确定价格的。这些将在 10.3.3.10 节和 10.3.3.11 节中讨论。相关的研究很少，是因为根据决策准则是很难评估 NPV 特定货币价值的。当然，从经济有效性的角度来看，NPV > 0 是很好的，但是 NPV 需要达到什么样的值对于决策才是有用的呢？500 英镑或 5000 英镑，还是 50 000 英镑或 500 000 英镑？可以假定其主要是取决于措施或政策调整的规模——对于一个大型的需水管理措施，NPV 值为正，但是比较小，则情况并不太好。反之，如果一个小型管理措施其NPV 值很大，则可能在很大程度上影响决策。

因而，应该根据 NPV 的值与措施规模的关系对结果进行校正，也许可以用措施的"输入"（如预算的规模或者启动资金的数量）或"输出"（如达到的节水效果）来衡量措施的规模。这种校正为以下的两章将讨论的评估方法和技术提供了依据。

10.2.3.2　内部收益率

理论

内部收益率（IRR）是指需水管理的收益流现值等于其成本流现值时的折现率，即使等式（10.2）中 NPV = 0 时的折现率。NPV 和 IRR 的关系是假定：①资本成本在起始年全部投入；②每年净收益在其生命周期内均为正；③如果折现率为零，则 NPV 为正。在以上的假定下，如果折现值增加，则 NPV 必定会下降，最后等于零，然后成为负值。如图 10.1 中的 NPV_A 线所示，在该图中措施 A 的折现率是 r_A（此时暂不考虑措施 B 及其相关的 NPV 图线）。

使用 IRR 的优势在于其简便易懂，它是每年收益的百分比值。该数字衡量的是以净收益流代表的初始资本投入的总年度平均收益。假设一个需水管理措施初始成本为 100 英镑并有两年的生命周期，第一年的社会净收益是 55 英镑，第二年是 60.60 英镑，则使 NPV = 0 时的年度折现率为 0.1% 或 10%。这就是方案的年度内部收益率，因为起初的 100 英镑以 10% 的速度增长，则在第一年末为 110 英镑，如果我们拿出 55 英镑，剩下的 55 英镑继续以 10% 速度增长，则在第二年

获得 60.60 英镑，因而净收益保证了我们能以每年 10% 的增长率从最初的花费中
获得收益。

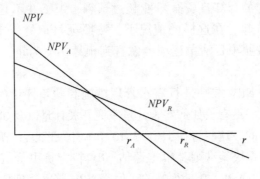

图 10.1 NPV 和 IRR 的关系

决策准则

还可以看出，在 10.2.3.2 节中①到③的假定条件下，可以推导出一种可保
证利用 NPV 和 IRR 作出相同决定的决策准则。如果方案 A 的资本成本小于 r_A，
则如图 10.1 所示，其 NPV 值为正，因此可以得出决定：继续实施方案 A。但是
如果这个方案的 IRR 值和其资本成本相比，由于后者小于 r_A，则得出同样决定。
于是决策规则成为，如果 r_A 大于资本成本，则接受方案，若小于则放弃方案。

IRR 的问题

在上述两种决策准则显然是"等价"的情况下，并且 IRR 采用的年度百分
比形式更为人们所熟悉，那么是不是一般倾向于选择 IRR 方法呢？答案是否定
的，因为只有在之前①到③的假定条件都满足的这种简单情况，两种准则才是等
价的。例如，如果在初始年开始后的生命周期内的净收益流是波动的（如是由项
目生命周期结束时的收尾或处理工作成本所引起），那么 IRR 就会得出多个的结
果。这样使用 IRR 进行决策时就会出现不明确的情况，而此时对应一个给定的成
本收益率 NPV 仍然是一个单一的值。其次，如果有现金或输入的分配，并需要
排序，则运用 IRR 对各种措施进行排序，能得到一个使 NPV 总值最大化的非最
优解。

当需要从一系列能达到相同目标的方案或者项目中进行选择时，就可能出现
上述情况。假设在图 10.1 中需要从方案 A 和 B 中选择方案达到一个既定目标，
应该如何选择，以及选择的方案是绝对不变的吗？如果运用 IRR 的规则，应该选
择 B 方案，因为 $r_B > r_A$，并且只要 B 的资本成本小于 r_B，就应推荐 B 方案。但是
从图上可以看出，当 r 较小时，A 方案的 NPV 值大于 B 方案，因此对于一定的资
本成本区间范围，应该推荐 A 方案。而当 r 较大时，应该推荐 B 方案。由此可以

看出，它取决于资本成本，而一般来说应采用的方法利用 NPV 最大限度地增大社会的净收益。我们由此可以得出结论，只有在前面所说的简单情况下才能采用 IRR 方法正确地作出采纳或拒绝的决定，而在对备选方案进行分级时，IRR 方法会得出错误的结论。

10.2.3.3　成本 – 效果分析

成本 – 效果分析（CEA）是分析方案和政策成本的货币价值及其效果的非货币指标。由于考虑了效果，CEA 提供了一种对不同类型和规模的方案进行比较和排序的方法[①]。

考虑一个需水管理的方案，将它的 NPV 的式（10.2）重新用以下公式表达

$$\text{NPV} = \left[\sum_{t=1}^{n} \frac{B_t}{(1+r)^t} \right] - \left[K_0 + \sum_{t=1}^{n} \frac{C_t}{(1+r)^t} \right] \tag{10.4}$$

即如果 PW 代表现值，NPV = PWB – PWC。

假设在需水管理措施的生命周期内，节水量有一个现值 PVW，可以如下表示

$$\text{PVW} = \sum_{t=1}^{n} \frac{W_t}{(1+r)^t} \tag{10.5}$$

式中：W_t 为第 t 年的节水量（m^3）。

将式（10.4）个各项用式（10.5）给出的需水管理措施生命周期内节水量来除，则

$$\frac{\text{NPV}}{\text{PVW}} = \frac{\text{PWB}}{\text{PVW}} - \frac{\text{PWV}}{\text{PVW}} \tag{10.6}$$

将以上三个比例式依次称为需水管理措施的社会净效益年平均增加量（AINSB），社会效益年平均增加量（AISB）及社会成本年平均增加量（AISC）[②]，因此

$$\text{AINSB} = \text{AISB} - \text{AISC} \tag{10.7}$$

用以下三个等价的不等式来判断需水管理措施是否有经济可行性：

（i）NPV > 0？

---

①　此外，由于需水管理措施的收益往往表达成减少的水服务供给成本（包括经济的、环境的和其他社会成本），可以考虑进行"收益 – 效果分析"（BEA），对水资源需求管理措施的同一"成果"指标以及收益的货币价值进行分析。通过比较所得到的 CEA 和 BEA 的比例，可以得出是否选择某一方案的正式决策准则。将这样的方法称为 CBEA。其实我们可以看出，CBEA 方法和 NPV 的决策方法是基本等价的。

②　AISC 指标实际上可以用于任何具有明确预期生命周期的增加供水、供水管理或需水管理的方案评价。它用建设、运行、维护中产生的社会成本现值，除以供给用户的总水量或节水量的现值来表示在澳大利亚，同样的方法也被用于需水和供水的决策，如平准化单位价格（LUC）。

（ii） AINSB > 0?

（iii） AISB > AISC? (10.8)

最近的 30 年，有不少人使用了不同形式的（10.8·（ii））和（10.8·（iii））以及利用 AISC 比例进行排序的方法对开源以及需水管理措施进行评估。我们将在 10.3.2.3 节部分具体讨论。

10.2.3.4 投资回收期

投资回收期一般指在项目中通过投资获得足够的财务结余能够偿还资本以及运行/维护成本所需的时间。在过去，一般仅在私营商业领域使用较为粗略的方法对资本项目财务效果进行评估。而当重点考虑用水户能从节水措施的投资中获得财务收益时，也偶尔用投资回收期对需水管理措施进行评估。该方法的主要缺点是：①不考虑在整个时期内成本和节约量的时间分配问题；②忽略了在措施的整个生命周期内产生的总节约量；③无法为一个措施的选择或拒绝提供明确的决策规则。对方案的排序规则是投资回收期越短，则方案越好的情况，而这样做会造成误导。

为消除第①种缺点，可以逐年地考虑一个"简单项目"（见 10.2.3.1 节的定义）的 NPV，即考虑在其生命周期的第 0，1，2，3，…，n 年的 NPV（即这些年的成本和收益），这样可以确定需要多长时间 NPV 能够从负值转变为正值（即找到收益现值等于成本现值的时刻）。图 10.2 表示了 NPV_t 随着时间 t 变化的关系，其中 NPV_t 指在第 t 年年底该措施的净收益。

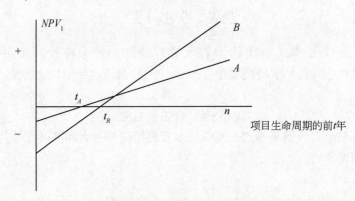

图 10.2 NPV 和投资回收期

以下举例说明投资回收期的问题：考虑两个方案 A 和 B。方案 A 的资金成本和每年的平均净收益都比较低，由于 A 的投资回收期 t_A 比 B（资金成本和每年的平均净收益都比较高）的投资回收期 t_B 短，因此仅从投资回收期来看，A 将是最佳选择。然而考虑方案在其整个生命周期（n 年）内的所有成本和收益之和，按照 NPV 规则 B 才应该是最佳选择，因为 B 在其生命周期内的 NPV 比 A 高。因而当 NPV 最大是方案选择的主要目标时，使用投资回收期的方法可能会得出错误的结论。

10.2.3.5　全资源成本分析

20 世纪 90 年代后期，Stuart White 在澳大利亚遇到了一个问题，水务公司由于成功实施需水管理导致收入和盈余的损失（1998a；（与 Howe 合作），1998b，1998c）。应用 Dziegielewski 等（1993）提出的全资源成本分析方法，White 提出了一个简单的矩阵用于确定水服务提供者和消费者由于措施或计划的实施所带来的所有财务和经济成本和收益的现值。只要把水服务提供者和消费者这两个群体看成整个"社会"（society），现金流动的改变可以看作纯粹的转移支付，它影响了两个群体各自的福利，但是两个群体之间福利的此消彼长也相互抵偿了，因此不会影响整体的净收益（因此可视为等价于 NPV 的表达式（10.2））。

表 10.3 介绍了一个复杂的 White 矩阵。矩阵中首先包括"环境部门"，是为了提出单独的环境平衡表，其次包含一个消费者因需求管理方案（价格类及非价格类措施，见表 10.1）而选择或承担的不同类型实际成本[①]分类表。为了方便起见，"环境"反映了水资源管理部门（如英格兰和威尔士的环境署）和对能源提供负责的组织[②]的行为（其他环境影响也可放在此栏目内）。

表 10.3　评估所提议的需水管理措施/项目（White，1998a）

	水服务提供者（1）	用户（2）	"环境"（包括水资源和能源部门）（3）	净总资源成本检验（4 = 1 + 2 + 3）
成本	项目成本（PC）；用户所减少的水费（RWB）	用户的资源成本（CC）*；水消耗价值的降低（RWC）*；服务质量的下降（RQS）*	减少的提水费用（RAB）；减少的能量费用（REB）	− PC − CC − RWB − RQS − RWC − RAB − REB
收益	运行成本的节余（OCS）；资金成本的节余（CCS）；减少提水的费用（RAB）	用户减少的水费（RWB）；用户减少的能量消耗（REB）	环境收益（水，EG [W]）**；环境收益（能量，EG [E]）	OCS + CCS + RAB + RWB + REB + EG [W] + EG [E]

---

①　熟悉经济学属于的人会注意到在"消费者/成本"这一栏没有包括"消费者剩余"。这是因为所有的消费者剩余的损失都通过"成本"这一行的 CC（或 RWC）输入以及收益这一行中的用户减少的水费考虑了。

②　这些组织是很容易和公共环境部门区分开来并单列一列，根据美国环境保护局（EPA）的建议，应当区分节能项目各种参与者之间的利益（Fiske and Weiner，1994）。

续表

	水服务提供者（1）	用户（2）	"环境"（包括水资源和能源部门）（3）	净总资源成本检验（4 = 1 + 2 + 3）
净收益	OCS + CCS + RAB – PC – RWB	RWB + REB – CC – RWC – RQS	EG［W］+ EG［E］– RAB – REB	OCS + CCS – PC – CC – RWC – RQS + EG［W］+ EG［E］

　　*考虑三个不同的需水管理措施对家庭用户的影响。如果实行计量使用户花费时间和资源用于寻找和减少家庭用水浪费，则 CC > 0 而 RWC = RQS = 0。如果实行计量使用户完全放弃喷灌，则 RWC > 0 而 CC = RQS = 0，限制未计量用户的屋外用水量也会使 RWC > 0 而 CC = RQS = 0。计量用户自愿使用低流量马桶可能会造成 CC、RWC 和 RQS 都大于零。但是预期 RWB 大于 CC、RWC 和 RQS 的总和。可以通过条件评估或者有关家庭用水需求曲线的位置和形状的信息对 CC、RWC 和 RQS 的值进行评估。见之前关于 PC、CC 和 RWC 的内容（Hanke, 1980a）。

　　**在一些情况下，减少环保局的收入（在通过水务公司实施需水管理项目减少了取水量以后）可能影响他们在环境保护方面的工作，进而又会抵消环境的收益（如较大的河流流量等）。

　　在表的右边底部方框里，对于所有的经济 – 环境成本与收益进行检验，其中包括福利的增加和资源的成本（这里资源的成本不仅仅指水资源，而是包括一切经济资源），其检验标准是提出的新措施（即一个特定的新的需求管理计划）所产生的净收益的总和必须比零大。即

$$OCS + CCS + EG［W］+ EG［E］– PC – CC – RWC – RQS > 0 \quad (10.9)$$

即

$$OCS + CCS + EG［W］+ EG［E］> PC + CC + RWC + RQS \quad (10.10)$$

　　为了让所有的利益相关团体都同意这个计划，可能需要表中每一列总的"净收益"为正值，只要所有的"净收入"总值都为正值，则从理论上来说这是可能做到的（如通过收入的再分配）。实际上，对于鼓励消费者适当参与节水项目而言，消费者和水服务提供者的观点是非常重要的（Fiske and Weiner, 1994）。一般来说，为使大家接受能够明显提高经济效率的新政策或政策的改变，常常需要分离出净收益，使之以各方都能接受的方式在利益相关各方之间分享。应该注意的是，在评估公共供水系统的需水管理措施时，需要考虑由于降低污水排放和计划排放能力而产生的经济的和社会的收益。White 等（1999）认为，所产生的污水排放设施方面的收益往往比降低供水成本所产生的收益要大。

10.2.4　经济评估：宏观

10.2.4.1　简介

从 10.2.2 节可以看出，对于需水管理措施的评估可在差别很大的层面上进

行，从一小型水务公司的一个资源区内试验新型厕所马桶节水措施，到大型水务公司的为 500 万 ~ 1000 万人提供服务的长期战略计划，在这样的战略规划中在提出供应管理措施外还需要对所有备选方案进行全面而透明的评估。这样的长期战略规划可采用各种名称，如美国能源工业在 20 世纪 80 年代最早提出的最小成本规划（LCP）；美国水资源行业在 90 年代中期应用的综合资源规划（IRP），该规划在之后的几年也在澳大利亚得到了应用；而在英国，从 1995 年开始，英国的水资源行业运用了最小成本规划，并引入了需求管理的经济学（EDM），而在 2002 年，进一步发展出了供需平衡的经济学（EBSD）[①]。在以下的章节中我们还会对这些案例进行讨论。

10.2.4.2 最小成本规划和综合资源规划

最小成本规划（LCP）始于 20 世纪 80 年代中期，是由美国能源部门发起的（Mieir et al.，1983；Sant et al.，1984）。Sant 等分析的出发点是消费者需要能源方面的服务，而不是能源产品自身，即需要的不是千瓦时或千卡，而是热、光、机械动力等。不断增长的对能源服务的需求显然能够通过增加能源供应、提高耗能设备的效率或者这两种措施来得到满足。最小能源成本战略则可以定义为社会总成本最低的能源投入和能效提高措施组合。最小成本规划就是确定和追求这个最低成本的过程（Brown，1990）。在 70 年代早期，英国水资源委员会采取了简单的最小成本规划措施（只检验供水管理措施，见 10.3.2.3 节）来解决预期的财政赤字，而水服务办公室在 90 年代中期推荐的"合适的"最小成本规划是将供给方和需求方管理方案的成本现值都降到最小（见 10.3.2.1 节）。在 10.3.3.12 节中将对英格兰和澳大利亚大量使用的两种最小成本规划的结果进行讨论。

综合资源规划（IRP）可以看做是更广泛的最小成本规划。许多美国的水务公司更倾向于使用综合资源规划这个术语，因为"最小成本规划"的含义是对所需解决的问题只能得到一个最优方案。White 和 Fane（2001）提出综合资源规划其实就是在评估备选方案时将最小成本规划不断迭代使用，可能更重要的是同时更广泛地考虑了设备、供给方和蓄水工程的不确定性、措施贯彻的时间顺序以及价格结构可能的变动和调整等。

在美国，Dziegielewski 等（1993）和 Beecher 等将综合资源规划引入水资源

---

① LCP、IRP、EDM 和 EBSD 都是战略规划的例子，一般按照以下框架开展：①供水和需水预测（当前需求政策没有改变）；②识别今后的供需平衡问题并进行定量分析（平均值、峰值和分区）；③对供给和需求进行分析，确定可行方案；④对可行方案的成本－效果进行评估；⑤使用方案选择程序（CEA 或其他）；⑥对价格与需求反馈、风险、环境和公平性进行考虑；⑦确定所需方案。

部门。其中，Beecher 强调"水资源方面的工作需要有公开的及公众参与的决策过程……备选方案不同情景的模拟……以及多部门工作的协调"（Beecher，1995；1996）。

10.2.4.3   需求管理经济学和供需平衡经济学

在英国，位于伦敦的国家经济研究联合会（NERA）1995 年与水行业研究组织和环境署签署合同，表明对相关经济学研究方法不断增长的兴趣。其目的是建立一个框架结构，能被英格兰和威尔士的公共供水部门用于"通过水资源和生产管理、水分配管理和用户管理等方式达到未来的水资源供需平衡"（Baker et al.，1996a；1996b "实用手册"的报告）。这个需求管理经济学（EDM）的框架体系必须能够为经济和环境方面的监管者（水服务办公室和环境署）所接受。

该报告应用了最小成本规划，双方同意的正式规划目标是达到未来水资源供需平衡时尽量减少社会的净成本[①]。要达到这一目的，需要对每个备选的供水和需水方案的社会成本年平均增加量（AISC）进行计算。

"……根据 AISC 的增长顺序对方案进行选择和时间安排，以形成一个初步解决方案，即一个包含能够实现水平年供需平衡的多种方案构成的计划"（Baker et al.，1996a）。

最初的解决方案需要考虑风险和公平性不断修订，直至实现内部协调一致（即针对各个方案之间的关系进行调整）。

在四年中，英国水工业研究所和环境署委托出版了 NERA 第二次报告，报告显示：①1996 年的报告和指南的应用情况变化很大；②对建议的方法存在一些误解；③存在未解决的关键方法性问题（Atkinson and Jones，2001）。这份 2001 年的报告建议，在对指南进行修改时，需要对基于 AISC 排序得到的总成本最小的概念进一步解释，同时需要进一步解释风险、不确定性、关键期和计划相互作用以及计划的变化。

而在接下来 NERA 的第三次报告中（EBSD；Atkinson and Buckland，2002a；Atkinson and Buckland，2002b）也提出这些问题，并且：①在供需平衡模拟中引入了调整空间和可靠性；②使规划方案能够根据供水和需水的随机变化情况进行修改；③提出相比 1996 年报告中使用的方法更为成熟的算法，直接求最小成本。

这些报告都强调了在决策者需要抉择的两个规划方法关键问题。首先，需要确定模型的框架结构，有以下三种框架结构可供选择。

（1）当前的框架结构（即在 1996 年报告中提出的，基于外生服务需求水

---

① "社会净成本"指：①服务的提供者以及消费者对于投资和运行所付出的成本；②取水和排水变化造成的环境净成本（或正或负）；③服务改变带来的净福利的增加或减少。

平);

（2）中间的框架结构（使用 Monte Carlo 分析，预测任何给定的解决方案的可靠性水平）；

（3）高级的框架结构（和中间的框架结构类似，但是可以根据用户的喜好（即支付意愿）优化可靠性水平）（Atkinson and Buckland，2002b，第6阶段）。

其次，NERA 的作者表示，需要让决策者明确地选择方案选择技术（即"选择规程"），因此作者提出了以下三种方法（复杂程度依次增加）。

（1）AISC 方法（见1996年报告）；

（2）基于线性/整数规划的计算公式；

（3）随机规划模型公式。

对这些备选的方法需要根据以下准则进行检验：精确性、成功的可能性与AISC 相关的成本以及收益（Atkinson and Buckland，2002b，第7阶段）。所选择的方案也应该能被经济和环境监管机构所接受。

10.3 实际应用

10.3.1 引言

10.3 节接着 10.2 节所描述和讨论的经济评估原则，集中分析有关报告所介绍的这些原则在澳大利亚、英国和美国三个国家水务部门的使用情况。其中，10.3.2 节描述 10.2.3 节中所提到的主要的微观评价技术的历史发展，从净现值（NPV）到平均增量社会成本（AISC）和均化单位成本（LUC）。10.3.3 节讲述这些技术在主要的家庭用水和非住户部门卫生设施用水方面的应用结果。

10.3.2 主要微观评估技术的应用

10.3.2.1 成本效益分析和净现值

40 多年前，Hirshleifer 等（1960）对美国流行的根据收益现值和成本现值的比率计算对水利工程进行比较的方法提出了批判[1]。他们鲜明、正确地指出，应当根据收益现值与成本现值之差即净现值：①决定既定一次性水利工程是建设还是不建设；②以净现值作为方案排序的基础。

在对当时纽约"水危机"的评论中，这些作者将这些想法用于对各种改善现有供水的方案（减少渗漏、推广用水计量和提高计量用户的水价）和一个已

---

[1] 是美国政府"绿皮书"中倡导的方法。

经开始建设的大坝工程（Cannonsiville 坝）进行比较。基于现值计算，评论家们比较了三种需求管理（按照 6% 的年折现率，三种需求管理方案每 100 万加仑分别节省 1 英镑、148 英镑和 267 英镑），而 Cannonsiville 大坝的供水成本预估每 100 万加仑花费 459 英镑。需求管理方案被分别评价为"极优"、"效益明显"及"有疑问"。

　　大约 10 年后，Steve Hanke（1981）花了 10 年的时间致力于宣传成本效益分析（通过净现值）的应用，包括边际成本定价方法和一系列需求管理措施的评估，以此来提高美国水管理部门决策制定的效率。与此同时，英国的 Warfor（1968）从纯学术角度将成本效益分析简单地应用在家庭用水计量决策中。这与英国对计量问题所进行的其他偶然、非协调的经济研究一样，几乎没有实际效果，因此在 20 世纪 70 年代末期，英国经济分析开始关注非价格需水管理和外推式需水预测方法的智力贫乏。

　　1993～1997 年，供水服务办公室（1993）要求自来水公司在未来缺水情况下，在提高价格上限以开发新的水资源提供资金以前，应该证明已应通过成本现值的计算合理地核算了强制性家庭用水计量和渗漏控制的成本，并与水资源开发的经济指标进行了比较。但在当时，并没有要求考虑环境成本。

10.3.2.2　内部收益率

　　20 世纪 70 年代末期，英国屋宇设备研究所（BRE，1978）的 Martin Rump 在 BRE 的家庭和其他个人节水措施研究中加入了经济因素。考虑了厕所、小便器、淋浴、洗衣机和家庭用水循环系统，他以经济净福利增量为指标计算了需水管理措施的内部收益率，从小于 1%/a（家庭循环用水，在现有浴池上安装淋浴喷头）到 58%/a（在新建筑中安装低流量马桶）。

10.3.2.3　成本效果分析

贴现单位成本

　　早在 1960 年，Hirshleifer 等（1960）虽然没有提出"成本效果"这个词，但已将成本效果分析应用在 1960 年的纽约水问题中。英国水资源委员会在 1970 年开展了成本效果分析，但仅仅应用在供水方案的比较中。由于当时英国处于预测 - 供应或者说以供水为主的时期，需要考虑大量不同类型和规模的供水方案（海水淡化、水库、拦河坝、地下水），因此出现了现值方法；由于一些方案的实施是逐步进行的，需要有能够对一个既定项目逐步实施的增量成本进行衡量的指标，以便在大量地区供水计划要制定和决策时，筛选掉一些方案，而对于其余方案进行合理比较。根据式（10.6）和式（10.7），供水侧方案的贴现单位成本[1]可以定义为一段合适的时间（如 30 年）的供水成本现值除以为满足该时段缺水的实际供水的现值[2]（Herrington，1979）。贴现单位成本在海水淡化报告（Water Resources Board，1972）和水资源委员会国家战略报告中的主要的区域性活动安排起到非常重要的作用（Water Resources Board，1973）。

在英国，成本－效果分析和成本－效益效果分析不时地被应用于家庭用水计量经济分析（National Water Council，1976），有时体现在长期边际成本的说法中（LRMC；DoE，1985a；1985b）。1995 年，英国国家河流管理局（NRA，1995）在其《节水》报告中公布了他们估计的多个需求管理方案的成本（便士/m³），并且与国家范围的水资源开发成本进行比较。1996 年国家经济研究联合会（NERA）公布了其"需求管理经济学"合同的报告（见 10.2.4.3 节），报告中采用供水和需求管理方案的平均增量社会成本（AISCs）作为求得规划问题的最小净社会成本方案的方法。

20 世纪 90 年代后期，澳大利亚的 White 开展的最小成本规划同样根植于成本效果分析方法，他利用了他称之为"均化单位成本"（LUC）的指标，并将其定义为

LUC =（供水方成本现值＋用户成本现值)/（节水量或供水量）现值
式中：用户成本指 10.2.3.5 节表 10.3 中的 CC、RWS 和 RQS（White and Howe，1998b）；美国加利福尼亚州采用一种类似但比较简单的方法来计算以节约型器具更换旧式家庭用水器具的成本，以年节水量除以成本[3]（Gleick et al.，2003）。

10.3.2.4 投资偿还期

1998 年，英国屋宇设备研究及信息协会（BSRIA，1998）向环境署提交了它的建筑用水与节水研究项目报告，该项目目的是确定各种建筑物减少居民用水的范围。报告有一章说明检验的 11 种建筑类型高低节水方案的财务投资回收期粗略估算结果。

在工厂、办公室、学校和零售商店 4 种类型的建筑物中，其资本成本较高的节水高方案，其投资回收期比节水低（成本也低）的方案要长。但对除了办公室外的其他 3 种建筑，通过采用每年的折扣速率不超过 6%，节水器具寿命至少

---

[1] 对于一个供水侧方案，贴现单位成本可以理解成一种均价，如果对每个单位的供水逐年收取这个价格，就可以保证收入的现值等于成本的现值。

[2] 虽然二者都是通过折现计算的，成本现制以货币单位表示，而供水的限制以物理单位表示（如 KL）。

[3] 加利福尼亚进行的研究把成本定义为分期偿还节水资本投资的年度支出之和加上执行更换措施产生的年度运行维护费的净增值（＋或－）。

为 10 年，显示出高方案的净现值要高得多，因此揭示出投资回收期可能带来图
10.2 中显示的潜在错误。在环境署（Environment Agency，1999）公布的该项目
研制出的第一批"建筑物节水"说明书卡片中，给出了每一个相关产品的"最
大净偿还期"，但在 2001 年环境署新发放的卡片没有包括详细的经济或财务
评估。

10.3.3 微观评估应用

10.3.3.1 引言

本节从两大方面汇总了居民需求管理措施的实际经济评估结果：一是从特定
设备方面；二是从价格水平和结构变化的经济分析方面。具体如下：

(1) 马桶和小便器；

(2) 水龙头及洗手间控制；

(3) 淋浴和泡澡；

(4) 洗衣机和洗碗机；

(5) 花园和园艺；

(6) 雨水收集和生活灰水回用；

(7) 家庭用水限制；

(8) 需求管理和废水；

(9) 计量决策；

(10) 需求管理的计量经济学研究。

10.3.3.2 马桶和小便器

20 世纪 70 年代后期，Rump（1978）建议改变当时的厕所装置（在英国一
般为冲一次用水 9.5L），这样将带来每年 32% 的内部收益率，相当于 4 便士/m^3
的平均增量成本（按照 1976 年的价格水价为 11 便士/m^3，长期边际成本测算为
16.5 便士/m^3），在理论上是一个好的投资，既经济又环保，对计量用户也非常
便宜。其他厕所措施也仍在发展，例如，在新建筑中采用低冲量马桶和在老马桶
中安装用户控制冲厕水量功能，Rump 推断这些将每年带来 50% ~ 60% 的内部收
益率（相当于 2 ~ 2.5 便士/m^3 的平均增量成本）。1982 年，Flack（1982）估计
在美国使用新的浅式马桶和进行双冲阀改造的投资偿还期为 1 ~ 3 年，取决于水
价的不同。

1981 年，双冲式马桶（9L/5L）在英国强制性应用于新建筑，但到了 1993
年，最大单冲水量调到 7.5L，而据未公布的报告，双冲式马桶实际会造成两次

冲水而增加用水量，此后双冲式马桶被禁止使用，至少是不能用于新建筑。

　　然而，对节水器具的评估继续进行，将原来的马桶改造成低冲量（7.5L）和双冲式马桶的成本增加到了30英镑/个（Rump认为是5英镑）；平均增量成本分别是28便士/m^3和18便士/m^3，仍远小于33~36便士/m^3这一全国开源建设成本（National Rivers Authority，1995）。一南方水环境机构研究双冲式马桶改造（Keating and Lawson，2000）指出，33个用户使用5种改进装置8个月的实验表明，平均节约冲厕水量的27%，并没有明显增加两次冲水的现象。计量用户一年内可以收回20英镑的设施成本，建筑设备联合会（CEA）将其与南方水资源开发项目比较认为是有优势的，但设备的预期寿命未知。马桶水箱内置换装置成本效果通常被认为是很高的（EA，1999；NWDMC，1999），虽然英格兰南方的自来水公司在他们1999年为水服务办公室水价审查所做的评价中忧心忡忡地提出这样的设施节水量为2~21L/（人·d），并且有时平均增量成本计算受到严重误解（Howarth，1999b）。

　　在2001年法规将马桶储水器的容量规定为6L，并恢复使用双冲式马桶（6L/不超过4L以后，2003年，Grant（2003）指出，在英国改进双冲式马桶（6L/4L或者6L/3L）需花费40英镑，虽然区域（因而节约的资源）和设定的家庭规模是经济可行性的支配性影响因素，这种改进马桶方法在很多情况系是能产生净效益的（不考虑环境成本）。新式的超低冲水马桶（4.5L，而非6L）虽然可能也具有经济吸引力（影响因素同前），因此可刺激购买，但由于在英国缺少证据说明其总体上节水（其原因可能是由于新的2001年规范允许使用的阀门冲水装置导致阀门渗漏及卡住造成的）因而增加了不确定因素。Grant也发现，冲厕器具在寿命结束前替换（需要比较高的资金成本）有更好的节水潜力，但是需假设用于更换的新器件有更长的寿命才能得出给定的净现值。

　　White（1994；1998c）展示了过去15年在美国马塞诸塞州、新西兰奥克兰、美国加利福尼亚州戈莱达市、圣何塞市和澳大利亚利斯莫尔市取得成功的厕所回扣计划，还有澳大利亚南部的斯特里基贝市的礼品计划。在这些计划中所提供的新式低流量或者双冲式马桶或者马桶水箱置换包只收取一半价格。另一种节水方法对新家低用水量器具及家庭水回用系统进行经济、财务和消费者意愿评估。在英国的海布里奇、艾塞克斯房屋协会的开发项目中，楼下的双冲式马桶6L/4L和楼上的6L冲式马桶都证明是成本有效的，按照净现值在6个创新性中器具中排列第二和第三位（Smith and Shouler，2001）。Gleick等（2003）在加利福尼亚州发现在"自然"的和加快的更换情景下超低量冲厕都是十分成本有效的。无水马桶——堆肥或焚烧仅仅在当水非常缺少或者水价非常高的时候是经济的（NWDMC，1999）。

小便池控制（采用时钟、红外线或微波感应器、门磁离合器、水龙头或者控制线/钮操作）证明相比办公室楼中没有控制的 24/7 循环冲洗方式具有很高的回报率。投资回收期对低资金成本使用者来说非常有吸引力，但高资金成本模式（一般回收期也长）节水量更大，并在几年以后可以得到更明显的高净现值（见10.3.3.3 节）。另一个例外是一些无水小便池，它们也具有比较高净现值，它们只需要 10 英镑就可以改装成碗状，并具有 35 年的寿命（1999 年 MWDMC 中描述了英国国民托管组织采用的情况），这样的装置的净现值也十分高，因此在两种排名中都比较靠前。在澳大利亚市场上的小便器的经济和技术问题上，White（1998c）的研究作为了一个有用的指导。

10.3.3.3　水龙头和洗手间控制

洗手间控制和设备可以分成显然不是专为家庭设计的以及可用于家庭环境的两种。前者包括由电池、红外线和推顶控制的水龙头或者通过阀门、充气或者喷雾的流量限制器（花费 10 ~ 200 英镑）。在商业洗手间的普遍应用说明了它们的具有财务和经济优势（Environment Agency，1999；NWDMC，1999；White，1998c）。还有完整的洗手间控制系统，通过电磁波可以控制热水和冷水的供应、照明和通风。高资金的成本（500 英镑加上安装费）意味着其经济性依赖于有多少人使用这些设备（Environment Agency，1999）。

由于家中经常需要水龙头来控制流量和水量（在英国大约 8% 的家庭使用是在洗脸盆上），因此需要的规格比较复杂。最新一代产品包括一种插件，能产生喷流形式以确保比较少的水量（如用来刷牙和洗手），但是打开来也能提供常规水流；还有一种用于单杆混合水龙头的芯片，每分钟流量达到 5 ~ 10L 后产生阻力，但也允许将杆推过去产生常规水流（Environment Agency，2001）。但是，经济上看起来收效甚微，根据有关报告只能节约每人每天 2L 水量（Smith and Shouler，2001）

10.3.3.4　淋浴和泡澡

在英国，关于淋浴替代泡澡可以节约水进行了很多年无意义的宣传（DoE，1992）。这是因为忽略了有关在家中自主决定淋浴还是泡澡的世俗趋势、强力淋浴器的日益普及以及英国和其他国家有关淋浴频率的信息（Herrington，1996）。英国屋宇设备研究所（BREESW，1997）1997 年为艾塞克斯和萨福克水务公司提供的实验数据表明，用户喜欢高压混合器和强力淋浴器（按照平均使用时间和流量计算出水量分别达到 79L 和 84L），而非低压混合器（41L）和电淋浴器（44L）。前者用水量大约与泡澡用水量相当，但后者平均淋浴水量被认为高达泡澡水量的2倍。

据报告，在传统的使用大流量淋浴器的国家（大于11L/min，如澳大利亚和美国），通过使用流量调节器（置入式或片式）以节水型淋浴器喷头代替现有的喷头大大地节约了用水，提高了财务经济效益。1994年，White在澳大利亚新南威尔士州的利斯莫尔进行了一个试验，安装了大约200个节水淋浴头，每个回扣30澳元，其节水成本为14分/m³，相当于通过建设新坝扩大供水的长期边际成本为80分/m³；20世纪80年代中期在加利福尼亚圣何塞市的改装计划（淋浴器喷头和马桶水箱内置换袋）宣称节省每个用户操作净花费400美元和与一次性建设计划成本相比通过推迟建设每个用户节省成本15美元（White，1998c）。Gleick等在2003年预测加利福尼亚的自然和加速老淋浴器更换计划将会有大的回报。

最近在英国开始关注现在和未来对12~20L/min的高流量强力淋浴器的使用（Herrington，1996；Environment Agency，2001a）。原则上，可根据淋浴头在高压水流时的喷雾效果进行淋浴水管的压力管理，美国经验说明每分钟4~10L的水流可增强淋浴效果，但Grant（2003）指出了在浴室的"冷脚效应"、噪声和潮湿度等问题。他提出，实例研究确实显示水流速度和感官舒适度是关联的。人们也讨论了进行分级效率或生态标识的问题，但可能会把低水流高效用水淋浴器可能被看成对销售会有负面影响。况且，由于淋浴器由很多部件组成，每一个部件的相对效率或高或低，确定其标签变得很复杂，也许可以根据多个舒适度指标进行（如皮肤压力、从头到脚温度下降、温度恒定、清洗效率等）。也许径直劝说消费者的做法更为简单，例如，劝他们不要购买流量大于10L/min的淋浴器。

澡浴显然并不是一种的家庭节水可选方式，但在海布里奇市的试验中，Smith和Shouler（2001）通过减小泡澡浴池的容积节约了资金、水量和能量，根据对6个需求管理措施的成本效益分析，减少浴池容积列为榜首。专家建议锥形或者花生形状的浴缸提供的空间较大，而用水较少（Environment Agency，2001）。

10.3.3.5　洗衣机和洗碗机

2001年，英格兰和威尔士东南一半地区，洗衣机用水量估计占了家庭总用水量的14%，为21L/（人·d）（有85%的家庭使用洗衣机），洗碗机的用水占了2%（家庭普及率为30%）（Herrington，1996）。新洗衣机耗水量和耗电量大约是用了10年的老机器平均耗用的一半（占现有型号的75%以上，按每次洗涤循环计），现在的洗碗机也更节能节水；数据表明，2001年出产的这些机器（12套餐具容量）耗水量每个循环仅仅为 16L，比 1991 年生产产品节省了 40%①，说明随着用户使用机器的更新换代，用水量也将持续减小。也许只有在最缺水的地区，给予打折鼓励人们换掉原来的那些老式产品在经济上是合理的。在欧洲市场所有产品应有尽有，并且一个统一的欧盟能效标准正在执行中（A——最节能，G——最不节能）。

较节水和较不节水的洗衣机的用水量其实差别很小，很大程度上取决于欧盟A – G 能效标准制度对竞争的影响②，从而也就使得鼓励购买前者也就失去了意义。

在加利福尼亚也同样公布了普通和新式产品的相关效率，Gleick 等（2003）的研究表明对水务公司来说通过返回购买者 500 美元的方法加速了老式机子的更换，比他们扩建供水工程的成本效果更好。但是，高效洗碗机的节水却不能成为加快设备更换的理由。在澳大利亚，由于价格的原因③顶部开口的洗衣机仍占了洗衣机市场的 90%（White，1998c），但在那些水价和电价很高的地区选择更高效的前部开口式洗衣机更划算，会直接促使消费者购买（只对于热水洗涤而言）。然而，澳大利亚洗碗机的用水效率发展趋势看来和在欧洲一样。

10.3.3.6　花园和园艺

家庭户外用水在发达各国有着很大差异，因为它取决于当地的气候、社会历史、生活方式以及富裕程度。在欧洲，英国威尔士是最高人均户外用水量的地区（在东南半部大约为 9L/（人·d），是家庭用水的 6%）；在澳大利亚和北美洲，户外用水（以喷灌为主）常常为单户家庭年度总用水的 30% ~ 50%，后者分别比英国的 150L/（人·d）用水量高 80% 和 160%。

在这些国家的家庭需水管理多集中在临时应用季节水价和开展多种教育及信息宣传活动方面。抽样调查表明，美国所有的水务公司中有 10% 采用季节价格，但在那些用户超过 500 万水务公司这一比例为 20%（Raftelis，2002）。常用的激励方法有发放传单、免费咨询热线、示范性花园、节水型景观推广、免费检查以

---

① 1991 年因研究气候变化对需求的影响，联系了电器产品制造商，他们认为在技术上没有进一步将用水量降到当时报告生产的 27L/次的水平以下（Herrington，1996）。1976 年，新机型的用水量标准为50L/次。

② 欧盟生态标识计划开始于 1972 年，目的是确认欧盟产品市场上的在环境指标上占前 30% 位的产品型号。目前，这个计划覆盖了洗衣机和洗碗机（以及多种非用水用具和服务），但是生产商是否展示标签是自愿的。自然，许多国家也有自己的标识体系。在英国节能信托组织管理着一个自愿计划，该计划允许节省产品制造商展示该组织推荐的标识（如果其欧盟能源标识达到了 A 级（最优级））。

③ White（1998c）的报告说，虽然欧洲制造商提供的顶式洗衣机的用水效率与水平滚筒式一样，这种机型在澳大利亚并未得到发展。澳大利亚的顶开式洗衣机用水量高 50%，但是便宜 100 澳元。

及花园灌溉系统的调整。在梅萨市（亚利桑那州）、北马林县（加利福尼亚）、加尔哥尼（澳大利亚）还有其他一些经济激励，包括打折水龙头计时器、现金回扣、可减少草坪面积的打折铺砖、免费覆盖物、节水植物以及节水景观在开发费上回扣（White，1998c）。

在英国威尔士，花园灌溉的重要性在于，在又热又干的夏季，花园灌溉水量甚至达到了公共总供水的 50%（Environment Agency，1999）。使用了三种需水管理策略：价格、储水和灌溉技术。说到价格，除了提供给计量用户（2004～2005年占总家庭的 26%）按水量计量的价格之外，26 个供水公司中的部分公司对无计量用水户实行了各种收费。其中由一个公司对使用软管浇灌收费、6 个公司对使用喷灌的收费（几乎所有 26 个公司还坚持对供水进行计量）、11 个公司对泳池充水收费（Ofwat，2003a）。英国自来水公司对计量用户都不实行季节水价。

对于储水，一些自来水公司已经免费推广和提供通过屋顶落水管进行雨水收集的水桶。最新改进包括：①水桶满了则允许从集雨管下方移走，以免溢出；②在集雨管上安装一个阀门用来根据需求将生活灰水（浴缸水、淋浴水、洗手水）收集到需要的水桶中。近年来在自助商店推广了节水花园灌溉系统，使用时钟控制器、潮湿度感应器以及一个小型电脑来控制由于蒸发或者径流的水损失。渗漏管可以缠在植物上，从管子上渗漏进行灌溉，属于洒水装置；滴流管有很多非常小的孔让水渗出；滴头可以控制水渗入土壤的速度。

10.3.3.7 雨水收集与生活灰水回用

在已经开发建设的区域和从建筑物的屋顶和其他表面上可较大规模地将雨水收集起来。收集起来的雨水基本上可以直接用来浇灌花园和公园、作为休闲及运动场地用水等，或者稍加处理后作为冲厕及一般用途的清洗用水，如果作为饮用及相关的用途，则需要在本地处理到可饮用标准（见第 2、第 3 章）。同时，从住房与洗手间中收集的生活灰水（不包括洗衣机、洗碗碟机、厨房水槽出来的废水）通过利用各种现有系统也可以在住宅及建筑物中作为多种非饮用用途进行循环利用（Environment Agency，1999；2000）。

这些水利用方面发展的吸引力在于它们具有很大的潜力：在理论上，通过雨水及生活灰水的回收利用，英格兰与威尔士能够节省 60% 以上的日常用水。公园用水能够减少，截留雨水也能够减少合流制下水道及排污系统的暴雨水量。如果污水经过深度处理，甚至也可以提供直接饮用水（在纳米比亚的首都温得和克，一个回用水厂已于 1969 年开始投入生产，回用水占可饮用水供给的 40%（White，1998c）；在发达国家，通过对同一条河流的持续重复利用，借助河流的稀释作用来达到废水回用的目的）。不利的情况是：在较小尺度上这种方法的不经济性（指在非常局部的水平上企图模仿正规的粉状废物污泥（PWS）及污水处理系统），为了适应气候变化而建造的足够体积的雨水及回用水储存装置可能会产生视觉干扰，大气颗粒物及鸟的排泄物可能会污染屋顶，储水容器的材料也会对水产生污染。

　　雨水及生活灰水回用系统（包括独立与合排）的净现值及成本效果分析依赖于对建立的系统及其成本、可利用的水量、水的消耗及自来水的价格等方面的假设。结果显示，在英国，虽然生活灰水回用系统（如用于冲刷厕所）在个人住宅水平上的应用还不经济，雨水集蓄系统对于新的建筑来说已经处于或接近收支平衡点，其根据在于目前市场上已经存在用于个人住宅使用的专利产品（Smith and Shouler, 2001；Environment Agency, 1999；2001；CIRIA, 2001）。澳大利亚一项利用使用寿命为 15~20 年的雨水收集容器进行的研究表明，容器改装并不经济（White, 1998c）。虽然一份翔实的澳大利亚案头研究对比了从 12~120 000 户 5 种尺度的生活灰水系统（包括深度处理）运行成本，发现成本最小化尺度上（1200~12 000 户）水价可达 0.5 美元/m³，比大多数澳大利亚城市的可饮用水价格要低（Booker, 2000），但是较大尺度的生活灰水回用系统似乎并不可能为非家庭建筑物（办公室、工厂等）的厕所冲刷提供足够多的水。

10.3.3.8　家庭用水控制

　　Hanke（1980a）利用净现值/成本效益分析了澳大利亚珀斯市 1975 年 12 月到 1976 年 2 月用水"轻度控制"[1] 下潜在的净经济影响价值。按照 10.2.3.5 节的表 10.3 和式（10.9），Hanked 的分析可以概括为：①假设没有环境收益，消费者的服务质量也没有减少（EG［W］= EG［E］= RQS = 0）；②节约的水量价值（OCS + CCS）为减少的用水时间乘以长期边际成本估值；③在缺乏其他信息的情况下，假设计划的行政管理成本（PC）和消费者的资源成本（CC，因施加的限制而起）皆为零，虽然也同意二者实际上为正值，但数值很小；④利用了一项较早的对珀斯用水限制影响的研究结果（Hanke and Mehrez, 1979），将价格弹性设为 0.4 来评价放弃的用水价值（RWC）[2]。

　　珀斯市用水分析结果说明，如果对研究期实行了轻度用水控制，通过水服务的经营和资本成本的节约而得到的社会收益估值（OCS + CCS）为 1.9m 美元，

---

　　① 限制使用户外喷灌或限制户外喷灌使用时间。

　　② 在另一篇报告中，Hanke（1980b）认识到，在 1979 年进行的研究中假设施加的限制会将较低价值的用途排除在用水序列之外（最低价值的用途第一个被排除掉，然后随着价值的增加逐项排除）是错误的，这是因为供水系统供水是利用非价格手段配置的。但他认为，一些较高价值的喷灌用水被排除在外所造成的损失只带来"较小"的影响。

估计损失为 1.4m 美元。因此有一个 0.5m 美元的净社会收益。如果初始价格设在边际成本之下、计划和客户的成本都假定为零、施加的限制只影响价值最低的用水，那么社会收益是一个必然的结果。另外，这里没有考虑公平问题（谁受益？谁损失？虽然做这些考虑还是比较容易的），也没有考虑在该时间段实行限制的社会可行性问题。

10.3.3.9 需求管理和废水排放

Blanksby（见第 5 章）总结了需水管理对英国污水系统的负面影响。污水道生活灰水量减少意味着更少的能量来冲刷管道里的固体；如果生活灰水和黑水量减少太多，随着排水距离增大，污水管道里的固体将很有可能搁浅下来（Littlewood and Butler，2002）。但如果按照一定间隔排列用水户，距离因素将转变为一个不是很重要的因素。另一方面，污水处理厂管道的大小和污水池容量的减小可能会很显著。对于雨污合流管道，如果采用较大的污水管应对气候变化下可能增加的暴雨强度，需水管理所引起的问题（在干旱季节少量的污水导致了管道内大量的沉积）将更加严重，因为这会导致更低的污水流速（更详细的讨论见第 5 章）。

澳大利亚的实例研究没有报告上述不利影响，而是肯定了其经济收益（White and Robinson，1999）。在新南威尔士州北海岸的拜伦湾正经历当地人口和流动人口快速的增长，其污水排放超过了污水系统的负荷。因此采用了一种最小成本规划（LCP）的方法来研究上述问题，提出改造高效淋浴头、厕所和水龙头花费的成本大约 300 万美元，而通过推迟建设污水处理厂和新的供水设施分别节省 500 万美元和 500 万 ~ 15 000 万美元。悬浮物、BOD 和营养物的含量增加将不再制约污水处理厂的运行。在克吕纳，新南威尔士州一个没有污水设施的小村庄，初步研究表明，高效淋浴头的使用每年可减少的用水量为 25kL，当然也间接节约了污水管理的成本。

Cartwright 等（1999）考察了一个拥有 500 户的维多利亚山村（一半有饮用水供应，一半有下水道）。悉尼水务公司过去进行过调研，选择了扩建污水系统方案，但请求科技大学研究机构利用最小成本规划方法对方案重新进行评价。总共考虑了 10 套需水管理方案（其中一些方案是其他方案的组合），新选择的方案是可以最大限度地削减需水和污水量，同时可给用户可以提供净的总经济效益和正收益的方案（表 10.3 给出的框架），其中包括在 1999 ~ 2001 年对所有用水户采用高效的淋浴头和水龙头以及 6L/3L 双冲式马桶，对非住宅用户进行审计并进行类似的设施改造，在销售点开展三个月的对以前式开口洗衣机替换顶部开口洗衣机提供 200 澳元回扣，还为用户提供无磷洗衣粉折扣。悉尼水务公司预计需水和旱季污水流量可减少 15%，磷负荷可减少 25% ~ 50%。

10. 3. 3. 10　计量决策

这里，就不再重复讨论是否对静态需水状态下的用户群体进行计量以及在预期需求增长的情况下决策的时间安排的决策分析问题（可分别见 Herrington (1987b) 和 Warford (1968) 有关的理论分析）。计量的主要效益被认为是因为需求减少而节约或推迟经济资源的使用，而其成本是有关的水表的安装、维修保养和管理的成本，加上用户的资源成本以及放弃的任何用水价值。

Warford 认为，当短期边际成本实际为零或接近零时，如果预期需水保持固定，马上就实施计量将不再有经济收益，但如果供水成本很大而需水对价格又很敏感的话，即使需水不增加，实施计量可能也是合适的；而根据前一个观点，则应注意年内需水和成本的变化，还应当注意更好地检测（以及减少）水的浪费和开展需求预测（在实行计量后就有条件开展）所带来的收益。而且，显然选择在成本较低（如在新房中）和潜在需水减少较高的地方（如具有喷灌系统的地方）实行计量，其单个水表的成本将比实行普遍计量的要低得多。

对生活用水计量已经开展了许多分析工作，其方法复杂程度各有不同，都是根据净现值估计（见 10.2.3.1 节）或者成本效果分析来计算经济效益，以方便与其他的需水管理（以及基于供水的）方案进行比较（见 10.2.3.3 节）。Hanke (1982) 对澳大利亚珀斯市所做的短而经典的成本效益分析通过净现值计算和一个两季度的模型，说明在 1976 ~ 1977 完成计量（增加了 18 000 个计量家庭）其经济收益是正的，因此经济上是合理的。对英格兰和威尔士居民用水计量进行了成本效果分析实例可见于英国国家水理事会（1976）的工作、为 Watts 委员会进行的比较复杂的分析（DoE，1985b）以及 1995 ~ 2000 年开展的各种比较研究（表 10.4）。在 Herrington (1987b；1999)、EEA (2001；1997) 的报告中，调查研究了经济合作和发展组织的国家的节水影响，这些国家将全部或部分居民社区用水从未计量改成了计量收费，或者将用水计量推广到各个公寓（见案例 5，1997 年在 Seville 开展的公寓计量，案例 30，20 世纪 90 年代在剑桥对喷灌用户进行的分析）。

也有一些其他的例子说明通过对计量用户实行更复杂的水价制度（累进水价、季节水价）来进一步节水，尤其是在减少高峰需水方面。例如，在 20 世纪 70 年代，美国的 4 个研究表明，在水费中增加了夏季溢价，导致用水减少了 10% ~ 15%（Herrington，1987b；1999）。但是，没有报告对这些措施通过比较货币成本与效益来进行全面的经济分析，虽然随着实际供水成本的升高（资源成本和环境成本提高），可以预计对未计量家庭实行用水计量和引入复杂（但可接受的水价制度），其经济性都是非常吸引人的。

10.3.3.11　需水管理的计量经济学研究

一些研究利用某些特定水务公司的需求和成本函数的计量经济学指标来预测城市价格改革的经济意义。从对美国华盛顿（Davis and Hanke，1971）和加拿大维多利亚（Sewell and Roueche，1974）的模拟研究可以看出，价格的季节变化可以推迟扩建供水系统，使得华盛顿的需求高峰预测值降低8%（维多利亚降低了6%）。在温哥华，Renzetti（1992）基于按照长期边际成本进行水价格改革的假设，认为可以增加4.5%的净收益（表10.3），而Russell和Shin（1996）对菲尼克斯和亚利桑那州市进行的类似研究，得出消费者公共供水盈余可增加7%~11%。这些收益的增加看起来很小，但是要记住因为水价较高的用水带来较多的消费者盈余，先前的净效益已经很高了。

还有的研究使用计量经济学方法评价了公用事业机构的需求管理活动。Cameron和Wright（1990）调查了影响洛杉矶家庭决定安装两种节水设施的因素，发现使用淋浴流量限制器是为了减少能量消耗，而改造马桶主要出于节约理念。Renwick和Archibald（1998）同时研究了影响居民采用节水装置/措施的因素以及家庭用水结构。通过对加利福尼亚两个社区的119户居民的访谈和对1985~1990年月数据的分析可以得出以下结论：①平均价格弹性是−0.3%（对于年收入小于20 000美元的贫困用户来说价格弹性是−0.5%；对于年收入大于100 000美元的富裕用户来说价格弹性是−0.1%）；②实际价格的增长导致Santa Barbara社区的需求减少9%和Goleta社区的需求减少26%；③采用流量少的厕所冲水装置和淋浴器使Santa Barbara社区的家庭用水需求降低了28%，采用节水灌溉使Santa Barbara社区节水16%。

Michelsen等（1998）以美国西南地区1984~1995年的7个水务公司的年用水数据库为基础，使用最大似然估计回归法验证了三个居民需水模型。结果得出的弹性比较低，以年为单位的是−0.1%，其中夏季度是−0.2%，不是以价格改革为基础的节水运动看来只有水务公司实施了大量、长期的节水活动后才有效。而对于一只开展了有限的节水活动的城市，非价格改革措施看来对于节水是没有明显效果的。

Renwick和Green（2000）用1989~1996年加利福尼亚的8个公共供水机构（供应7 000 000的居民，占州人口的24%）各自的月用水数据进行了分析，其目的是评价在1985~1992年（在此期间发生了全州性的干旱）以价格为基础的需求管理与非价格的需求管理的效果。采用一个复杂的计量经济模型建立价格、气候和干旱方程，其中价格方程是延续了Nieswiadomy和Molina（1989）的工作，明确体现了阶梯水价结果下外生价格对需求的影响（因为边际价格依赖于需求的

数量，反之亦然）。估算的需求全年自身价格弹性较低，为 - 0.16，夏季估值为
- 0.2。虚拟变量分析表明，供水机构的信息政策对家庭影响很小（7 个机构；
需求减少 8%），设施改造补贴影响也不大（7 个机构；减少 9%），而产生较大
影响的措施是水的配给（2 个机构：减少 19%）和限制用水（2 个机构；减少
29%）。但是，超低流量马桶打折计划（7 个机构）和洛杉矶水务公司的节水设
施保证书政策（如果不提交，用户水价要提高）从统计结果来看效果不显著[①]。
其结论是，洛杉矶水务政策决策者可选择的方案包括通过适度提价和"自愿"
的需求管理政策使总需求适度减少（5% ~ 15%），以及实行较大幅度提价及更严
格的政策来较大幅度地减少需求（大于 15%）。

10.3.3.12　1995 ~ 2000 年成本效益分析比较

表 10.4 汇总了 Rump 估算的内部盈利率和 5 个地方需水管理措施的成本效益
计算结果（四个在英国，一个在澳大利亚）。其成本效益差别很大，1995 年国家
河流管理局和 1998 年 Howarth 的数据来自于在环境署的国家水需水管理中心开展
的针对具体措施的案例研究，1999 年的 Howarth（1999a）数据来自 1999 年英
格兰与威尔士水费定期审查中自来水公司提交的水资源规划中不同数字的平均增
量成本值的汇总（最低的、第一的和第三分位数值见表 10.4）。

表 10.4　1978 ~ 2000 年研究中关于内部收益率和单位成本的数据比较

研究者及时间	Rump (1978)	国家河流管理局（1995）	Howarth (1998)	Howarth (1999a)	Foxon 等 (2000)	White 和 Howe (1998b)
成本计算年	1976	1994	1998	1998	1996	1998
研究区域	英国	英格兰和威尔士地区	英格兰和威尔士地区	WCos' WRPs	泰晤士河	悉尼
方法	IRR（% p. a.）（+ cap. cost）	AIC（p/m³）（+ cap. cost）	AIC (p/m³)	AISC (p/m³)	Net AISC (p/m³)	Levelised Cost (Aust. c. /m³)
马桶低冲量、可控制（新的或改装）改装成低冲量（9.8L→7.5L）更换成低冲量（9.8L→6L）Hippo 袋子	32% ~ 58%（5 ~ 7 英镑）3.5% ~ 6.5%（50 ~ 52 英镑）	18（30 英镑）28（30 英镑）172（300 英镑）	16 0.5	156（167 ~ 194）0.5（3 ~ 13）	7 16 137	

[①]　作者对此据结果并不信服，因为这是多个公司统计结果的累加，在确定政策生效时间上存在问
题，而在政策实施期间的重点也在变化。

续表

研究者及时间	Rump (1978)	国家河流管理局 (1995)	Howarth (1998)	Howarth (1999a)	Foxon 等 (2000)	White 和 Howe (1998b)
小便池控制器		9 (200)		4 (32~64)		
淋浴莲蓬头 传统的：改装低 流量折扣	<1%/14% (115 英镑) <1%/11% (115 英镑)	94 (200 英镑) 102	33	78 (159~243)		14
雨水			34	263		211[2]
洗衣机 高效率的洗衣机 标准 折扣项目		0				41 70
水审计 审计（+教育）				(0~64)		19/25
水表计量 一般情况 强制 目标拥护 选择者 免费		89	142 85	(100~763) 88(200~338) 50(156~520) (160~187) (105~609)	47 63	
家庭生活灰水回用冲厕用 一般用途		321~493 (1000 英镑)	448	22 (178~400)	192	244
工业用水再利用						54/65
资源成本	MC est. as 16.5 p./m³	33/56 p./m³	35~70 p./m³		51 p./m³	
备注	IRR 包含项目成本及节水/能收益，不包含其他环境收益	只计算事业单位的成本；6%折扣率；20年运行期；不考虑环境收益	可能是只计算事业单位的成本;6%折扣率;假设10年运行期			

注：在 Howarth（1999a）列"x（y-z）"的表述中，x 表示不同水务公司向环境署提交的水资源规划中最小数值，而 y 和 z 分别是第一四分位数和第三四分位数。

另外，Foxon 等（2000）、White 和 Howe（1998b）根据最低成本规划方法来估算平均增量社会成本，用来研究英国泰晤士水务公司（1996~2016年）和悉尼水务公司（1990~1991年到2000~2001年）的当前和未来地区用水不平衡问题。不同寻常的是，Foxon 等的需水分析中将避免扩建供水设施而节省的运营费归因于需求管理方案，虽然对与扩大供水的方案进行比较没有影响，但却给予其他平均增量社会成本比较带来了困难。

要强调的是区域战略研究（就像泰晤士和悉尼水务公司所开展的）的主要目的是明确一个最优的由投资和其他方案组成的计划（包括措施、政策调整等），只要考虑了所有的相关成本并妥善处理以及风险和公平问题，可以利用最小成本规划确定这个计划（见10.2.3.3节）。在这种研究中，平均增量社会成本的相对大小本身并不能决定一个方案是否应列入这个最优计划。

但是，表中的前四列并不涉及具体地区的研究结果，其中的平均增量社会成本（尽量选低值，或者采用内部回收率，尽量选高值）在指导决策者、战略制定者和规划人员有一定的作用，便于他们选择给定措施以进行下一阶段的规划和计划的制定。

这样的比较表格也有助于确定对有经济可行性没有争论的规划地区或领域（例如，一些马桶方案和小便池控制措施价格明显便宜，而污水回用和"非自然"的马桶更新计划则相反），在那些没有取得一致还需进一步分析的措施和"方向"也具有指导意义（如淋浴器、水桶方案和计量）。

10.4　结论及建议

（1）在需水管理中明确划分哪些措施重要哪些不重要并不是关键。在决定运行或投资战略时，更重要的是对各个备选方案进行评估（如增加供水、控制渗漏损失以及基于价格和非价格的需水管理），要都在公平基础上竞争，不管其定义如何。计算显示，公共供水中的生活用水部分（包括家庭、办公室、旅馆、工厂和学校等的生活用水部分）占英格兰和威尔士所有有效用水的85%。

（2）需求管理的措施、政策、政策的修订或计划的全面评价包括四个方面：技术、经济、环境和社会。只要具备可行性，最好把经济和环境合在一起进行成本–效益分析或者成本–效果分析。财务评价应被视为经济评价的延伸，通过现金流可以估算每项措施给单个利益相关者带来的收益或成本。

（3）单个需水管理措施的总体经济评估需要应用净现值评估方法。对不同的基于需求或供给的备选措施进行比较时，可以选择社会成本年平均增加量（AISC），以整个生命周期中的成本现值除以这个周期内为消费者节约的或者供给消费者的水量的现值。

（4）在某些情况下，内部收益（采用为人熟知的年度百分比单位）与净现值一样是很好的决策规则。在其他情况下它可能会提供错误或者产生误导。另一方面，投资回收期，则是在评价措施资金吸引力的一种更易让人被误导的方法。通常它忽略了资金的时间价值而且没有考虑资金回收后的情况。

（5）全资源成本分析和净现值分析十分相似，但是将基于净现值的计划或方案收益在各个利益相关者之间进行分配。对这些措施和政策的净收益进行重新分配，可能是使得这些措施和政策被接受的关键。

（6）最小成本规划（LCP）和综合资源规划（IRP）解决宏观框架下的评估问题，因为其目的是建立最佳的战略和计划以解决中等时间尺度或较长时间尺度的水务公司、区域和国家的水资源供需不平衡问题。最近，在 LCP 的变型方法中考虑了供需的调整空间、随机性和可靠性，而 IRP 更多强调决策中的公平与民主参与以及水循环经常涉及的不同机构的利益问题。

（7）在需求管理经济评价方面开展的经验性研究为在发达经济条件下的住宅和其他建筑中减少生活用水推荐了多种可行措施。毫不意外的是，与供水管理措施的社会经济成本相比较，用水器具的改造（如马桶改造、更换淋浴喷头）比加速更新节能型家电产品（如新马桶、洗碗机和洗衣机等）更加符合经济原则。

（8）大量将家庭收集的雨水和灰水处理到供饮用水的程度目前在经济上不太可行，尽管在英国和国外都有证据表明，在不需要处理或很少的处理要求下，满足非饮用需求有时是可行的。

（9）对计量决策的经济学分析是广为熟知的，本章介绍了英国和澳大利亚的例子。有选择地开展家用计量比普遍开展计量收费常常能产生更高的经济效益，而且随着供水成本随时间增加（因为水资源短缺和环境因素），平衡将进一步转向于开展更多的计量，如公寓层面的计量。

（10）本章中有一个列表比较了一个澳大利亚案例和五个英国案例中给出的多种需求管理和供水扩张措施的内部收益率（IRR）和社会成本年平均增加量（AISC）。这种比较可以帮助决策者和计划制定者在制定规划时选择合适的措施，另外该比较结果还指出对某些措施的成本和净收益各个研究给出不同的结果，因而有待进一步分析研究。

本章试图为单个需求管理方案评价和解决未来供需平衡的区域规划的需求管理评价提出最好方法。从实际案例研究可以明显看到，生活用水的需求管理仍有很大改善潜力。无论对于资源、水工业还是整个水行业，将这些潜力转化为可行的政策对于可持续的水务发展很有必要。

10. 5　参考文献

Atkinson, J. and Buckland, M. (2002a) *The Economics of Balancing Supply & Demand (EBSD) - Main Report*. Report 02/WR/27/3, UK Water Industry Research Limited, London.

Atkinson, J. and Buckland, M. (2002b) *The Economics of Balancing Supply & Demand (EBSD) Guidelines*. Report 02/WR/27/4, UK Water Industry Research Limited, London.

Atkinson, J. and Jones, S. (2001) *Economics of Demand Management – Phases I & II*. UKWIR Report 01/WR/03/3, UK Water Industry Research Limited, London.

Baker, W., Reehal, R., Kretzer, U., Jones, S. and Herrington, P. (1996a). *Economics of Demand Management – Main Report*, UKWIR Report WR-03. UK Water Industry Research Limited: London.

Baker, W., Reehal, R., Kretzer, U., Jones, S. and Herrington, P. (1996b) *Economics of Demand Management – Practical Guidelines*. UKWIR Report WR-03. UK Water Industry Research Limited, London.

Baumann, D. D., Boland, J. J. and Sims, J. H. (1980) *The Problem of Defining Water Conservation. Cornett Papers*. University of Victoria, Victoria, British Columbia.

Beecher, J. A. (1995) Integrated Resource Planning – Fundamentals. *AWWA Journal*, June, pp. 33-44.

Beecher, J. A. (1996) Integrated Resource Planning for Water Utilities. *Water Resources Update*, Issue Number 104, Summer.

Booker, N. (2000) Economic Scale of Greywater Reuse Systems. Commonwealth Scientific and Research Organisation Email Innovation Online No. 16, December, available online at www.cmit.csiro.au/innovation/2000-12/economic_scale.

Bowers, J. (1997) *Sustainability and Environmental Economics*. Longman: Harlow.

Brown, I. (1990) *Least-Cost Planning in the Gas Industry*. Office of Gas Supply, London.

BSRIA (1998) *Water Consumption and Conservation in Buildings: Potential for Water Conservation*. BSRIA Report 12586B/3. The Building Services Research and Information Association, Bracknell.

Cameron, T. and Wright, M. (1990) Determinants of Household Water Conservation Retrofit Activity: A Discrete Choice Model Using Survey Data. *Water Resources Research* **26** (2), 179-88.

Cartwright, T., White, S. and Carew, A. (1999) Rigorously Reducing Sewage Flows – Case Study of Water Conservation in Mount Victoria. Conference paper presented at *Water Down the Track – Victoria and NSW branches of AWWA Joint Regional Conference*, Albury, NSW, October.

CIRIA (2001) *Rainwater and Greywater Use in Buildings: Decision-making for Water Conservation*. Report PR80. Construction Industry Research and Information Association, London.

Davis, R. K. and Hanke, S.H. (1971) *Planning and Management of Water Resources in Metropolitan Environments*. George Washington University Natural Resources Centre, Washington, D.C.

DETR (1999) *Review of Technical Guidance on Environmental Appraisal*. A Report by EFTEC. DETR, London. Available online at: www. defra. gov. uk/environment/ economics/rtgea.

DoE (1985a) *Joint Study of Water Metering – Report of the Steering Group*. HMSO, London.

DoE (1985b) *Water Metering-Main Report of Coopers & Lybrand Associates.* Department of the Environment, London.

DoE (1992) *Using Water Wisely.* Department of the Environment and Welsh Office, London.

Dziegielewski, B., Opitz, E., Kiefer, J., and Baumann, D. (1993) *Evaluating Urban Water Conservation Programs: A Procedures Manual.* American Water Works Association, Carbondale, Illinois.

EEA (2001) *Sustainable Water Use in Europe Part 2: Demand Management.* European Environment Agency, Copenhagen.

Environment Agency (1999) *Conserving Water in Buildings – factcards.* National Water Demand Management Centre, Worthing.

Environment Agency (2001) *Conserving Water in Buildings – factcards,* revised set. National Water Demand Management Centre, Worthing.

Environment Agency (2001a) *A Scenario Approach to Water Demand Forecasting.* National Water Demand Management Centre, Worthing.

Environment Agency (2003) *Water Resources Planning Guideline* Version 3.0 February 2003 and Version 3.1 April 2003. Environment Agency, Bristol. Available on line via www.environment-agency.gov.uk.

Essex and Suffolk Water (1997) *Water Conservation Shower Evaluation.* Report prepared by Building Research Establishment Ltd.

Fiske, G.S. and Weiner, R. A. (1994) *A Guide to Customer Incentives for Water Conservation.* US Environment Protection *Agency,* Washington, D. C.

Flack (1982) Urban Water Conservation: Increasing Efficiency-in-Use Residential Water Demand. *American Society of Civil Engineers,* New York.

Foxon, T.J., Butler, D., Dawes, J. K., Hutchinson, D., Leach, M. A., Pearson, P. J. G., and Rose, D. (2000) An assessment of water demand management options from a systems approach. *Journal of the Charted Institution of Water and Environmental Management,* 14, June, 171-78.

Gleick, P., Haasz, D., Henges-Jeck, C., Srinivasan, V., Wolff, G., Kao Cushing, K. and Mann, A. (2003) *Waste Not, Want Not: the Potential for Urban Water Conservation in California.* Pacific Institute: Oakland, California.

Grant, N. (2003) *The Economics of Water Efficient Products in the Household.* Environment Agency Water Demand Management, Worthing.

Hanke, S. and Mehrez, A. (1979) The relationship between water use restrictions and water use. *Water Supply & Management* Vol. 3, 315-21.

Hanke (1980a) A cost-benefit analysis of water use restrictions. *Water Supply & Management* Vol. 4, 269-74.

Hanke (1980b) Additional comments on cost-benefit analysis of water use restrictions. *Water Supply & Management* Vol. 4, 297-98.

Hanke, S. (1981) *Studies in Water and Wastewater Economics.* Report No. 3046. Department of Water Resources Engineering, Lund Institute of Technology, University of Lund, Lund, Sweden.

Hanke, S. (1982) On Turvey's Benefit-Cost "Short-Cut": A study of water meters. *Land Economics* **58** (1), 144-46, February.

Her Majesty's Treasury (2003) *The Green Book, Appraisal and Evaluation in Central Government.* The Stationery Office, London.

Herrington, P. (1979) *Nor Any Drop to Drink? The Economics of Water.* Occasional Paper, Economics Association: Sutton, UK.

Herrington, P. (1987a) *Improved Water Demand Management: State of the Art Report.* ENV/NRM/87.2, OECD Environment Directorate, Paris.

Herrington, P. (1987b) *Pricing of Water Services.* Organisation for Economic

Cooperation and Development: Paris.

Herrington, P. (1996) *Climate Change and the Demand for Water*. Her Majesty's Stationery Office, London.

Herrington, P. (1999) *Household Water Pricing in OECD Countries*. Report ENV/EPOC/ GEEI(98)12/FINAL, Organisation for Economic Cooperation and Development, Paris (*note that most of this text is reproduced with minimal amendments in the more accessible publication by the OECD (1999)*).

Hirshleifer, J., De Haven, J. C., and Milliman, J. W. (1960) *Water Supply: Economics, Technology and Policy*. University of Chicago Press, Chicago.

Howarth, D. (1998) Progress on Demand Management. In *Proc. IBC Conference on Water Resources Management*, London, 25/26 November.

Howarth, D. (1999a) The Economics of Demand Management Options. Paper delivered at *AWWA conference* (and explanatory letter to Paul Herrington dated 31 December 2001).

Howarth, D. (1999b) Email to Paul Herrington concerning Water Company Supply/Demand Balance Submissions sent to Ofwat in mid-1998 (June 1999).

Keating, T. and Lawson, R. (2000). *The Water Efficiency of Retrofit Dual Flush Toilets*. Southern Water and Environment Agency, Worthing and Bristol.

Littlewood, K. and Butler, D. (2002). Influence of diameter on the movement of gross solids in small pipes. In *Proceedings of the International Conference on Sewers Operation and Maintenance*, Bradford University, November.

Michelsen, A. M., McGuckin, J. T. and Stumpf, D. M. (1998) *Effectiveness of Residential Water Conservation Price and Nonprice Programs*. AWWA Research Foundation: Denver.

Mieir, A. K., Wright, J. and Rosenfeld, A. H. (1983) *Supplying Energy through Greater Efficiency*. University of California Press, Berkeley.

National Rivers Authority (1995) *Saving Water*. NRA, Bristol.

National Water Council (1976) *Paying for Water*. National Water Council, London.

Nieswiadomy, M. L. and Molina, D. J. (1989) Comparing residential water demand estimates under decreasing and increasing block rates using household demand data. *Land Economics* 65, 280-89.

NWDMC (1999) *Saving Water – On the Right Track 2*. Environment Agency National Water Demand Management Centre, Worthing.

OECD (1999) *The Price of Water: Trends in OECD Countries*. Organisation for Economic Co-operation and Development, Paris.

Office of Water Services (1993) *Paying for Growth*. Ofwat, Birmingham.

Ofwat (1996). *1995-96 Report on the Cost of Water Delivered and Sewage Collected*. Office of Water Services, Birmingham.

Ofwat (2003a) *Tariff Structure and Charges: 2003-2004 Report*. Office of Water Services Birmingham.

Ofwat (2003b) *Security of Supply, Leakage and the Efficient Use of Water 2002-2003 Report*. Office of Water Services, Birmingham.

Pearce, D. and Barbier, E. (2000) *Blueprint for a Sustainable Economy*. Earthscan, London.

Pinney, C., Waggett, R., Mustow, S. and Smerdon, T. (1998) *Water Consumption and Conservation in Buildings: Review of Water Conservation Measures*, BSRIA Report 12586B/1. The Building Services Research and Information Association, Bracknell.

Raftelis Financial Consulting Group (2002) *2002 Water and Wastewater Rate Survey*. Raftelis Finacial Consulting, PA: Charlotte, North Carolina.

Renwick, M. E. and Archibald, S. O. (1998) Demand side management policies for residential water use: who bears the conservation burden? *Land Economics* **74**(3), 343-59.

Renwick, M. E. and Green, R. D. (2000) Do residential water demand side management policies measure up? an analysis of eight california water agencies. *Journal of Environmental Economics and Management* 40, 37-55.

Renzetti, S. (1992) Evaluating the welfare effects of reforming municipal water prices. *Journal of Environmental Economics and Management* **22** (2), 147-63

Renzetti, S. (2002). *The Economics of Water Demands*. Kluwer, Boston.

Russell, C.S. and Shin, B. (1996) Public Utility Pricing: Theory and Practical Limitations. In Darwin Hall (ed.), *Marginal Cost rate Design and Wholesale Water Markets, Advances in the Economics of Environmental Resources*, Vol. 1. JAI Press, Greenwich, Connecticut.

Rump, M. (1978) *Potential Water Economy Measures in Dwellings: Their Feasibility and Economics*. Paper CP 65/78. Building Research Establishment, Watford.

Sant, R.W., Bakke, D., Naill, R.F. and Bishop, J. (1984) *Creating Abundance: America's Least-Cost Energy Strategy*. McGraw-Hill, New York.

Sewell, W. R. D. and Roueche, L. (1974) Peak Load Pricing and Urban Water Management, *Natural Resources Journal*, 13 (3).

Smith, S. and Shouler, M. (2001) Sustainable New Homes, Heybridge, Essex. *Powerpoint presentation*. Essex and Suffolk Water, Chelmsford, 8 March.

Subcommittee on Benefits and Costs of the Federal Inter-Agency River Basin Committee (1950) *Proposed Practices for Economic Analaysis of River Basin Projects: Report to the Federal Inter-Agency River Basin Committee*. Government Printing Office, Washington, D.C.

Tucker, S. N., Mitchell, V. G. and Burn, L. S. (2000) Life cycle costing of urban water systems. Commonwealth Scientific and Research Organisation Email Innovation Online No. 16. December. available online at www.cmit.csiro.au/innovation/2000-12/economic_scale.

Tate, D. M. (1990) Water *Demand Management in Canada: A State-of-the-Art Review*. Inland Waters Directorate Social Science Series Paper No. 23. Environment Canada, Ottawa.

Turner, R. K., Pearce, D. and Bateman, I. (1994) *Environmental Economics: an Elementary Introduction*. Harvester Wheatsheaf, Hemel Hempstead.

Vickers, A. (2001) *Handbook of Water Use and Conservation*. WaterPlow Press, Amherst, Mass.

Warford, J. (1968) Water Supply. Chapter 6 in (ed.) R. Turvey, *Public Enterprise*. Penguin London.

Water Resources Board (1972) *Desalination 1972*. HMSO, London.

Water Resources Board (1973) *Water Resources in England and Wales*, Volume 2: Appendices. HMSO, London.

White, S. (1994) Preferred Options. In T. Fiander & Associates, *Report on the Lismore Water Efficient Hardware Incentives Trial*, Lismore City Council, New South Wales.

White (1998a) Regulating for Economic Water Efficiency. Discussion paper presented to National Working Group on Water Conservation, Canberra, May. Mimeo.

White, S.B. and Howe, C. (1998b) Water efficiency and reuse: a least cost planning approach. In *Proceedings of the 6th NSW Recycled Water Seminar*.

White, S. (ed.) (1998c) *Wise Water Management: A Demand Management Manual for Water Utilities*. Water Services Association of Australia: Sydney.

White, S., Dupont, P. and Robinson, D. (1999) Water demand management and conservation including water losses. *International Report. IWSA Congress 1999*, Paper IR-5.

White. S.B. and Fane. S.A. (2001) Designing cost effective water demand management programs in Australia. Paper presented at *IWA 2002 Berlin World Water Congress*, 15-19 October.

White. S. and Robinson. D. (1999) Costs and benefits of reducing wastewater flows through improving the efficiency of water-using applainces. In *Proceedings of the 18th Federal Convention of the Australian Water and Wastewater Association*, Adelaide. April.

Winpenny, J. (1994) *Managing Water as an Economic Resource*. Routledge, London.

11 英格兰与威尔士高效用水法律法规

David Howarth

11.1 概述

1989 年英格兰和威尔士的水务产业完成私有化，水务资产及管理权都转由私人控制，在此私有化过程中建立了强有力的监管体制保障公众利益不受损害。当前 22 个水务公司受水服务办公室（水务经济监管机构）、环境署（环境监管机构）和饮用水监察署（负责饮用水质量监管）共同监管。依照欧盟指导方针的指示，英国环境、粮食及农村事务部以及威尔士事务国务大臣们在立法和政策制定方面发挥了重要作用。水务产业的管理体制如图 11.1 所示。

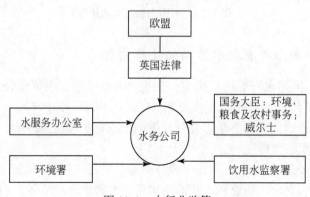

图 11.1　水行业监管

在图 11.1 中所示的四个监管部门中，只有饮用水监察署不涉及水资源利用效率有关事宜。

在 1988～1992 年的大旱灾中，英格兰南部和东部近 10 个月的降雨稀少，严重的旱情极大地促进了政府对节水工作的重视。1992 年环境署发布名为《水资源合理利用》的咨询文件，意在掀起一场对需求管理等方案具有建设性意义的大讨论（DoE，1992）。近 10 年来，英国在现有的法律框架内开展了大量水务监管活动，制定了新的法律，并根据需要正在开展新的立法工作。

本章不是为了对各相关法律法规和监管方案的产生进行历史回顾，而是要探讨法律法规是如何对供水链各环节产生作用的。

11.2 取用水

开采（受许可的）水量各种用途的比例如图 11.2 所示。

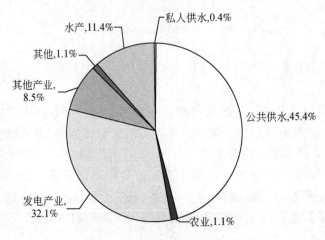

图 11.2 不同用途的取水比例

11.2.1 面向所有取水活动的法律法规

根据 1991 年《水资源法》规定，环境署有责任确保水资源合理利用（第 19 条），并促进节约用水和环境改善（第 16 条）。根据 1995 年《环境法》的第 4 条规定，环境署的主要任务是"充分发挥职能以保护和改善环境，为实现可持续发展目标作出积极贡献"。

环境署未来 25 年在水资源方面的目标是，实现"环境与经济可持续的取水，合理配置生活、农业、商业和工业的用水量，改善水环境质量"（EA，2001）。

环境署实现以上法定职责的主要手段是实施取水许可证制度。在 1965 年取水许可证制度开始实行之前，取水活动都是通过授予"取水权"的方式进行的，这种体系对权益受损后的赔偿行为没有法律追溯力，因此无法对水资源进行有效的管理（如维持河流内一定的流量或者水位）。而是否对取水许可证采取时间限制（环境署可在许可证有效期截止时收回或部分收回许可证）是当前水法制定过程中备受争论的议题。

环境署负责着约 50 000 个取水许可证的管理工作，同时每年收到 1500 ~ 2000 个新的取水许可申请。大部分取水许可证都握在工业和农业取水者手里，而不是在水务公司那里。如果认为取水许可申请的理由和依据不合理，环境署可以不予批准。

11.2.2 工业和农业取水

11.2.2.1 取水许可

环境署制定了一系列工业用水基准,作为工业取水许可申请的审批依据。现行法律规定,取水收费原则是,所收费额仅需满足环境署履行水资源有关职能的开支就够了。对于某特定取水项目的收费计算公式是:取水量乘以单位水量收费额,再乘以"季节"、"漏损"和"支持"系数。全国各主要用途的取水收费是0.8~1.96英镑/m³。政府资助的某研究项目(DETR,2000)认为:"除非收费标准在现行基础上显著提高,否则取水者们很可能并不关心取水收费标准是否提高了。"政府的结论是,提高取水收费标准(使其高于环境署在相关方面的开支水平)并不是减少取用水量的最佳途径。

新颁发的取水许可证都具备有效期限制。在某许可证将来到期时,环境署可以重新对该许可证的必要性和使用效率进行审视,综合考虑该取水许可证下的取水活动给河流和环境带来的影响,以决定是否继续批准该取水申请。

水权交易使取水许可证的取水权具有可兑现的价值。在现行法律框架下,为了确保环境得到保护,环境署扮演着水权交易中间人的角色,这使得水权转让的机会实际上是有限的。当然,环境署不会干涉水权交易的具体价格。

11.2.2.2 排污许可

排污许可是环境署保护并改善环境的第二个管理武器。1991年《水资源法》赋予了环境署保护"受控水体"的重要权力,受控水体是指所有河道和地下水。从1991年7月1日起,英国国家河流管理局(环境署前身)开始对英格兰和威尔士地区向受控水体排污审批收取费用以回收管理开支。排污申办费和按排污量的收费综合考虑排污量、污染物组成和接收水体质量三个因素。除了以按排污量收费影响排污者的成本外,环境署还有权拒绝批准某排污申请。

任何不通过排污管道而直接向河道排污的企事业单位和家庭用户都必须向环境署申请,得到许可后方能排污。环境署已经批准了大约100 000个排污申请。虽然环境署实行排污许可制度的直接目的并不是提高用水效率,但该制度确实间接促进了用水效率的提高。在有些地方,出于防洪和水质保护的考虑,排污申请时常被拒,这在一定程度上促使了企业和楼宇业主更多地选择可持续性解决方案,如收集雨水用于冲厕等。水务公司的污水处理厂也需要申请排污许可,但这一事实并未影响到水务公司的需水管理政策。

11.2.2.3 污染综合防控

污染综合防控是为控制某些活动环境影响的一种综合监管手段，它通过一种单一许可程序对工业部门加以控制，从而达到保护环境目的。污染综合防控对一些主要工业的大气、水体（包括下水道排污）和地面排污及其各种环境影响综合考虑，并加以管制。综合污染防控监管规则是依据以执行《欧共体指令96/61》为目的的 1999 年《综合污染防控法》制定的。该指令只针对规定的工业部门，其中一些部分用水量很大。要求工业部门必须在许可生效后的 2~4 年内进行水审计，并提出提高自身用水效率的方案。遵照该欧共体指令，《污染综合防控指南》为餐饮业、造纸业和肉禽加工业制定了用水基准和最佳用水方案。综合污染防控分阶段实施，到 2007 年将覆盖 30 个行业部门并安装 6000 套装备设施。

11.2.3 公共供水

11.2.3.1 水资源规划

作为 1995 大旱灾的政策应对，1996 年政府（DoE, 1996）提出，环境署应充分参与到水务公司水资源发展规划中去。环境署制定了《水资源规划指南》（EA, 2003），规定水务公司每隔 5 年需向环境署呈交相应的水资源规划报告。前两次上交时间分别是 1999 年和 2004 年，其中 2004 年的水资源规划更多地与"定期审查程序"相结合，这是环境监管机构和经济监管机构紧密协作的一个例子。规划需逐年更新和并接受审查。规划的指南是根据水务公司和监管机构（UKWIR et al., 2002）合作项目成果编制的，在那些合作项目中提出了供需平衡管理方案选择的经济评价方法。这里所说的经济学方法其实就是成本效益分析法，即充分考虑各种管理措施之于社会和环境的成本及收益，确定出一套成本最低的方案。环境署希望充分考虑各种供需平衡方案。水资源规划需要进行需水预测，以便于环境署选择需求管理方案，并判断需水增长假设的正确性。

《水资源规划指南》（EA, 2003）规定：

水资源规划需从以下一系列"全面水管理"方案中选择可行性管理方案：

(1) 用户管理（用户用水和供水管道漏损的针对性政策）；

(2) 配水管理（配水起始点到输水节点间的针对性政策，如漏损控制）；

(3) 生产管理（取水到配水起始点间的针对性政策，如滤池反冲洗）；

(4) 资源管理（影响水量配置的政策，如关于新水库或调水等）。

2003 年《水法》已经赋予水资源规划和干旱规划法律效力。

11.2.3.2 定期审查

根据 1991 年《水产业法》，水服务办公室总监的主要职责是确保：

（1）英格兰和威尔士地区的供水和污水处理事宜顺利进行；

（2）水务公司具有财务能力（尤其是通过其资产的合理回报获得资金）进行供水和污水处理。

1991 年《水产业法》第二条还要求，水服务办公室总监可自行采取妥当方式行使职权，提高供水和污水处理单位的经济效益和工作效率。定期审查就是完成以上职责的手段。

水服务办公室每 5 年开展一次定期审查，调整并限定最高水价，以使水务公司筹集为依据相关标准和规定提供水务服务所需资金。水服务办公室采用的调价公式是 RPI ± K，其中零售物价指数（RPI）反映通货膨胀；K 是系数，若 K 为正，则说明水务公司需进一步大量投资以改善水质和环境，若 K 为负，则说明预测的公司提高效率所节约的资金将大于所需资本投入。

水价的限定基于对水务公司运作以下几个方面的假设（OFWAT，2002）：

（1）未来效率收益——对公司未来的效率收益所做的假设；

（2）改善环境和提高饮用水质量——为达到更高质量标准，允许公司为此合理支出；

（3）提高供水安全度——如果供水安全有问题，允许公司为此合理支出；

（4）提高服务水平——如果服务标准需要提高，如解决下水道排洪问题；

（5）筹资功能——工作效率高的公司能够为其运作提供资金并保持良好的财务状况；

（6）历史绩效——允许水务公司将通过以超监管规定的效率所赚取的利润保留至最多 5 年，而后返还给用户。

下次水价审查时间是 2004 年，届时制定的水价将在 2005～2010 年发挥效力。上次定期审查（1999）结果显示，供需平衡维持方案的成本是用户水开支的 1%（OFWAT，2002）。在进行 2004 年的定期审查时，将在接受了水务公司的水资源规划方案后确定维持供需平衡所需限定的价格。水服务办公室希望水务公司在公共供水上进行需求管理（漏损控制、家庭需水、非家庭需水和供水系统运行用水）。

就其第四次定期审查，2002 年水服务办公室（OFWAT，2002）在其有关文件中写道：

"规划应该提出一种向用户充分安全供水的最优解决方案，大家对此已经形成普遍共识。方案可选项包括需水管理、开发新水源和减少漏损。我们期望水务公司在充分考虑以上选项的基础上，提出完善的规划方案，并证明他们所选的是最优的方案。"

该文件中还写道：

"如果某公司推行某项需水管理措施的成本要小于进行额外供水的成本，那么该需水管理措施对于该公司来说是经济的，应该予以实施。我们希望水务公司能够从维持供需平衡的长远规划的角度出发，正确认识到需水管理的作用。"

该文件提倡的理念是，应该平等地对待供给管理和需求管理，这与《供需平衡经济学》（UKWIR et al.，2002）中的理念是一致的。

11.3 公共供水组分

图 11.3 显示了公共供水量各去向的比例情况，其中，16% 的渗漏损失仅指输水系统中的渗漏——不包括家庭用水和非家庭用水过程中的渗漏。

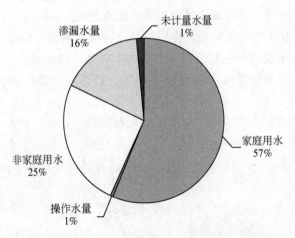

图 11.3 公共供水各去向比例

除了接受环境和经济监管机构的管理外，水务公司也得履行相关法律所提出的要求，详见 11.3.1 节和 11.3.2 节。此外，1991 年《水产业法》第三款还规定水务公司有责任"促进自然环境的保护和改善"。

11.3.1 漏损

1991 年《水产业法》第 37 款规定，水务公司有责任提高其管辖区内供水系统的效率和经济性。尽管如此，在 1989～1995 年的水务产业私有化期间，大部分公司漏损率都增加了。针对水务公司在 1995 年旱灾中饱受批评的表现，英国政府于 1997 年举行了一次政府首脑会议，并提出促进水务发展的十点计划，其中前两点如下：

（1）水服务办公室设定严格的强制性漏损目标；

（2）所有水务公司都应该为家庭用户提供免费的渗漏检测和管道维修服务。

该漏损目标是最先由政府为减少实际水渗漏而强制提出，随后，水务公司自身通过经济分析也提出了相应目标，按照这些目标，漏损水量相对于渗漏最严重的1995~1996年下降了29%（OFWAT，2003）。历史上，水价的制定是从不考虑漏损控制开支的，因为人们认为把漏损控制在一个比较经济的水平上，是符合水务公司自身利益的。一些水务公司某些年没有完成漏损控制目标，而水服务办公室的应对办法就是责令整改，并将他们的整改计划写入季度报告进行详细审查。极端严重情况下，水务公司可能会由于表现太差而被吊销营业执照。泰晤士水务公司连续多年一直没有完成漏损目标，是对当前水务监管系统的一大挑战。

自从1997年提出漏损目标后，水服务办公室每年都会对漏损目标重新设定。在2004年各水务公司递交的水资源规划报告中，包含他们对各自公司2004~2009年的经济渗漏率的评估。为达到或保持该渗漏水平所需的成本投入是水服务办公室制定水价时的参考因素之一。渗漏减少了就意味着水务公司利润增加了，这是对水务公司来说是一大刺激因素，他们会因此采用最有效的方式（利用技术进步或加强管理）来努力实现经济渗漏水平。因为任何由此产生的节约都被视为水务公司的"合法利润"。水务公司最多可将此获益留用5年，在2009年定期审查时，在新经济渗漏水平计算和后续目标设定中将考虑先进的技术和管理措施的作用。

11.3.2　建筑物公共供水（家庭和非家庭）

11.3.2.1　水务公司的义务

在1996年对1991年《水产业法》的修正案中增加的第93A条规定，水务公司有义务提高其用户的用水效率。而水服务办公室的职责就是确保水务公司切实执行此项义务。1996年，水服务办公室要求各水务公司上交了一份关于如何履行此义务的计划，而2001年又要求他们进行修改。水务公司每年都需向水服务办公室汇报提高用水效率的成果，自1996年以来有以下记录（OFWAT，2003）：

（1）维修了428 621根供水管道；

（2）更换了58 413根输水管道；

（3）发放了700多万套的马桶水箱；

（4）分发了1300多万件家庭用水审计装置；

（5）水务公司（或代理商）进行了 102 572 户家庭的水审计工作；

（6）136 718 个用水审计装置派发到机构和商业单位；

（7）水务公司（或代理商）进行了 31 985 个机构和商业单位的水审计工作。
（在英格兰和威尔士地区大约有 2100 万家庭用户和 160 万非家庭用户）

实施以上措施后，水务公司估计每天可节水 48 300 万 L（配水系统输入水量的 3.1%），其中大部分的节水量源于输水管道的修缮和更换。而其中具有争议的一点是，水务公司做这些的目的仅仅是完成漏损指标，而不是履行提高水资源利用效率的义务。

水服务办公室声明说，他们期望"所有水务公司都采取最基本的、最低级别的措施，除非在供水困难时期才需要采取更积极的方法"。他们也没有说明什么是"更积极的方法"。而大多数水务公司只是依照指令，仅仅采取最基本的、最低级别的措施，不会额外多做一点点（有一两个公司是例外）。

11.3.2.2　1999 年供水（用水设施）管理条例

1999 年《供水管理（用水设施）条例》（DETR，1999）的主要目的就是赋予水务公司一定的权利，以防止公共供水中的浪费、过度使用、滥用和污染现象。1999 年之前，水务公司有权制定和执行各自的水条例，之后水务公司必须执行《供水管理条例》，由环境、粮食和农村事务部负责监督。

该条例的主要目的是防止公共供水遭受污染，但由表 11.1 可见，用水器具符合用水标准也是其考虑内容之一。该条例仅对用水器具安装后才有效力，不针对生产和销售过程。

表 11.1　家庭用水器具标准

家用器具	1999 年前水务公司条例	1999 年《供水管理条例》
马桶	7.5L/次	6L，重新引进双冲马桶
洗衣机①	180L/次	120L/次
洗碗机	7L/每套餐具	4.5L/每套餐具
淋浴器	无	无

①条例以典型洗衣机洗衣量按 5kg 衣物计，规定每千克衣物用水量不得超过 24L。

同时该条例（SI 3442：1999 年《水产业（特定状况）管理条例》）还规定了一套关于大用水量设施的上报程序。大用水量设施包括：

（1）无人看守式园艺浇灌设备；

（2）池塘或泳池的自动换水系统（容量大于 1 万 L）；

（3）大型浴缸（溢流容量大于 230L）；

（4）反渗透设备（如软水器）；

（5）强力淋浴喷头（未定义，之后被删除）；

（6）水泵或者增压泵（抽水速率大于 12L/m）。

在以上用水设施安装之前，安装人员需要告知水务公司，水务公司应在征得用户同意后为其安装水表。早期的执行情况是，安装人员很少会告知水务公司，即使告知了，水务公司也不会每次都去给他们安装水表。

11.3.2.3　建筑管理条例

《建筑管理条例》中涉及水资源管理的是 G 部分（Hygiene，1991）和 H 部分（Drainage and Waste Disposal，2000）。G 部分规定，建筑物必须提供适宜数量的卫生与盥洗设施及其清洗便利，然而它并没有提及以上设备的具体设计标准或用水量。《建筑管理条例》由地方当局强制执行，开发商或承建商必须照章办事。最近几次对《建筑管理条例》的修订旨在阐明规则细节，使得条例的描述性少了一些，然而还是没有对高效用水相关措施的详细界定。不论是在《建筑管理条例》中，还是水务相关条例中，均没有制定雨水收集和灰水重复利用的相关规定。在副首相的《可持续社区行动宣言：面向未来的建筑》（该行动于 2003年 2 月启动）中特别提到，因英格兰东南部住宅楼的不断增加而造成的环境影响令人担忧。2003 年 10 月 21 日的建筑首脑会议上，他进一步提出："2005 年将对新建或翻修的建筑物实施新的节水标准。"2005 年，对《建筑管理条例》G 部分的修订工作有望对高效用水标准进行改进。

11.3.2.4　发展规划

现行发展规划体制是多层次性的，从全国统一规划到分区规划，再到各郡县规划，各层次规划与中央政府指导原则都要保持一致。政府和地方规划机构一直都很清楚应该如何编制区域和地方规划：政府有"规划政策指南"（Planning Policy Guidance，PPG）作为指导，地方规划机构有"地方规划指南"（Regional Planning Guidance，RPG）作为指导。这些指南中的每一条指导都是问题导向型的，不成体系也不做定期审查。2004 年《规划和强制性收买法案》的出台将会使得 PPG 和 RPG 为更加简明的指南所替代，这些新的指南将把政策和指导原则明确区分开来。PPG 中唯一一条明确涉及水资源管理的是第 25 条，讲的是洪泛平原发展问题。

此外，针对发展的具体方面和区域，还存在一些补充性的规划指导要点和发展纲要。当规划部门需要针对某地作出一些高效用水方案时，这些补充性文件可以向他们提供详细具体的建议。

许多人正在思索如何发挥 1990 年《城乡规划法案》第 106 条的作用，使其成为一种促进高效用水的手段。根据第 106 条规定，允许地方当局与开发商之间达成一定的规划责任协议。该协议具有如下多种用途：

政府"规划政策指南"中写道（PPG 1，见（ODPM，1997））："在开发建设须承担规划责任，并且根据开发内容适当合理确定了规划责任的情况下，规划责任是很有用的工具，因为业主通过履行规划责任就可以克服规划审批过程中的诸多障碍。应根据计划进行的开发内容确定规划责任。"

《关于规划责任的函件 1/97》对 106 条规划责任协议问题给出了更为详尽的建议："在规划审批或与开发商协商过程中，地方规划机构应该对开发商的规划议案进行改善……在适当的时候，他们可以参与到开发商的规划制定过程中，与开发商共同履行规划责任。"

"规划责任在规划体制中发挥了积极的作用。若运用得当，它们可以解决实际中的规划问题并提高开发质量。既要考虑到当地环境保护或开发成本问题，又要照顾到开发商的利益和发展目标，规划责任在这一过程中起到了重要的协调作用。"

关于第 106 条规划责任协议能否用来规定用水效率，目前还有很多不确定性（如是否能规定所有家庭都安装 4L/2L 双冲式马桶）。

在规划咨询方面，环境署和英国自然协会是建筑和矿产行业发展规划（结构和材料）的法定咨询机构。虽然水务公司也经常接受咨询，但他们并不是法定咨询机构。当然，对于那些咨询建议，规划监管部门可以选择性地接受。向水务公司提出的问题通常都限于他们是否有能力按照其法定职责在开发前提供基础设施。

11.3.2.5 水价机制

分户计量一直是备受争议的敏感性议题。自 1999 年《水产业法》出台以来，强制性分户计量已经被勒令停止，只允许对以下情况进行分户计量：

（1）自由选择——水务公司必须为自愿安装的用户免费提供水表，安装后 1 年内，用户拥有获得免费卸载服务的权利；

（2）新住宅——计量是常规计费手段；

（3）"非必需用水"的家庭用户，如园艺喷灌；

（4）缺水地区——水务公司可以向相关国务大臣申请，获准后可对所有用户强制性计量（截至目前还没有出现此类申请）；

（5）住所变动（因为用户仅在当前居所享有不计量权）。

由于各水务公司对以上政策的热情和执行力度不一样，因而在不同水务公司供水区中，分户计量家庭的比例存在一定差异。

能够证明从不计量收费改为计量收费对需水量产生影响的公共数据很有限。按国家计量试验小组（1993）的结论，按量收费使得平均需水量下降10%，高峰期需水量下降30%。英国水工业研究所（EA，2003）最近的工作成果显示，平均而言，计量用户的用水量下降了9%，并且还在以每月0.2%的速率继续下降，虽然目前还不知道这种效果能持续多久。在上次水价制定过程中（1999年），水服务办公室发出声明：除非水务公司能提出并证明不同意见，否则他们将认定计量支持用户（自愿计量，而非强制）的需水量下降5%。目前关于家庭供水的价格弹性所知甚少，虽然政府、水服务办公室和环境署都希望水务公司进行水价试验（如加大累进幅度、季节性水价），但是几乎没有公司愿意这么做。

11.3.2.6 资本补贴

政府表示希望工商界作决策时能更加重视环境影响。在欧盟援助的基础上，2001年政府提出将对环境友好型的投资项目以增强型资本补贴的方式予以鼓励。该鼓励机制被称作"绿色科技挑战"，旨在应对气候变化、空气质量、用水和水质问题。虽然该机制目前尚未实际运作起来，但已经列出了一份节水技术列表，其中包括次级水表、限流计、智能计量、漏损检测技术、节水马桶、节水水龙头、循环和再利用系统。使用以上技术或产品的企业将有获得增强型补贴的资格。

资本补贴是面向投资厂房建设和购买机器设备的那些企业，以减少企业所得税或公司税的税基方式实现补贴额度为设备购买价格的25%，每年抵消部分税款，补贴数额逐年降低。增强型的资本补贴是指若企业投资项目中包含符合节水标准的设备，那么对于这一部分投资，可以在投资当年从其应税利润中一次性全额扣除。此举加快了公司的资金流动速度，使投资环保产品对于企业来说非常值得。

该计划原用于节能技术，于2003年实施。

11.3.2.7 竞争机制

政府发表声明说，通过的新的水法案将鼓励新注册的水务公司通过以下两种方式与老水务公司进行竞争：①新公司拥有独立水源，但使用老公司的管网系统向用户供水，即两家共用一套供水管网；②新公司或者从法定部门直接购水向用户供给，也就是说新公司仅从事零售业务。政府认为，应该谨慎从事，首先把此竞争机制的供水对象设定为那些年用水量超过500万L的工业用水户，如果确认此机制符合用户利益，才把此数字往下调整。该竞争机制可能会对需水量产生两个方面的影响。首先，水价将会下降，从而导致需水量增加（对于非家庭用水户，水价弹性估算为 -0.3%）。但是，在这样一个竞争性市场里，新水务公司为了赢得更多用户，将会把向用户提供节水技术作为公司运作模式的一部分。政府相信，竞争机制将会促进工业用水户更加重视用水成本。该竞争机制对需水量产生的总体影响尚有待观察验证。

11. 4   新近立法

11.4.1   欧洲水框架指令

《欧洲水框架指令》于 2000 年 12 月 22 日正式生效，它是一部用于指导欧盟水议题的通用行动框架。它的主要目的是以流域作为管理单元（而不是国家或行政区），采用共同的方法来保护和改善欧盟地区地表水和地下水的生态状况。每个流域都要编制流域管理规划，其中包含一个"措施计划"，以解决在流域评价过程中诊断出的流域问题，其最终目标是在 2015 年前所有水体达到生态良好状态。

欧盟之前的政策无论是在目标还是在手段上都十分零散，如欧盟有《城市废水处理法》、《硝酸盐法》和《饮用水法》等。欧盟拟制定一套将所有这些零散政策都包含在内的法律，关键进程时间表如下：

2003 年，欧盟各成员国修订现行法律以符合《欧洲水框架指令》；

2004 年，完成流域评价过程；

2005 年，征求公众意见；

2009 年，各流域管理规划（包括措施计划）定稿；

2010 年，颁布水价政策；

2015 年，达到环境目标（良好生态状态）。

《欧洲水框架指令》中，针对需水管理的部分有（Offical Journal of the European Communities, 2000）：

条款 5——各流域区评价过程都包括用水经济分析在内。附录 2 具体阐述了如何对城镇、工业、农业和其他用水部门较大的取水量进行估算与识别，包括季节性变化、年需水总量以及与输水管道漏损量。

条款 9——水服务成本回收。此条规定"各成员国应该充分考虑水服务的各项成本，包括环境和资源成本，重视经济分析"……并且成员国应确保 2010 前制定出"可以充分激励用户高效用水，进而促进达成框架中的环境目标"的水价政策。

条款 11——措施计划。"基本措施"是各流域应遵循的最低要求，包括：

（c）实施促进水资源可持续与高效利用的措施，以避免阻碍条款4中环境目标的实现；（e）针对地表与地下新鲜水源过量开采和新鲜地表水过度拦蓄行为采取控制措施，包括实施取水登记制度和取水蓄水审批制度。

条款14——信息公布和公众咨询。"1.各成员国应该鼓励相关方积极参与到框架实施过程中，特别是流域管理规划的制定、审查和修订过程。"

条款14对于需水管理非常重要，因为节水或高效用水计划离开了公共参与和支持是不可能成功的。它可以促进与公众的深入对话，从而使公众明白：人类的用水不能再继续增长下去了，否则我们的水环境难以得到改善。正如文件所说的"积极参与比咨询的层次更高"，强调积极参与可能会引发一场文化变革，使得公众成为问题解决方案的一部分，而不是用水问题的制造者。

11.4.2 2003年水法

水法案于2003年11月获得批准。此法案力图为水务业提供一个完善的法律框架，以充分抓住新机遇，促进可持续水资源管理与经济增长。以下是关于提高水资源利用率的条款。

第72款水资源高效利用

在1995《环境法》（c.25）的第6部分（涉水有关规定）第（2）（b）条"确保英格兰与威尔士地区水资源合理利用"后，增加"包括水资源高效利用"。

第81条鼓励节水的职责

（1）相关机构在适当时机必须采取措施鼓励节约用水。

（2）相关机构包括：

（a）英格兰国务大臣；

（b）威尔士议会。

（3）条例生效后，国务大臣每三年作出一份报告，阐述其按此条例所做的工作和未来相关计划。

（4）威尔士议会可以下发命令要求相关机构作出相应报告，命中中可规定明确的报告编制时间。

（5）每份报告必须：

（a）如果由国务大臣制定，则需于国会之前提交；

（b）如果由议会准备，需于议会之前提交且由议会公布。

第82条节约用水：对相关水务公司的要求

《水产业法》的第3（2）（a）部分中（水务公司应承担的环境责任），"特别兴趣"之后插入"并且，在水务公司行使相关权利的情况下，促进节约用水"。

第 83 条公共机构节约用水

（1）在发挥职能和处理事宜的时候，公共机构都应把节水作为首要考虑的前提之一。

（2）小节（1）中，"公共结构"意义如下：

（a）内阁大臣（1975 年内阁法案（c. 26）规定）；

（b）政府部门；

（c）议会；

（d）地方当局［1972 年地方政府法案的第 270（1）条规定（c. 70）］；

（e）担任如下机构职务的个人：

　（i）内阁；

　（ii）公共法案中规定存在的职位；

　（iii）由国会资助的机构；

（f）法定承担者（依据 1990 年城乡规划法案（c. 8）的第 262 部分所规定的任何法定承担者）；

（g）其他类型的公共部门。

节水部分（第 81、82 和 83 条）被列为率先实施的条例，于 2004 年 3 月 8 日生效。英国国会下议院曾就水法案展开过激烈的争论，作为对议员 Norman Baker 所提问题的回应，环境部长 Eliot Morley 责令环境署就成立节水信托组织的可行性展开研究。

对应于第 81 条，国务大臣和威尔士国家议会每三年需要呈交一份关于节水进展的报告。对于第 82 和 83 条，环境食品及农村事务部计划 2004 年发行面向水务公司和公共机构的指导文件。

2003《水法》对取水许可制度做了很多的修改：

（1）所有的新许可证都是有时间限制的；

（2）赋予环境署可以要求取水者上报用水方式信息的新权力；

（3）环境署拥有权力强制许可证持有者执行水资源管理规定；

（4）若可提高资源利用效率，环境署可提出各公司水量分配的方案；

（5）缩短了环境署可吊销闲置许可证的周期，且不需要进行补偿。

虽然 2003 年《水法》不是专门针对《欧洲水框架指令》而制定的，但是该法案在实现取水控制方面起到了很大的作用。对水务公司赋予促进节约用水的新职责，也会大大促进《欧洲水框架指令》的执行进度。

11.5　结论和展望

表 11.2 对各法律政策进行了总结，同时也展示了它们是如何控制或影响用

水的。

表 11.2 高效用水的立法政策总结

取水总量（与排污总量）				
环境署取水许可政策				
环境署排污许可政策				
公共供水			直接取水	
水资源规划和供需平衡			增强型资本补贴发展规划	
干旱规划				
漏损	建筑物供水		发电	工业	农业
漏损目标	1999 年供水（用水设施）管理条例		综合污染防控	综合污染防控	综合污染防控（牲畜与家禽）
	发展规划政策				
	提高用水效率的职责				
	家庭用户	非家庭用户			
	计量政策	综合污染防控			
		增加资本补贴			
		竞争机制			

对于公共供水公司及其供水行为，监管手段相对较多，而对于私人取水户，则主要依靠颁发取水许可证来进行管理。虽然发展规划政策对私人取水户也适用，但是，由于发展项目的取水量只占总取水量很小的一部分，因此发展规划过程对总体用水效率的提高不大可能像对于直接控制取水比较困难的公共供水那样起到作用。针对不同的需水管理利益相关方，表 11.3 将本章提及的各种管理措施分成两类。

表 11.3 表明强制性措施在提高用水效率中发挥了更为重要的作用。

表 11.3 强制型与鼓励型措施

利益相关方	强制型措施	鼓励型措施
水务公司	赋予提高用水效率的义务 对其设定漏损目标 水资源规划/水价定期审查制度	经济漏损率 良好的公共关系

续表

利益相关方	强制型措施	鼓励型措施
私人取水户	取水许可 排污许可 综合污染防控 限制措施	良好的公共关系 增强型资金补津贴
非家庭用水户（由水务公司供水）	综合污染防控 用水设施规范	增强型资金补津贴 水务公司的免费用水审计 降低水费
家庭用水户	用水设施规范 限制措施	用户水费降低（对于 占20%的计量用户）
建筑设计者或安装人员	用水设施规范 发展规划条件	良好的公共关系

11.6 讨论

11.6.1 取水许可证

取水许可证颁发前，环境署必须确保该申请者的取水要求是合理的，一个重要的评估标准就是该取水户其后的用水是否高效。随着各行业用水的知识体系不断发展，对于各种各样用途的取水申请，类似的评估也变得越来越严谨而全面。

实施取水许可制度的目的是在社会发展和环境可持续之间达成平衡。现在看来，以前颁发的一些取水许可证的确是属于不可持续性的。对于出现这种情况的流域内，流域管理机构将会采取措施来减少取水量，其中使流域内取水者积极采取高效用水措施就是一个成本低、影响小且效果显著的办法。

11.6.2 水资源规划和定期审查制度

第四次定期审查工作的开展标志着水务公司开始向环境署提交第二轮水资源规划报告，其相关机制仍有待完善。水务公司是否取得进步还有待观察，他们递交的报告中除了漏损控制和计量措施外，还要提出需水管理措施。英国水服务办公室（2002）声明："水务公司应根据实际用水量的变化（实测值而非估计值），估算出实施高效用水措施的成本以及由此带来的效益。我们也希望水务公司对这种效益的可持续性作出判断，同时证明他们的判断是有据可依的。"

定期审查制度目前阻碍了水务公司采用渐进式方法进行水资源规划。政府要求他们去证明某项需水管理措施的成本效果，对于他们来说是一种很大的负担，就像把他们扔进了"第22条军规"式的困境：用水效率研究牵涉用水监测，代价昂贵，而水务公司缺少资金，这样就做不出令人信服的成本效益估算，而没有令人信服的成本效益估算，他们就不能从水价调整中进一步获得所需的资金。这就是当前提高公共用水效率面临的主要障碍。尽管在政府的指导原则（DEFRA，2004）上写着："政府认为，在考虑新建水库之前进行此类研究非常有必要，必须依据事实，对高效用水和需求管理措施的潜在效益进行彻底深入的分析。"然而，在2004年各水务公司提交的水资源规划报告中，基本上都是采取开源措施来解决供需平衡问题。

11.6.3　供水（用水设施）条例

将马桶最大冲水量标准降低为6L是此方面取得的主要进步。在其他方面，该条例已经大大落后于节水器具市场的发展。在引导市场和促使制造商生产更加节水的产品方面，规章制度所起的作用究竟应该多大才算合适，这需要作出决策。为使条例有效其他尚需改善的方面有：用水产品规格限制应该放在生产或销售的环节上，而不是安装环节上；开展有效的公众宣传，以方便供水公司为用户安装水表，这样那些使用高用水量产品的用户就能清楚地看到这些产品给他们自己造成了多大的经济开支。把高效用水措施列入建筑管理规程中，会通过比较有效的规程执行而增加人们对这些措施的接受度。

11.6.4　漏损目标

制定漏损目标无疑是一项成功的政策。供水公司漏损率已经从1994/1995年511 200万L/d的漏损高峰降低到2000/2001年的324 000万L/d。以前，政府期望水务公司能够从其自身经济利益出发来控制漏损，结果漏损并没减少太多。而随着目前多数水务公司都声称已经达到或接近于其经济漏损水平，未来漏损量可能仅会少量下降。为了判断水务公司实际渗漏水平与其渗漏目标的差距，由三方（EA et al.，2002）研究并推出一套漏损绩效指标就是顺理成章的事情了。

11.6.5　高效用水与节水义务

现行法律规定水务公司有提高用水户用水效率的义务，而水务公司则采取一些成本低廉的方案（而不是在成本效果上划算的方案）来应付了事，其节水量是短暂而又微小的。至于2003年《水法》第82条（水务公司加强节水的新增义务）将会产生多大的实际效果，目前还不明了。我们希望它可以迫使水务公司采取更加协调一致的节水方案。

11.6.6 水价机制

按量收费本身就是一种节水措施，也为其他的家庭节水措施打下坚实的基础，因为计量是采取其他措施的先决条件。只有当水务公司服务区域内的大部分家庭都对用水进行计量时，水务公司才有可能考虑对必需和非必需用水区别定价。

尽管目前的水价机制是支持计量与反对计量两种意见妥协下的产物，但它仍然为水务公司在提高计量水平上提供了很多机遇。除了对计量支持用户进行计量外，水务公司还有权对更换业主的房屋进行计量，因为按规定用户只在当前居所拥有保留不计量的权利。

11.6.7 发展规划

要想让规划者将提高用水效率作为地方规划目标之一，且作为审批规划申请的考核准则之一，就必须制定出相应的战略政策予以引导，而目前我们缺少的就是这种政策。规划者不把用水效率当回事的问题仍然存在，除非赋予他们提高用水效率的法律义务，否则利用规划程序来促进需水管理只能是纸上谈兵。

然而随着英格兰许多地方议会"区域空间战略"的提出，至少英格兰南部很有可能将出台政策并提出关于新建房屋的高环保标准。在即将出台的《规划补充指导》里，应该会涵盖如何执行"区域空间战略"的具体政策，这有可能是此方面最为重要的文件。为了避免规划者在用水设备的技术要求方面陷入迷茫，应制定出参考标准，它可以是相当于英国建筑研究院绿色家园（BRE's EcoHomes）层次的标准，也可以是相当于《可持续建筑法案》层次的标准（SBTG，2004），甚至可以类似于环境食品及农村事务部提议的"节水标签计划"。

赋予水务公司（或是其他企业）以促进用户高效用水和供需平衡的义务以后，他们也可以就发展规划中高效用水方面提供建议。

水法案的第83条规定："任何公共主管部门在有关情况下都应该把节水作为首要前提来考虑。"这一点是特别针对规划者而制定的。

尽管利用规划过程来提高用水效率的具体方法目前还不是很多，但是新提出的"区域空间战略"及其相关文件将会为该领域的进步提供新的机遇。

11.6.8 增强型资金补贴

增加资金补贴反映了政府思维的转变——从强制型政策走向鼓励型政策。希望以此为起点，政府将推出更多的鼓励型政策。这种转变带来的好处很多，例如，更多地从经济利益上刺激了水务公司采取节水措施。

11.6.9　近年立法

2003 年《水法》的颁布广受欢迎，因为它赋予了环境署更多权利，以便他们通过取水许可管理来保护和改善环境。任何关于赋予公共机构和水务公司更多节水义务的条文修改都会受到欢迎。

《欧洲水框架指令》为进一步制定提高用水效率的政策提供了契机。

11.7　结论

（1）英格兰和威尔士的水务监管体制明确了监管机构和被监管者各自的责任和义务，提高了水务行业的透明度，如漏损量和人均用水量数据现在都已得到公开。

（2）英格兰和威尔士的水务监管方法在许多方面都取得了成功，例如，2002/2003 的总用水量相比 1992/1993 年已下降很多，主要是归功于水务公司漏损量的减少。

（3）已取得的成功主要归功于强制性的管理措施，但是这种措施的运用已经到达了一个阶段，如果要使未来需水量进一步减小，就需要更多鼓励型政策，如政府提出的增强型资金补贴机制。

（4）水务公司面临的"第 22 条军规"式的困境在第四次水价审查中还是没有得到解决。到第 9 次水价审查来临时，通过详细调查得出准确的成本效益数据，对那时的水资源规划来说将非常关键。

（5）尽管提高用水效率有赖于出台更多鼓励型政策和措施，但除此以外，在其他方面我们尚有许多不足，若能改善这些不足就能大大提高用水效率。例如，可以提高《供水（用水设施）管理条例》的严格程度，可以提高关于水务公司为履行高效用水职责所采取的"最低水平措施"的规定，可以进一步促使水务公司抓住现有机会为用水户安装计量仪表。

（6）环境食品及农村事务部发布的指南将使得 2003 年《水法》在高效用水方面大有作为。

（7）《欧洲水框架指令》为节水措施的改进和管理政策的进步创造了机遇。

（8）正在实施的"区域空间战略"为把高效用水纳入规划政策和指南中提供了机遇。

本章仅为作者个人见解，不代表环境署的观点。

11.8　参考文献

DETR (1999) Water Supply (Water Fittings) Regulations 1999. Department of the Environment, Transport and the Regions.

DETR (2000) *Economic instruments in relation to water abstraction; A consultation paper.* Department of the Environment, Transport and the Regions.

DEFRA (2002) *Extending opportunities for competition in the water industry in England and Wales.* Department of the Environment, Food and Rural Affairs, July.

DEFRA (2004) *Principal guidance from the Secretary of State to the Director General of Water Services. 2004 periodic review of water price limits.* Department of the Environment, Food and Rural Affairs, March.

DoE (1992) *Using water wisely.* Department of the Environment.

DoE (1997) *Circular 1/97, Planning obligations.* Department of the Environment.

EA (2001) *Water resources for the future: A strategy for England and Wales.* Environment Agency.

EA (2003) Response to the National Consumer Council consultation paper *Towards a sustainable water charging policy,* Environment Agency, Worthing.

EA (2003) *Water Resources Planning Guidelines.* Environment Agency, www.environment-agency.gov.uk.

The National Metering Trials Group (1993) *Water metering trials – final report.* Water Services Association, Water Companies' Association, Office of Water Services, WRc and Department of the Environment.

ODPM (1997) *Planning Policy Guidance Note 1, General Policy and Principles.* Office of the Deputy Prime Minister, February.

OFWAT (2002) *Periodic Review 2004, Setting Price Limits for 2005-10: Framework and Consultation Paper.* Office of Water Services.

OFWAT (2003*) Security of supply, leakage and efficient use of water 2002-03 report.* Office of Water Services.

Official Journal of the European Communities (2000), OJ Ref. L327, Vol 43, pp 1-73.

Sustainable Buildings Task Group (2004) *Better buildings, better lives.*
    http://www.dti.gov.uk/construction/sustain/EA_Sustainable_Report_41564_2.pdf

UKWIR, OFWAT, DEFRA and the EA (2002) *Economics of balancing supply and demand.* UK Water Industry Research.

12 消费者对节水政策的反应

Paul Jeffrey Mary Gearey

12.1 引言

本章针对用水者对不同节水措施的反应（主要指行为）进行评述，内容涉及用水方法、人们对水政策的反应以及一些与节水策略制定相关的新理论，讨论范围主要限于家庭生活用水，但必要时也涉及了工业用水和农业用水。文章先对不同环境下的用水行为动机进行了全面分析（见 12.2 节），然后指出了不同节水措施的相对效果（见 12.3 节），还结合了具体的节水措施分析其收益和存在的问题。但是，随着我们在水资源管理方面从供水管理到需水管理，进而向"文化"管理转变（见 12.4 节），节水（包括污水再利用与循环利用）领域也正处于变革之中。本章中提供的材料表明，节水与社会文化、区域发展、技术选择和法律法规是分不开的。节水只是进行水资源管理的工具之一，能否成功节水不仅取决于广大群众，还取决于政府、监管机构和企事业单位所采用的其他策略与措施。

12.1.1 水供需和社会期望

为国民提供可靠安全的水资源是国家的重要职能之一。在这里，水资源是指社会所依赖的淡水资源，主要有以下几大重要用途：维持生存——饮用、灌溉、饲养牲畜、维持动植物生长、污水处理以及污染物降解；保障经济发展——工业用水、农业用水以及公共健康用水；保障社会稳定——提高生活质量、娱乐用水等。水资源以多种形式存在，如河流、泉水、湖泊、水库、地下暗河、地下含水层以及土壤水，其分布随空间和时间而异。每个国家都至少需要一定量的水才能维持运转；没有了水，再伟大的文明都会没落，如美索不达米亚文明与阿卡得文明（Schama，1995）。缺水导致了政治分歧，甚至引发了战争（Bulloch，1993）。

在当代发达国家，保证供水向来是水资源规划的头等大事，水资源管理思路一直以来都是想方设法从水量水质上去迎合用水户需求。水已经被当作一种基本的社会权利，只有当干旱发生时，人们才会意识到水危机的存在并愿意减少用水量，此时用于减少或是抑制用水量的一些行政、法律或技术手段方能真正派上用场（Lawson，2002）。

然而，可利用水量和水质正以前所未有的速度发生变化，变化的速度与程度呈现出空间与时间不均的特点，整体恶化（如水体含氮量增加）与局部改善（如水体污染）并存，发达国家之间或流域内的情况各不相同。其原因是多方面的，如人口密度与空间分布的变化、气候变化、污染防治力度加大以及对环境需水的认识加深。而现代用水者的期望却与他们此生都将经历的这些变化截然相反。几乎所有发达国家的水资源管理都是供给驱动型的，其关注的重点是如何在水量和水质两个方面满足用水者的需求，以 Allan（2001）为代表的理论学者甚至认为，水利工程时代是现代化进程达到巅峰的象征。现在，人们对这种发展思路的可持续性已经提出了质疑。对水利工程的过分推崇造成了许多过分用水现象，例如，对于冲厕和园艺灌溉等许多普通用水行为来说，实际所用水量及水质都大大高于合理程度，而我们的供水系统对此几乎没有任何限制。因此，要想改善水资源管理现状，不仅要解决水资源本身耗竭的问题，还需要做出文化上的改变。

无论是从技术上，还是从体制上来说，我们的水资源管理系统都是历史和文化的产物。由于政治和社会经济的差异性，不同的国家在供水和污水处理领域有着不同的体制和技术安排，来自社会和体制方面的期望、规范及能力决定了水资源管理的现有格局、运转规则以及未来发展方向。只有当政策与人们已接受的习俗保持一致性，且政策实施者是站在公众的角度来思考和作为时，公众才会接受这些政策并拥护其实施过程。

12.1.2 用水及其政策工具

在讨论那些用以影响用水行为的政策工具之前，我们不妨先看看个人和群体与有着商品和自然资源双重属性的水是如何相互作用的。相比前几年，现在人们对家庭用水的影响因素又有了更加深入的理解。本书第 1 章曾探讨了用水趋势预测问题，而在这里，我们来看看主要有哪些因素在影响着用水量（表 12.1）。

表 12.1 对用水影响因素的研究

用水影响因素	参考文献	点评
家庭成员数	Höglund（1999）	用水增长速度小于家庭规模增长速度
家庭成员数	Arbués 等（2000）	提出最适宜的家庭规模之说，在此规模之上，Höglund（1999）所提出的"成员众多的家庭会带来规模经济效应"这一说法不成立
小孩	Nauges 和 Thomas（2000）	有小孩和年轻人的家庭的用水相对更多
水价结构	Stevens 等（1992）	水价结构的选择（单一费率、渐进费率或阶梯费率）对水价弹性的影响不大

续表

用水影响因素	参考文献	点评
水价	Pint（1999）	对加利福尼亚旱情的研究表明，价格弹性为 − 0.04 ~ −0.12
不动产价值	Aitken 等（1994）	不动产价值和用水量呈正相关
不动产价值	Detwyler 和 Marcus（1972）	根据对美国 23 个社区的用水统计分析发现，人均生活用水量和不动产平均市值具有线性关系
家庭收入	Zhou 等（2000）	收入和用水量呈正相关
家庭收入	Dziegelewski 等（1990）	对美国加利福尼亚州的研究发现，人均收入增加 8% ~ 28% 会导致人均总需水量增加 3%
家庭收入	Twort 等（1993）	对英国和欧洲大陆国家的研究表明，收入最高家庭的人均用水量比低收入家庭人均用水量高 80 ~ 100L
居住类型	Baumann 等（1998）	多家庭合住的院落会分担共同用水量（如景观浇灌、泳池用水等），而且通常用水设施更少，故其人均用水量比单户家庭要少
气候和降水	Gundermann（1986）	对全欧洲的研究，分析了城镇和农村用水的不同以及消费者习惯和生活方式对用水的重要影响
居民年龄	Lyman（1992）	已退休居民用水量多于未退休居民用水量
居民年龄	Mayer 等（1999）	对 1996 ~ 1999 年美国 14 个城市进行研究，记录了 1188 个家庭的相关数据，回收了 60 000 个家庭的用水问卷和 12 000个家庭的水费账单。研究发现，家庭中十几岁的年轻人的存在会增加家庭用水量，而全职工作的成年人的存在则会减少其用水量
浴室数量	Mukhopadhyay 等（2001）	对科威特研究发现，浴室数量与用水量呈正相关
花园规模	Mukhopadhyay 等（2002）	对科威特的研究发现，花园规模与用水量增长呈正相关
降水	OFWAT（2000）	降水次数与需水下降量呈正相关
温度	Stern 和 Gardner（1996）	温度升高与用水量增加呈正相关
家庭成员数	Butler（1993）	对污水排放量研究后发现，家庭成员数量越多，人均用水量越大

　　注意，表 12.1 中列举的大部分研究是针对欧洲或美国的，而发展中国家用水量的主要影响因素则可能与之差别很大。举例来说，在尼日利亚，生活用水量占据总用水量的 80% ~ 93%，Arimah 和 Ekeng（1993）通过对卡拉巴尔市的用水进行分析后，找出了尼日利亚用水量的影响因素，其中影响生活用水量的因素主要有收入、水价、家庭规模、家庭成员的平均年龄、户主教育程度、家庭水龙头

数量、用水习惯、供水水源数目、供水距离和自来水供应频率。他们发现，对许多影响因素来说，家庭用水需求都是非弹性的。

　　在对家庭用水影响因素进行简要回顾的基础上，以下章节主要讨论面对水资源管理机构推行的意在改变用水行为的各种政策时，个人、群体及机构是如何进行应对的。12.2 节对用水户在经济、教育、技术以及监管措施下的响应进行了全面的文献综述；12.3 节着重讨论了人们对水资源循环利用系统的反应；而12.4 节则对与供需管理策略以外的水政策领域相关的一些新理论进行了探讨。

12.2　节水之态度与反应

　　鼓励节水是供水部门为达到水供需平衡所采用的最常见的政策工具。许多国家或联盟机构在考虑地方文化与发展的基础上，制定了许多促进节水的措施，但是总体上不外乎"胡萝卜加大棒"的方法。这些措施都属于需求管理手段，可以分为四类：经济手段、监管手段、技术手段和教育手段。经济和教育手段基本上属于鼓励型手段，而监管和技术手段主要属于强制型手段。

　　在讨论具体的政策手段之前，我们应该注意到，许多文章就政策工具的制定发表了一些普适性的观点。例如，Latorre 等（2000）指出，在水资源管理中，建立某种形式的"政策对话"十分重要，并指出"无政策"信息会导致水资源流失加重。虽然我们将评述水的文化地位，Veronica Strang（2001）就"水的文化内涵"这一问题作了许多贡献，对政策制定过程很有帮助；根据对英国及其他地方的研究，她认为与实施地水文化内涵相冲突的政策工具必将面临失败。

12.2.1　经济手段

　　促进节水的经济手段包括多种激励型措施（如用水分时计价、减免款项和税率）和抑制型措施（如实际成本、处罚、罚款），这些措施向用户清晰准确地传达了水价值信息。其实施期限可以是暂时性的，也可以是永久性的，实施对象可以是某特定类型用户，也可以对所有用户都适用。从激励的角度来看，鼓励安装节水设备的措施主要有低利率或可免除贷款①、税收抵免和回扣等财务手段。可将低效率用水设备买回，并加大拨款力度以推动社区或更大范围的节水行为。为高效用水技术和配水系统管理领域的研究提供资助也很有益处。从威慑的角度来看，常用的经济手段包括水价调整和对违规违法行为处以罚款。从广义上来讲，为了帮助供水公司对供水负荷进行管理（如缓解高峰需水量），水价结构既是一

---

　　① 可恕贷款是指没有还款期限或无息的贷款。如果对所贷款项的使用符合规定的话（如安装低流量马桶且使用时间达到 5 年），那么该贷款可勾销。

种激励型手段，也是一种抑制型手段。根据季节、日期甚至时段的不同，可设置不同的梯级或边际成本水价。

水务部门在制定和实施这些经济政策时，要充分认识这些手段所涉及的各种问题及其对特殊用户群产生的影响。要充分认识并尊重水对人类生存的重要意义和不同社会条件下的水的社会文化属性。无论把水看成是一种商品，还是看成一种社会产品，抑或是一种环境资源，人们对水的支付能力都会随着社会群体和时间的不同而发生变化，再加上水是一种初级产品①，这就引出了水资源分配的公平公正问题（Collinge，1992；Herbert and Kempson，1995），尤其在水价对于某些用水形式（如饮用水）的用水量没有价格弹性的情况下，公平公正问题更为突出。合理的供水价格会促进区域经济或国家经济增长，尤其对农业和初级产业来说（Schama，1995）。

如第9章的观点所述，经济手段可以改变用水行为，但可用于验证此观点的实际证据却充满不确定性。尽管施行一些简单的水价政策（如梯级水价）后，家庭用水户的用水量从总体上来说有了预期的反应②，但是详细的用户反应过程却难以构建。不同类型的用水户对经济手段的反应方式和反应时间显然不同。尽管已经有许多研究证实了用水量和水价之间的相关性（表12.1），但是Achttienribbe（1998）对荷兰水价格弹性的研究结果又引起了人们对各用水行业的水价弹性的疑问。此研究显示，水价上涨对工业用水量的影响大大超过对家庭用水量的影响，然而，由于这种影响并不是立即就能显现出来的，故无论是对工业用水，还是对家庭用水，计算水价弹性系数都相当困难。

众多研究表明，人们节水的最大动机是省钱（金钱刺激），而非节约水（环境刺激）。这就是说，如果通过节水而节省下来的资金超过执行节水措施的成本，则企业就会采取节水措施（Holt et al.，2000）。研究者也注意到，对水资源依赖程度较高的单位对注重用水效率的水价体系的接受度更高（Rees，1969）。价格机制在发展中国家作用有限，Arntzen（1995）研究指出，在博茨瓦纳，经济手段应用有限的原因是水务非市场化运营、财产权定义不清和居民收入偏低。

12.2.2 监管手段

正如前面提到的，监管手段包括强制性与授权性的法律、法规、政策、标准和指南。通过这些措施可以减少高效用水在制度、法律和经济方面的障碍，也可以对不必要用水或浪费水的行为形成约束作用。虽然中央政府是最高行政权力机

---

① 所谓的初级产品是指人类生存所必需的资源（参见联合国的人权文件，第25/1条）。

② 如Nieswiadomy与Molina（1989）发现，累降梯级水价使用水量会升高，而累进梯级水价使用水量会下降。

关并常常是措施执行权力的最终来源，但是对规章的制定、颁布和执行的权利越来越多地被下放给地方政府、监管机构，甚至是商业机构。用水监管手段的范围和形式反映了国家或联盟机构的法律和行政体系结构。一些比较常见的手段包括制定关于规划、建筑和管道工程的指南（如标准和规范）、制定加强规划部门权力的授权法律，包括为特定节水技术设定目标、紧急状态下赋予监管机构特殊权力、执行要求考虑用水效率的框架法律等。Ward 和 King（1998）发现，扫清节水制度障碍的法律能够提高稀缺水资源的整体经济效益。紧急状况下，经常会有一些监管措施出台，而禁止使用橡胶软管之类的措施其实际效果取决于所应对的问题在人们心中的可信度。例如，有研究显示，只有人们认为面临的问题是区域性问题而不是水务公司自身的问题时，才会接受橡胶软管禁令和使用公共水龙头（Lawson，2002）。

尽管监管手段对用水模式可以产生可预期的立竿见影式的效果，但是实施监管手段时必须充分考虑以下问题。首先，人们对监管措施的合理性的认识显著影响其最终效果。人们会有以下疑问：措施制定者是否准确理解了所面临的问题，且这种理解又是否得到了广泛的认可？监管机构制定措施的公信力与能力如何，会不会利用涨价来谋取私利？其次，许多监管措施必须依靠强大的监督和执行力度，而这些行为本身也会消耗大量资源。最后，对于任何一项监管措施来说，实施对象逃避、欺诈和违规的行为都会大大影响措施的效果，他们可能会不顾政策上的规定，以某种阻力较小的渐进的方式（非正面冲突或示威的方式）来实现对他们自身有利的结果（Long，1992）。

12.2.3　技术手段

技术手段包括对供用水系统进行物理上或结构上的改进，以及安装高效用水设备或系统（如第4章所述）。许多利益相关方都会采取此类行动，这些行为有时候是作为对其他政策手段（监管、教育和经济手段）的响应而出现的。在这里，我们对个人采取的技术改造行为不予讨论，只讨论政府部门和私营机构的行为。例如，供水公司通过降低供水水压来减少饮用水的用水量和漏损量，对漏损管网进行修缮以及向用户提供节水装置；政府和监管部门通过技术示范工程展示某节水设备或系统带来的效益；很多企业在家庭高效用水设备、高效灌溉制度体系、低耗水作物和其他节水技术上所取得的长足进步。实施技术类政策面临的困难主要是缺乏配套的知识和方法以有效地安装使用技术。另外，只有了解了新技术对现有供用水体系的影响之后，才能将它应用于住宅、街道和供水基础设施当中。

过去10年里，用水计量对需水的影响引起了人们广泛的关注。许多研究都表明，采用计量手段既可以在短期内减少总用水量（Herrington，1998），也可以降低高峰期需水量（EA，2000）。表12.2 中汇总了许多地方采用计量后的家庭节水量。

表 12.2　根据 OECD（1999 年）计量和按量收费数据估算出的节水量

（主要针对独户居住的住房类型）

研究区域	研究时段	比较对象	计量后节水量	参考文献
加拿大的科林伍德和安大略	1986～1990 年	夏季峰值	37%	Anon（1992）
英国 9 个计量试验点	1988～1992 年	7000 户家庭（分为 9 个实验组和 9 个控制组）	平均值 11.9%	Herrington（1997）
英国维特岛	1988～1992 年	5000 户住宅，计量覆盖率从 1% 增加到 97%	每年 21.3%	DoE（1993）
西班牙巴塞罗那	20 世纪 90 年代初期	对 2927 个用户进行计量后	每年 12.8%	Sanclemente（时间不详）
英格兰东部	20 世纪 90 年代		每年 15%～20%；夏季峰值下降 25%～35%	Edwards（1996）
英国肯特的橡树公园	1993～1996 年	61 户住宅	每年：27.5%；夏季峰值下降最高达到 50%	Mid-Kent（1997）
阿联酋阿布扎比市	2000 年	实行计量收费后	耗水量平均减少了 29%	Abu Qdais 和 AL Nassay（2001）

　　研究表明，如果节水改造项目（如安装小容量马桶水箱）宣传有力、管理得当且免费派送节水装置，那么公众对这些项目的态度就会比较积极（Sarac et al.，2002）。人们也可能会因为审美方面的原因而拒绝节水改造，尤其是对于刚装修完浴室或厨房的居民来说。选择在周末时间作业相对更受欢迎（EA，2000）。节水改造的成功实施还有可能归功于其他一些看似与水无关的原因，例如，Cameron 和 Wright（1990）发现，一些家庭决定安装淋浴节水设备的原因是想节省给水加热的费用。

包括 Lam（1999）和 Shiva（1991）在内的许多作者都指出，文化变革是新技术得到广泛应用的必要前提。即使消费者对节水抱有积极的态度和行为，许多外部限制条件仍可能会以节水产品的可获得性或其价格的形式，制约着节水新技术的应用程度。因此，为了防止出现意料外的困难和社会剧变现象，应该在推广技术的同时解决文化方面的问题。研究人员为了鉴别出哪一类人群对节水的接受程度更高而做了大量研究。尽管这些研究结果不具备统计意义，但是它们的确显示出如下趋势：收入高和受教育程度高的人群对节水措施表现出更为积极主动的态度（de Oliver，1999）。

12.2.4　教育手段

通过多种渠道和媒体对用水户进行的教育，主要是为了改善他们的用水行为并促进他们主动进行节水。教育是长期节水战略中的核心手段，它不仅利用印刷物、视频、音频等媒体形式进行传播，也可以面对面的方式进行（Grisham and Fleming，1989）。随着开发了更多的以达成共识、社区知情为特征的水资源管理方法，在参与式规划（House，1999）和社会学习（Parson and Clark，1995）方面取得的进展对教育这种政策手段的制定和执行产生了深远影响。虽然传统上一直用"教育"这个词来描述该政策手段，但是鉴于其过程中多方协作的特点，人们觉得越来越有必要换一个更好的词汇来描述，如"沟通"或"对话"，本书偏向于使用后者。促进节约用水的对话手段的例子包括：

（1）实行竞赛、奖励和认可等活动；

（2）建立示范点和信息交流中心；

（3）同主要的用水户进行面对面的交谈；

（4）进行社会推广活动，如广播通知、手册、传单、展览、标语、海报、广告、公报、主题活动、网站、逐户宣传、报纸文章以及广播和电视节目等；

（5）出版物，如"如何做……"之类的手册、案例研究、技术报告和各种信息资源库；

（6）学校活动和材料，包括书籍、游戏、视频和 CD、竞赛、课程参观与示范、教师指南、课程向导；

（7）针对不同用户群体，建立专门项目委员会、研讨会和学习班；

（8）灌溉审计和用水审计。

基于信仰决定价值、价值决定态度、态度决定行为的假说，使用对话手段是可以改变人们的行为的。然而，用态度来预测行为意图和公开行为仍然是心理学理论和研究有待提高的重点所在。Ajzen（2001）在其关于态度研究的综述文章中写道，态度对理解并预测社会行为来说是重要的，这一点已被人们普遍接受，然而这一过程还有许多问题尚待解决。事实上，许多研究（如1999年de Oliver专门针对水行业进行的研究）都指出，我们对任何环节都不能想当然，对因果过程进行实际跟踪观测是极其重要的。Zelezny（1999）曾批评指出，许多环境教育活动都声称改变了人们的行为，但是其实他们当中的绝大多数都依赖于教育对象对其行为改变的自主报告，要知道这种自主报告的内容常常与他们的实际行为是不相一致的。

由于对话手段在用水行为管理上存在以上局限性，就要求有更多行动予以辅助，如开展目标更为明确的节水运动（Aitken et al.，1994）、在方案设计初期就加大公众参与程度（House and Fordham，1997；Chambers，1992；Garin et al.，2001）、树立节水示范工程（Holt et al.，2000）以及提高公众节水热情（Stern and Gardener，1996）。

以对话方法影响用水的研究的另一个重点是沟通。Aitken等（1994）发现，用水户得知自己的用水量后，其用水行为短期内会发生积极改观，而且如果他们意识到了自己存在行为与态度不一致的问题时，就会做出努力以减小这种不一致性。还有一些关心大众科学认知的学者比较了消费者面对不同沟通方式的理解差异，指出对于公众来说，没受教育总好过受到不良教育（Stott and Sullivan，2000）。

对话作为一种水政策工具还存在以下问题：难以进行方案效果评价（EA，2000）[①]、需要加大信息沟通力度才能保持住已有成效（Wang et al.，1999）、需要设计出适用于多种用户对象的对话程序。值得注意的是，只有在提高水价对用水户进行经济利益刺激的同时，基于信息和教育的节水手段才能产生一定的节水效果（Martin and Kulakowski，1991）。

12.3　污水回用之态度与反应

许多用户群体对在农业、市政或家庭用水中使用再生水（第3章对此有较多描述）都抱有顾虑。不论关于再生水的科学研究结果如何，公众对再生水的印象和态度都起着十分重要的作用，它可能会使一个正在运行的污水回用项目很快停运。这是一个相当复杂的问题，涉及人们的信仰、态度和信任。即使有些情况下不存在对再生水利用的内在文化障碍（Karpiscak et al.，1990），将再生水利用提上公众议事日程依然是件具有重要意义的事情。

公众对节水和再生水利用的认识不足被视为推行相关项目的最大障碍之一

---

① 然而，根据Michelsen等（1999）对一些美国城市（洛杉矶、圣地亚哥、Broomfield、丹佛、圣达菲、阿尔伯克基、LasCruces）的研究，1984～1995年非水价类节水措施使得需水量下降了1.1%～4.0%。

（DeSena，1999），发展可持续循环用水必须考虑到水资源利用的社会和文化属性。要做到这一点，就需要对传统的设计和管理活动进行扩展，包括：

（1）开发适用于不同规模和情况的技术；

（2）提供这些技术在风险、性能、成本及流域节水效果方面的分析；

（3）设法认识和理解利益相关方是如何应对各种行动（制定水价、技术应用等）的，以及这些行动所带来的制度上的变化；

（4）设法理解用水户对现有或新兴技术的态度和反应。

随着最近 10 年里适用技术与政策的快速发展，未来节水与污水回用实践的成功与否将不仅仅取决于是否具备高效的管理和可靠的工程，还取决于实施者能否正确理解项目所处的社会环境。随着家庭与社会文化的不同，节水及污水回收利用的驱动因子也会发生变化，并常常取决于有关污水回用的争论所涉及的诸多因素（Simpson，1999）；对于家庭、商业和工业用户来说，其驱动力也是各不相同的（关于驱动力和障碍的详细讨论见第 10 章）。

关于公众对污水再生利用的态度的相关研究始于 20 世纪 50 年代后期（起源于美国，随后是欧洲、中美洲以及非洲国家）。Bruvold 和 Crook（1981）对早期研究进行总结说，那些认为饮用水供应受到威胁（无论是水量还是水质）或者认为可以从污水回用中获得经济利益的人，在污水回用的态度上一般要相对更加积极一些。还有研究表明，人们对污水再生利用的接受程度还受人体与再生水接触程度的影响（WPCF，1989），也与职业有一定关系（Adams and Templer，1980）。相对于食物烹饪，人们更倾向于使用再生水进行园艺灌溉和冲洗马桶（Bruvold，1985）。

污水循环利用方面的知识与经验也是人们对再生水接受度的一个影响因素，尽管一些研究表明，该影响因素的影响力一直被高估了（Olson and Bruvold，1982）。人们对新鲜水源处理技术的信任也会对促进人们对再生水的接受（Johnson，1971）。其他的积极因素还包括用水户节省开支的意愿（Marks et al.，2002）和成功的工程示范（Gibson and Apostolidis，2001）。

研究表明，年龄、性别和教育程度也是影响因素。例如，Olson 和 Bruvold（1982）研究指出，年龄与再生水接受程度呈负相关关系，而女性对再生水的接受度一般要低于男性（尽管这一结论仅针对研究中涉及的人口）。此外，受教育程度越高的人群对再生水接受的意愿也更高。

风险认知也大大影响着人们对再生水利用的接受程度。许多其他领域的研究成果（Slovic，1993）表明，如果风险源可靠且为人们所熟悉，风险的潜在危害性较小，且出于自愿接受风险，则人们尝试风险的意愿会更大一些。还有一些对人们接受再生水起着消极影响的心理作用包括反感、敏感（Bixler and Floyd，

1997)、厌恶污秽物、过分关注健康、厌恶人类粪便（Olson and Bruvold，1982）。最后，文化因素（如宗教信仰）也很大程度上决定了人们的态度（Warner，1999）。

在人们对不同再生水用途的相对接受程度问题上，已经有了大量研究。然而，就个人对不同的再生水系统（即"水源—水处理—用水"流程）的规模和相关条件的反应差别上，我们仍然所知甚少。在再生水利用系统的使用意愿表征指标方面，我们的知识很是贫乏；如果我们想发展好小型市场并设计出有效的教育宣传材料，这种知识对我们来说是必需的。

再生水水源及再生水使用环境也可能会影响人们对系统整体的态度。比起那些看起来肮脏或危险的再生水水源，人们会更容易接受看似清洁或安全的再生水水源。此外，再生水的"使用历史"也是一个影响因素。试问读者：你是更愿意使用自家的洗澡水来冲马桶呢，还是更愿意使用邻居家的？同理，再生水系统安装的位置也可能是影响人们使用意愿的重要因素。从经济学角度来说，再生水回用技术适合用于较大尺度的系统上，如用于公共或机构建筑物内（Surendran and Wheatley，1998）。然而，尽管大尺度运行有利于提高经济效益（或许也有利于技术的发挥），我们却没有任何证据证明：人们会愿意把以上环境中的再生水系统安装在自己家中。

很显然，在设计与规划阶段，我们并不总能知道采用某项技术在最终应用时会产生哪些问题。对再生水利用技术的投资与应用进行风险分析，可以帮助我们理解可能出现的积极与消极结果。不仅如此，要想全面理解技术应用所涉及的问题，还需要全面掌握利益相关者面对该项技术的态度和潜在行为，也就是说我们应该了解潜在用户对哪些技术特点最为关心，如系统规模、安装地点和使用便利性等（而在设计与开发阶段，在技术研发人员的眼中这些特点或许并不重要）。McDaniels 等（2000）曾特别指出，再生水的美感特征也是人们考虑的因素之一，会影响人们对再生水的使用意愿，尽管美感实际上并不是可靠的水质表征指标。总之，在技术投入市场之前，甚至在工程设计之前，我们就应该了解清楚用户关心的问题是哪些，这样可以为工程设计提供反馈信息。

为了研究以上问题，Jeffrey（2002）对英国和威尔士地区的300多户家庭进行调查后发现：

（1）只要对制定再生水利用相关标准的相关机构保持信任，绝大部分人都愿意使用安装在自己家内的再生水利用系统。对于利用另一方或公共污水水源的再生水系统，人们的接受程度则相对低一些。表示不介意再生水的来源的调查对象约占一半；

（2）相比城市地区，非城市地区对再生水的接受意愿更高；尤其当再生水水源与再生水利用都不在调查对象的居所中时，两者之间的差异更加明显；

（3）在再生水（尤其是公共水源再生水）使用意愿上，计量用户比非计量用户高，采用节水措施的用户比未采用节水措施的用户高。

12.4　需求管理之外

最后我们谈谈其他一些领域的研究及其应用进展，这些领域对水政策工具的制定发挥着越来越大的作用。具体说来，所讨论的有三个话题：社会文化适应性、复杂系统与协同进化以及水的文化表征。在此，我们并不对这些领域作全面的综述，而仅仅是将它们引入水资源管理（尤其是节水）领域中，以促进新的思维方式的产生。

12.4.1　社会文化适应能力评价

面对越来越严重的水资源紧缺态势，在采取某种解决之道之前，我们应该好好想想：什么样的应对措施是个人和社区可以接受的，我们要作出适应性变化所面对的障碍有哪些？第一个障碍是用水的"便利性"。供水在世界许多地方都是面向所有人的，输水没有障碍，人们要获得水简直是一件再简单不过的事情。用水计量水平差和水价相对较低，这些事实无疑在向人们传递这样一个信息：水就是一种廉价的商品，我们拥有充沛的水资源。要想改变人们的用水模式，就必须向人们解释清楚为什么要作出这种改变。第二个障碍是"意识"。尽管人们已经知道全球正在变暖，但是科学预测存在着巨大的不确定性，这就意味着我们并不能对未来作出十分准确又肯定的预测。在洪水仍然到处泛滥的同时却要求人们减少用水，这对人们来说是两个相互矛盾的信息。第三个障碍涉及水的文化重要性：卫生、健康和社会繁荣都与供用水息息相关，有些人甚至认为，发达的供用水系统是现代化达到顶峰的标志。要想使个人和群体真正认识到减少需水量的重要责任，就必须找出使他们作出这种转变的触发机关在哪里。如果我们不能使人们的态度发生转变，那么所有的那些针对个人和群体的用水政策都将在正当性方面存在问题。债务解除方案带来了许多负面后果（Herbert and Kempson，1995），公众对区域软管禁令与公共水龙头措施的反应十分冷淡（Lawson，2002），这些事实都充分说明了政府和管理机构在用水定额管理上的无能为力。摆在我们面前的一个重要的解决方向就是，鉴别出改善个人与群体用水行为所面临的各种机遇（Lemon，1999），并据此制定出合适的措施，从而在不与人们的水意识及态度发生冲突的前提下得到正解。解决个人和集体用水问题的关键是要认识到：我们面对的消费者是由许许多多差异显著的用户群体所构成的；同样，用水市场与用水活动也充满了这种"不均一性"。

　　而对于机构或组织来说，又是什么在阻碍着他们作出适应性改变呢？我们用于鉴别个人行为驱动力的方式同样也适用于组织机构。工农业都有以利益为导向的特点，必须对他们予以经济利益的刺激才能使他们作出改变（同样也是在不与他们的价值取向发生冲突的前提下）。由于用水具有分行业的特征，故应在宏观尺度上作出适应性改变；这就要求要有长远的战略规划为支撑，而这种长远的战略规划在只注重当前利益的发展思维下是不可能出现的。"减排协会"（Holt et al.，2000）的成功运作表明，组织机构很愿意作出联合的改变。再次重申，找出行业改变的触发机关依然是关键所在。

12.4.2　复杂系统与协同进化

　　正如本章前言所述，在过去50年里，水政策领域的研究重心已经从供给方法向需求方法转移。进一步，复杂系统理论、协同进化理论以及政策构建中的文化作用、权利结构和正当性等领域新思想的出现，为水资源管理的创新发展提供了新的机遇。

　　"人类化"理论的研究领域涵盖多个范畴，如社会－自然系统、社会－技术系统；20世纪90年代，Norgaard（1994）、Tainter（1995）和Allen（1994）三人在该理论上的引领性研究堪称典范。Allen与Norgaard都认为应该摒弃对社会经济过程的机械论解释。二者的不同点在于，Norgaard从牛顿物理学的观点出发，对"因－果"过程进行理论研究，而Allen则把经济学理论列为试图建立闭合知识体系的范例。他们二人都认为，这样的闭合知识体系不能完全反映真实的世界，需要建立一种更为"流畅的"或更具"可塑性"的模型，以体现社会经济和自然资源相互作用过程中固有的混沌特征。为这些"复杂系统"建立模型的主要目的是希望形成一个统一的理解框架，为不同学科和研究者搭建一个交流平台，以提高资源管理水平，实现可持续发展。对于发达国家片面追求工业化和经济增长的发展模式，Norgaard进行了批判并提出"协同进化"理论以建立新的发展模式。Allen则试图提出一套决策方法或准则，使决策者和规划者可以对现实世界存在的模糊性进行定量表达，而这正是当前社会经济模型所缺乏的。二者都试图使人们认识到所面临的"机遇空间"，同时也认识到，与"机遇空间"相伴的还有各种固有的矛盾、杂乱的知识以及抉择的艰难性。

　　值得注意的是，一些水资源管理领域的学者已经采纳了上述思想，尤其是南非的比勒陀利亚大学，以Tony Turton为首的水问题研究组对发展中国家人群面对水资源紧缺时的社会适应能力进行了深入的思考。以占有资源少、依靠水维持基本生活的人群为研究对象，Turton 的研究工作为协同进化动力学提供了新的深刻见解（Turton，1999）。在社会文化相对于水资源状况而发生的变革问题上，协同进化观点认为，社会作出适应性变化的能力贯穿于整个历史过程，适应不单是保护环境，而是一个双向的过程。这对我们的应对策略和规划有什么启示呢？协同进化观点告诉我们的是可发生变化的范围；政策制定者所需要做的就是决定社会以何种方法与速度来作出适应性改变。

协同进化观点还告诉我们，结构调整政策是解决缺水问题的良方。结构调整虽然并不直接对水进行作为，但是它可以通过以下方式改变需水量：①调整工业和农业布局，如在缺水地区种植低耗水作物；②改善土地利用模式以适应的长期的水量分配格局；③改变区域发展模式，降低未来需水量。

协同进化理论的研究方法通常把政治因素抛开不顾，而 Lattorre 等（2000）的研究工作对此提出了质疑。他们针对西班牙（属半干旱地区）的用水进行研究，作出土地利用和水利工程的布局变化图，并与人口流动和各地经济发展对照，试图理解研究区的各种社会发展变化过程。该研究表明，土地利用系统的变化绝不仅仅是对环境的一个简单响应，在区域开发以后，它还包括物种和技术的进入。就技术与环境的关系来说，绝不能简单地理解为"技术把自然景观调整到人类期望的状态"，输入的技术对环境其实有一个反复的适应性调整过程。这些技术上的调整是由社会和政治原因决定的，而不是环境本身所要求的，换言之，这完全是一个人为的过程。因此，技术的适应性调整与社会 – 文化过程的关系和与政治需求的关系一样密切。

Mazmanian 和 Kraft（1999）对改变我们的社会民众以实现多项可持续发展公民目标所面临的障碍与潜力进行了研究。他们认为，十分有必要建立强有力的草根阶层集体组织以增加公民参与力度，促进利益相关者对新的发展投资。这种注重可持续性集体行动的思想在 Schrama（2000）对机构行为变化的研究中也有体现。

12.4.3　水是文化的标签

任何关于用水的言论都是建立在用水体制和对水的文化理解的基础上的。许多国家的用水体制都是基于对私有财产权的保护而建立的：不论是私人取水还是公共取水，水都属于某一个人或某一个组织。水并不是可供所有人随便取的，取水权不是基于需要进行分配的，而是基于合法权利进行分配的。尽管我们在这里并非专门讨论水权，但从以上论述中我们不难得知何种文献有益于我们进一步的研究。对于涉及水权分配的问题和体制结构来说，Davis（2001）对美国西部缺水问题的研究提供了一个很好的基本指导，并将水权分配与历史上对"人类与自然"关系的边疆心态联系起来。而 Aguilera-Klink 等（2000）进行的研究则是这一领域的典范：通过对"缺水"这一概念进行解构，他们对"如何解释与水相关的社会结构的发展"以及"是什么决定着人们对水的态度"进行了有力的论证，并对一个体制框架下用水模式的形成过程进行了详细研究。他们不仅仅讨论了水的获取方式和定价方式，而且突出强调了公众对缺水的理解可能会引发"恐慌性用水"，从而使缺水形势更加严重。由于用水与社会进步有密切的联系，用水活动的动态变化都是在社会权力体系的制约下发生的。该文是为数不多的强调水与权力关系直接决定了用水水平的文章之一。许多直接依赖于水的人掌握着丰富的局部信息（季节性径流、地下水深度等），但他们对水系统的整体却知之甚少，文章也对此现象进行了解释。

我们若要在用水、对水的认识和态度、水管理适应性变化三个方面做好，就必须理解水是如何成为权力载体的、水如何衍生出各种形式的知识以及如何成为传播知识或执行权力的方法。我们不能抛开权力来谈论人们的行为。行为是习得的，具有社会文化性，也就是说我们通过学习来作出改变，以适应我们的环境。在这一过程中我们获得了知识，而这些知识又会帮助我们在社会里形形色色的权力网络中作出行动。运用权力理论，我们可以把水作为一种控制手段来研究，而不仅仅是作为一种社会产品或经济商品。

通过对用水户与水的互动关系进行了解，可以发现"缺乏知识"和"缺少权力"是如何联系在一起的。Foucault 的研究工作（Foucault，1970）将权力与知识捆绑在一起：他指出，专家们拥有相对较多的知识，并因此掌握了大量权力，他们的存在实际上常常阻碍了公众参与。环境心理学告诉我们，人的心理是由"人如何看待环境中的自己"与"如何看待自己作为自然循环的组成部分"来塑造和决定的。在英国，Strang（2001）与 House 和 Fordham（1997）都对水对人类心理的影响进行了研究。Strang 指出，农村人群的认知与河流有着紧密的联系；当地水体的健康状况反映了更大的环境的状态（Strang，2001）。而 House 和 Fordham（1997）则着重研究了河流廊道的作用以及当河流廊道发生变化时公众作出的反应。两项研究都表明：公众对环境变化有着强烈的反应，不能参与决策制定过程给公众带来了强烈的挫折感。

12.5 总结：关于能力建设的一些评论

前面几节就个人和群体对不同节水措施的反应进行了回顾，对一些可能对未来的思考有所帮助的理论框架进行了探讨。本章关注的重点是如何理解人与机构的行为，虽然近10年来该方面的研究数量和质量都有所提高，但是在相关知识的探索道路上仍然存在三大难题。

第一，相关的知识零散地分布于不同学科领域，如社会学、人类学等，而非水资源管理领域。这使得水行业从业者在寻找相关知识上存在很大困难，例如，在需要时他们不知道应该搜索哪一类研究的进展，或是求助于哪一类的学者。对于这一问题，目前尚无实质性的解决之道，虽然通过专门的出版物或活动使商业机构有机会了解水资源管理人文研究的进展对解决该问题会有帮助。

第二，很多水务单位都没有认识到或发挥起软科学所具备的潜在作用。几十年来，供水单位与管理部门一直在强调工程、技术、基础设施的发展，他们对"人"这个因素进行研究仅仅基于两个动机：行销（如何把工程产品卖出去）和公关（设法让人们相信建设工程的益处）。这里的问题超出了相关人员在学校里学到的知识范畴。对人的行为或态度进行研究，尽管其成果对预测没有什么帮助，但是这并不代表这些成果没有价值。研究人员在进行此类研究之前，应该明确研究的价值所在，并且要认识到，他们的研究很可能只能是分析问题，而不能解决问题。

第三，涉及对合适的研究角度和研究队伍的选择。人文与社会科学促进水务产业进步的潜力是巨大的。传统的学科范式（如历史学、心理学、社会学、人类学等）固然具有很多的优点，但学科之间也存在隔阂；而新出现的理论框架、方法和观点不仅加强了传统学科的优点，还将它们相互联系了起来。各个学科或观点之间通常并不相互抵触。真正有用的见解通常只有通过优秀的多视角研究才能产生，这就给我们提出了"如何构建研究体系以及选择合适研究技术"的问题。资源性的约束（谁可以承担研究工作以及报酬是多少）将在很大程度上决定开展研究工作的人选，这就使得研究的严密性和成果的价值性难以得到保证。对于以上问题，我们没有捷径可走。水资源管理机构应该从实践中学习，并将他们在构建以人为重点的研究体系过程中积累的经验及研究成果及时发布出去。

经济、环境与社会的发展和水资源的量与质紧密联系，共同进化，我们应从更深更广的角度去理解它们之间的关系。就其本质而言，可持续发展考验的是人类的适应能力。笼统一点说，水资源管理的目标应该是：在供水安全上提高适应能力——不仅保证人类用水，也保证生态用水。相比于政策、技术和基础设施，人可以更为迅速地作出改变与适应；而这种适应性变化具有改变用水的潜力，我们所面临的挑战就是要认识与理解这种潜力，并把它充分利用起来。

12.6　参考文献

Abu Qdais, H. A. and Al Nassay, H.I. (2001) Effect of pricing policy on water conservation: a case study. *Water Policy* **3**(3), 207-214.

Achttienribbe, G.E. (1998) Water price, price elasticity and the demand for drinking water. *Aqua* **47** (4) , 196-198.

Adams, R.A. & Templer, D.I. (1998) Body elimination attitude and occupation. *Psychological Reports* **82**, 465-466.

Aguilera-Klink, F., Perez-Moriana, E., Sanchez-Garcia, J., (2000) The social construction of scarcity. The case of water in Tenerife (Canary Islands). *Ecological Economics* **34**, 233-245.

Aitken, C.K., McMahon, T., Wearing, A., Finlayson, B.L. (1994) Residential water use: predicting and reducing consumption. *Journal of Applied Social Psychology* **24** (2), 136-158.

Ajzen, I. (2001) Nature and operation of attitudes. *Annual Review of Psychology* **52**, 27-58.

Allan, J.A. (2000) *The Middle East Water Question: Hydropolitics and the Global*. I B Tauris, London.

Allen, P. M. (1994) Coherence, chaos and evolution in the social context. *Futures* **26** (6), 583-597.

Anon (1992) Canadian Water Utility Makes Successful Switch to Metering. *Water Engineering and Management* **139**, 20-26.

Arbués, F., Barberán, R., Villanúa, I. (2000) Water price impact on residential water demand in the city of Zaragoza. A dynamic panel data approach. Paper presented at the *40th European Congress of the European Regional Studies Association* (ERSA), Barcelona, Spain, August.

Arimah, B.C. and Ekeng, B. E. (1993) Some factors explaining residential water consumption in a Third World city - the case of Calabar, Nigeria. *Aqua* **42** (5), 289-294.

Arntzen, J. (1995) Economic instruments for sustainable resources management: The case of Botswana's water resource. *AMBIO* **24**, 335-342.

Baumann, D.D., Boland, J.J. and Hanemann, W. M. (1998) *Urban Water Demand Management and Planning*, McGraw-Hill, Inc., New York.

Bixler, R.D. and Floyd, M.F. (1997) Nature is Scary, Disgusting, and Uncomfortable. *Environment and Behaviour*, **29** (4), 443-467.

Bruvold, W. H. (1985) Obtaining public support for reuse water. *Journal of the American Waterworks Association* **77**(7), 72.

Bruvold, W.H. and Crook, J. (1981) What the public thinks: Reclaiming and Reusing Wastewater. *Water Engineering & Management*, April, 65.

Bulloch, J. (1993). *Water Wars: Coming Conflicts in the Middle East*. Victor Gollancz, London.

Butler, D. (1993) The influence of dwelling occupancy and day of the week on domestic appliance wastewater discharge. *Building and Environment* **28** (1), 73-79.

Cameron, T. A. and Wright, M.B. (1990) Determinants of Household Water Conservation Retrofit Activity: A Discrete Choice Model Using Survey Data. *Water Resources Research* **26** (2), 179-188.

Chambers, R. (1992) *Rural appraisal: rapid, relaxed and participatory*. IDS Publications, Brighton.

Collinge. R. A. (1992) Revenue neutral water conservation: Marginal cost pricing with discount coupons. *Water Resources Research* **28** (3), 617-622.

Davis. S. K. (2001) The politics of water scarcity in the Western states. *The Social Science Journal* **38**. 527-542.

De Oliver. M. (1999) Attitudes and inaction: A case study of the manifest demographics of urban water conservation. *Environment and Behaviour* **31**(3), 371-394.

De Sena. M. (1999) Public opposition sidelines indirect potable reuse projects. *Water Environment & Technology*, May.

Detwyler. T.R. and Marcus. M.G. (1972) *Urbanization and Environment: the physical geography of the city*. Duxbury Press, California.

DoE (1993) *Water Metering Trials: Final Report*. Department of the Environment. London.

Dziegielewski. B. Rodrigo. D.M. and Opitz. E. M. (1990) *Commercial and industrial water use in Southern California (Final Report)*. Planning & Management Consultants Ltd. Report for the Metropolitan Water District of Southern California, Los Angeles.

Edwards. K. (1996) The role of leakage control and metering in effective demand management. In *Conference Proc. Water '96: Investing in the Future*, London.

EA (2000). *On the right track: A summary of current water conservation initiatives in the UK*. Environment Agency.

Foucault. M. (1970) *The order of things*. Tavistock., London.

Garin. P. Rinaudo. J. D. and Ruhlman. J. (2001) Linking expert evaluations with public consultation to design water policy at the watershed level. In *Proc. IWA World Water Congress*, Berlin. October 2001.

Gibson, H. E. and Apostolidis, N. (2001) Demonstration, the solution to successful community acceptance of water recycling. *Water Science & Technology* **43** (10), 259-266.

Grisham. A. and Fleming. W. M. (1989) Long-term options for municipal water conservation. *Journal of the American Water Works Association* **81** (3), 33.

Gundermann. H. (1986) Primary influence factors on domestic water demand in Europe. *Aqua* **2**. 81-85.

Herbert. A. Kempson, E. (1995) *Water debt and disconnection*. Policy Studies Institute, London.

Herrington. P.R. (1997) Pricing Water Properly. ch. 13 in (ed.) O'Riordan, T., *Ecotaxation*. Earthscan: London.

Herrington. P. R. (1998) Analysing and forecasting peak demands on the public water supply. *Journal of the Chartered Institution of Water & Environmental Management*. **12**, 139-143.

Höglund, L. (1999) Household demand for water in Sweden with implications of a potential tax on water use. *Water Resources Research* **35** (12), 3853-3863.

Holt, C. P., Phillips, P. S. and Bates, M. P. (2000). Analysis of the role of waste minimalisation clubs in reducing industrial waste demand in the UK. *Resources, Conservation and Recycling* **30**, 315-331.

House, M.A. (1999) Citizen Participation in Water Management. *Water Science and Technology* **40** (10), 125-130.

House, M. A. and Fordham, M. H. (1997) Public perception of river corridors and river works. *Landscape Research* **22** (1), 25-44.

Jeffrey, P. (2002) Influence of technology scale and location on public attitudes to in-house water recycling in England & Wales. *Journal of the Instiitution of Water & Environmental Management* **16** (3), 214-217.

Johnson, J.F. (1971) *Renovated Wastewater: An Alternative Source of Municipal Supply in the U.S.* University of Chicago, Department of Geography Research, Chicago, IL.

Karpisck, M., Foster, K. and Schmid, N. (1990) Residential water conservation: Casa del agua. *Water Resources Bulletin* **26** (6), 939-948.

Lam. S.P. (1999) Predicting intentions to conserve water from the theory of planned behaviour, perceived moral obligation and perceived water right. *Journal of Applied Social Psychology* **29**, 1058-1071.

Latorre. Juan.G., Picon. A.S., Latorre. Jesus.G. (2000). Water, irrigation systems and society in semi-arid Mediterranean environments. In *Proc. Third Biennial Conference of the European society for Ecological Economics*, Vienna Austria, May.

Lawson, R. (2002) Demand management during a drought. In *Proc. CIWEM conference on Planning & Managing Drought.* May, London.

Lemon, M. (1999). Social enquiry and natural phenomena. In Lemon.M. (Ed.). *Exploring environmental change using an integrated method.* Gordon and Breach, Australia.

Long, N. (1992) From paradigm lost to paradigm regained? The case for an actor oriented sociology of development. In Long N. and A. Long (eds.), *Battlefields of Knowledge: The Interlocking of Theory and Practice in Social Research and Development*, Routledge, London.

Lyman, R.A., 1992. Peak and off-peak residential water demand. *Water Resources Research* **28** (9), 2159-2167.

Marks, J., Cromar, N., Fallowfield, H., Oemcke, D. and Zadoroznyj, M. (2002) Community experience and perceptions of water reuse. In *Proc. IWA 3rd World Water Congress*, Melbourne, Australia, April.

Martin, W. E., and Kulakowski, S. (1991) Water price as a policy variable in managing urban water uses: Tuscon, Arizona. *Water Resources Research* **27** (2), 157-166.

Mayer, P., DeOreo, W., Opitz, E., Kiefer, J., Davis, W., Dziegielewski, B., and Nelson, J. (1999) *Residential End Uses of Water.* American Water Works Research Foundation, Denver, Colorado.

Mazmanian, D. A. and Kraft, M. E. (1999) *Towards Sustainable Communities.* MIT Press, Cambridge, Massachusetts, USA.

McCully, P. (1996) *Silenced Rivers: The political ecology and politics of large dams.* Atlantic Highlands, London.

Mid-Kent (1997) *Meter Pilot Project Report 1.* Mid-Kent Water Plc., Snodland, UK.

McDaniels. T. L.. Axelrod. L. J. and Cavanagh. N. (2000) Public perceptions regarding water quality and attitudes towards water conservation in the lower Fraser Basin. *Water Resources Research* **34** (5). 1299-1310.

Michelsen. A. M.. McGuckin. J.T. and Stumpf. D. (1999) Nonprice water conservation programmes as a demand management instrument. *Journal of American Water Resources Association* **35** (3). 593-602.

Mukhopadhyay. A. Akber. A. and Al-Awadi. E. (2001) Analysis of freshwater consumption patterns in the private residences of Kuwait. *Urban Water* **3**. 53 -62.

Nauges. C. and Thomas. A. (2000) Privately-operated water utilities, municipal price negotiation, and estimation of residential water demand: the case of France. *Land Economics* **76** (1). 68-85.

Nieswiadomy. M. L.. and Molina. D. J. (1989) Comparing residential water demand estimates under decreasing and increasing block rates using household data. *Land Economics* **65** (3). 280-289.

Norgaard, R. B. (1994) *Development Betrayed: The end of progress and a coevolutionary revisioning of the future*. Routledge, London.

OECD (1999) *Household water pricing in OECD countries*. Final report by Working Party on Economic and Environmental Policy Integration, OECD, Paris.

OFWAT (2000) *Patterns of demand for Water in England and Wales 1989 – 1999*. Office of Water Services. Birmingham, UK.

Olson, B.H. & Bruvold, W. (1982), Influence of social factors on public acceptance of renovated wastewater. In *Water Re-Use*, MiddleBrookes.

Parson, E. A. and Clark, W. C. (1995) Sustainable development as social learning: theoretical perspectives and practical challenges for the design of a research program. In L. H. Gunderson & C. S. Holling (eds.) *Barriers and Bridges to the Renewal of Ecosystems and Institutions*, Cambridge University Press, New York, 428-460.

Pint, E. (1999) Household responses to increased water rates during the California drought. *Land Economics* **75** (2), 246-266.

Reynard, N. (2002) Climate change and drought. Paper presented at the CIWEM Conference on Planning & Managing Drought, 16th May 2002, London.

Rees, J. (1969) *Industrial demand for water: a study of South East England*. London School of Economics, London.

Sarac, K., Day, D. and White, S. (2002) What are we saving anyway? The results of three water demand management programs in Melbourne. In *Proc. IWA 3rd World Water Congress*, Melbourne, Australia, April.

Schama, S. (1995) *Landscape and memory*. HarperCollins, London.

Schrama, G. (2000) *Stimulating environmental innovations by optimising the organisation's scope of choice*. CSTM-report presented at the 16th EGOS Colloquium 'Organisational Praxis', Helsinki School of Economics and Business Administration, Finland, ISSN 1381-6357, July.

Shiva, V. (1991) *The violence of the green revolution: Third world agriculture, ecology and politic*, Zed Books, London.

Simpson, J. M. (1999) Changing community attitudes to potable re-use in South-East Queensland. *Water Science and Technology* **40** (4-5), 59-66

Slovic, P. (1993) Perceived Risk, Trust and Democracy. *Risk Analysis* **13** (6), 675-682.

Stern, P. C. and Gardner, G. (1996) *Environmental problems and human behaviour*. Allyn and Bacon, Boston.

Stevens, T.H., Miller, J., Willis, C., (1992) Effect of price structure on residential water demand. *Water Resources Bulletin* **28** (4), 681-685.

Stott, P. and Sullivan, S. (2000) *Political ecology: science, myth and power*. Arnold, London.

Strang, V. (2001) *Evaluating water: cultural beliefs and values about water quality, use and conservation*. Water UK, Suffolk.

Surendran, S. and Wheatley, A. D. (1998) Grey-water reclamation for non-potable reuse. *Journal of the Chartered Institution of Water & Environmental Management* **12** (6), 406-413.

Tainter, J. (1995) Sustainability of complex societies. *Futures* **27** (4), 397-407.

Turton, A. R., (1999) *Water scarcity and social adaptive capacity: Towards an understanding of the social dynamics of water demand management in developing countries*. MEWREW Occasional paper No.9. Water issues study group, SOAS.

Twort, A., Law, F., Crowley, F. and Ratnayaka D. (1993) *Water Supply* (Fourth edition). Arnold, London.

Wang, Y. D. Song, J.S. Byrne, J. and Yun, S.J. (1999) Evaluating the Persistence of Residential *Water Conservation Journal of the American Water Resources Association* **35** (5), 1269-1276.

WPCF (1989) *Water Reuse: Manual of Practice* (Second Edition). Water Pollution Control Federation, Alexandria, USA.

Ward, F.A. and King, J.P. (1998) Reducing institutional barriers to water conservation. *Water Policy* **1** (4), 411-420.

Warner, W.S. (1999) The influence of religion on blackwater treatment. In *Proceedings of the 4th International Conference on Managing the Wastewater Resource, Ecological Engineering for Waste Water Treatment*, Aas, Norway, June.

Zelezny, L.C. (1999) Educational interventions that improve environmental behaviours: A meta–analysis. *Journal of Environmental Education* **31**, 15-18

Zhou, S.L., McMahon, T.A., Walton, A. and Lewis, J. (2000) Forecasting daily urban water demand: A case study of Melbourne. *Journal of Hydrology* **236**, 153 – 164.

13　需水管理的决策支持工具

Christos K. Makropoulos

13.1　引言

前面的章节已经讨论了需水预测问题，指出了需水削减技术和系统（其中包括水的循环利用、使用节水器具以及减少管网漏失），并从法律、经济以及消费者的角度介绍了发达国家和发展中国家的需水管理情况。本章将集中讨论用于相关领域决策支持的软件工具。由本书前文可见，需求管理问题远非使用几个简单的工具就可以解决的，因此，我们只能说当前所谓的"智能"工具可以支持城市水管理（特别是需水管理）的决策者作出决策，而非取代他们进行决策。本章介绍了"智能"工具的开发及应用现状，其中包括（但不限于）基于遗传算法、模糊逻辑、知识工程、分布式智能、神经网络以及系统动力学等各种理论的决策支持系统。

13.2　决策支持系统

1960 年，Simon（1960）在对结构化与非结构化系统的研究中首次提出决策支持系统（DSS）的核心概念。他认为，任何决策问题都属于以"完全结构化"和"完全非结构化"为边界的连续域。图 13.1 展示了基于 Simon 理论的动态决策过程。对于结构化问题，决策者事先知晓关于系统本身及其运行规则的所有信息，于是问题的解法便可以分解为一系列计算机编程任务（Malczewski，1999）。

相反，我们把那些定义不清、编程手段不能解决（解法不可重复）的问题称为非结构化问题，其求解过程关键取决于决策者的经验，而计算机则发挥不了多大作用。然而，现实世界的问题很少是完全结构化或完全非结构化的极端情况，而多是属于两者之间的所谓半结构化问题（Malczewski，1999），这正是决策支持系统所关注的问题。虽然人们早就对基于模型的环境和资源管理决策支持系统进行讨论并加以提倡（Fedra，1996），但是真正在公众讨论和政策制定过程中得到应用的实例并不多见，尤其是以社会而非商业为最终目的的成功应用实例还十分罕见。

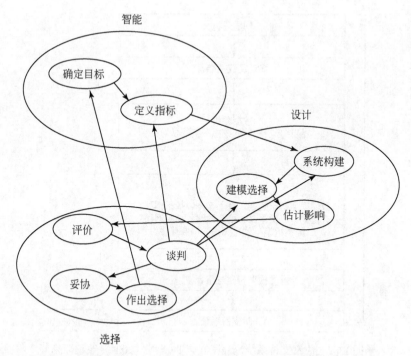

图 13.1　根据 Simon "智能—设计—选择" 的理念而制定的决策机制

城市环境问题的决策者尤其需要具备以下功能或特点的工具（Seder et al.，2000）：

（1）整合与协调领域层面的信息；

（2）为分析、观测、评估及预测系统状态提供支持；

（3）以专家知识为基础，为经济、社会和环境协调发展提供决策支持；

（4）所用的信息工具对用户而言简单易懂，没有计算机语言基础的用户也可以使用。

上述要求意味着，面对推理或决策过程中固有的模糊性和不确定性，这些工具（或说决策支持系统）原则上应将知识和推理能力进行整合，使其成为系统功能的重要组成部分。需水管理决策环境十分复杂，要想制定出最优的规划方案，其前提是对各种不同时空分辨率的异质信息进行综合处理，而这一过程需要智能支持。决策支持系统的结构示意图如图 13.2 所示。

以下各节分别讨论 4 种用途的决策支持系统：①用于需水预测；②为不同地方实施需水削减战略提供支持；③从城市水系统全局出发，对需水进行管理；④为决策者之间的协商谈判及与公众的沟通提供支持。本章最后将对决策支持系统的发展水平进行总结，并就它们在需水管理决策中的作用和功能提出一些思考。

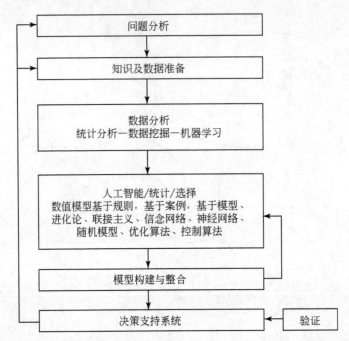

图 13.2　决策支持系统流程图（自 Poch 等（2004）改编而来）

13.3　需水预测工具

正如第一章中所述，需水预测既可以对长期需水趋势进行评估（如使用时间外推法、终端用水分解法、单系数法以及多系数法），也可以在短期内对供配水系统的运行进行优化（如使用概率方法、基于记忆的学习法、时间序列模型（如 Box Jenkins-Arima 自回归移动平均模型）以及神经网络）。

一般来说，供水公司通过对气候条件、行为模式、特殊事件以及以往的用户需水量之间的关系进行分析，可以估算出用水户未来的需水量（Lertpalangsunti et al.，1999）。实际操作中，采用单一的预测方法往往产生较大的预测误差（Mo-hammed et al.，1995），尤其当研究区存在多种类型的用水模式时，误差会更大。将多种预测方法和手段结合使用，可以提高预测的准确度（Lertpalangsunti et al.，1999）。下面将分别介绍这些工具以及它们的综合运用情况。

Liu 等（2003）构建了一个简单的神经网络工具，并运用它来预测中国渭南市的生活需水量。神经网络（NN）由大量简单的处理节点（神经元）相互联结形成，可模仿人脑处理信息的过程（图 13.3）。神经网络具有学习能力，通过使用一系列输入输出数据对其进行训练后，神经网络可以逐渐逼近一个未知函数。

因此，神经网络具有对复杂的、不完整的信息进行归纳的能力。Jain 和 Ormsbee（2002）将传统的短期需水预测方法（包括回归分析法和时间序列法）与基于神经网络与基于规则的工具系统进行比较，探讨了它们在处理同一问题时各自的效果。通过对 8 种不同的需水预测方法的比较（4 个传统的方法，4 个基于神经网络或基于规则的系统），他们得出结论，后面 4 种方法在所有情况下都优于前 4 种，虽然其实际的预测效果取决于数据的特点。使用神经网络时应当谨记：数据的好坏决定着预测效果的好坏。神经网络是一种"黑箱"工具，其学习过程并非依靠知识，而是依靠数据来驱动的，其效果仅取决于当地提供的训练样本数据的准确性，这是神经网络的缺陷之一。例如，冗余数据或数据之间相互冲突都会造成训练偏差（Shi and Muzimoto，2001）（图 13.4）。

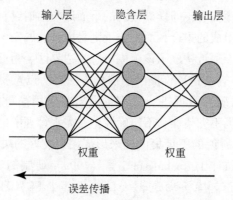

图 13.3　神经网络示意图。在训练期，输入输出层之间的权重调整机制可以
使输出的误差逐渐减小，直到达到预设最小值

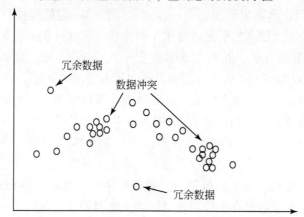

图 13.4　假设的神经网络训练数据（改编自 Shi 和 Muzimoto（2001））

基于规则的系统（采用大量 if-then 规则）可以更好地将专家知识利用起来。

从 Wang 和 Mendel（1992）到 Shi 和 Muzimoto（2001），将神经网络和基于规则的系统结合运用（如"神经 – 模糊系统"）的工具越来越常见。这些工具试图通过神经网络的学习能力为基于规则的系统建立起恰当的 if-then 规则，而规则库又可以为神经网络提供运算起点，以便神经网络在现有数据基础上对规则作进一步调整。

An 等（1996）为基于规则的需求管理系统提出了另一种规则生成方法，即采用基于变精度粗糙集合模型（Pawlak，1991）的分类规则形式的数据挖掘技术，生成概率规则。粗糙集合理论认为，给定论域中的任何对象都对应着一定的信息（数据、知识）；在所有信息当中，具有相同信息的各个对象是相似的；由于这种相似性，某些研究对象是不可分辨的，即可以认为它们是同一类对象。因此，模糊的概念并不能用其包含的各元素的信息来完全表达。粗糙集合理论提出，可以用一对精确概念来代替表示模糊概念，即模糊概念的下逼近与上逼近。下逼近是所有肯定属于该模糊概念的对象组成的集合，而上逼近则是由可能属于该模糊概念的对象组成的集合，上逼近减去下逼近构成了该模糊概念的边界区。粗糙集合理论可用于发掘数据的分类形式。An 等（1996）提出的这种方法之所以重要，是因为他们的工具可以针对不完整不精确的数据进行处理，提出并采用简单的、易于用户理解的"if-then"规则，而数据不完整性和不精确性正是需水管理中最常见的情况。

接下来，将以上所说的工具集成起来形成用户友好的决策支持系统中就是顺理成章的事情了。例如，Lertpalangsunti 等（1999）研制的 IFCS 工具箱，不仅包含神经网络模型，还支持模糊逻辑（fuzzy logic，FL）和基于案例进行推理（case-based resoning，CBR）。模糊逻辑可以对语言变量与规则进行数学表达。在经典集合论中，所有元素都只有属于或不属于某集合两种情况（即它们的隶属度为 1 或 0）。然而在模糊集合理论看来，元素可以"一定的程度"隶属于某一个模糊集，这就为表达语言的模糊性提供了一个教学工具（例如，某专家作出判断说："这种需求管理方法'并不是非常适合'该情况"，我们就可以对这句话进行模拟）。If-then 类型的语言性规则可以通过模糊逻辑来模拟。在 CBR 中，专家知识不是以"if-then"规则来体现，而是体现在案例库里，每个案例都包括对以往问题、解法及结果的描述。在 IFCS 中，开发者可以用规则、程序和流程图来进行预测。IFCS 是作为包含在某商用实时专家系统软件中的一个工具箱来使用的（用户可以在该软件中构建专家系统）。研究人员指出，当训练数据中包含一些无关参数（如湿度、风速）数据时，神经网络对训练数据存在过度拟合倾向，其原因在于，无关参数的存在导致神经网络无法对训练数据进行归纳，而只能是逐个地记住它们。因此，如果想要正确地使用"智能技术"，不但需要提供准确的数据集，还必须对特定情况下的需求驱动因素有着正确的认识，以鉴别出可能造成过度拟合的无关参数（对于 NN、CBR 以及基于规则的 FL 来说都是如此）。

　　Froukh（2001）研制出一个更加先进的多工具集成系统，它可以采用多种方法预测长期生活需水量，可以对各需水管理措施带来的长期节水效果进行计算，以不同单位（人数、家庭数或水管接头数）对用户数量进行预测，还可以帮助设定不同需水情景以对各需水管理方案进行评估。该工具最终成为一个流域管理决策支持系统（水资源管理信息系统，见 Jamieson 和 Fedra，1996）的一部分，是为数不多的将需水管理工具用于流域管理的案例之一。该决策支持系统集数据库、地理信息系统、专家系统、预测模型、多目标决策组件、超文本文件和用户界面于一身。

　　除了用于需水预测外，决策支持工具还可对需水管理策略和手段予以支持，相关研究见下。

13.4　需水削减策略实施支持工具

　　城市边界内的每一地点都有其自身特性和一系列的约束条件（社会、经济和工程上的约束条件）。在规划过程中，相对于把整个城市当作一个黑箱子来考虑，综合考虑具体地点的特性后制定出的规划方案更切合实际，也更为可行。在决策支持研究报告中将需水管理策略分为技术措施、经济鼓励、法律措施以及制度安排（Mohamed and Savenije，2000）。大多数支持工具实际上都是面向第一类策略而设计的。

　　人们关注最多的是漏损削减策略支持工具的发展，因为漏损削减策略涉及对管道更换优先次序的选择（Cooper et al.，2000；Goulter and Kettler，1985），而管道更换涉及资产管理行为（Babovic et al.，2002；Fenner and Sweeting，1999）。Sinske 和 Zietsman（2004）基于模糊逻辑和管道破损理论，提出了一个用于估计管道破损可能性的空间决策支持系统。系统考虑到管道的年龄（年龄超过 25 年的管道视为陈旧）、气穴的形成（考虑管道坡度、管网形态以及管网高低点，进行基于规则的模糊推理）以及树根对管道的破坏（考虑管道至树的距离和树的大小，进行模糊推理）。通过查询地理信息系统数据库，可以得到模糊推理系统的输入数据，然后采用多因素加权法计算管道破损的可能性，并依据实际的管道破损记录对模型进行校准。

　　管网修缮支持是一个复杂的多目标优化过程，十几年来，人们就如何使用遗传算法解决这一问题进行了大量研究。遗传算法是一种用于解决复杂系统大尺度组合优化问题的优化求解技术，其采用的随机搜索算法体现了对一些自然现象（遗传继承和达尔文生存法则）的模拟（Michalewicz，1996）。达尔文进化论表明，自然物种为了适应环境，不断进化出新的特点，这些特点保存在它们的基因中，而最优秀的基因通过自然选择存活下来，并一代一代往下传。这个理论的寓意是十分深刻的：达尔文的自然选择和生存过程是最复杂的需要"优化"的问题之一。进化是一个自然过程，我们可以仿照这种自然过程，建立类似的数学算法来解决我们面临的某些复杂优化问题。在遗传算法中，假设第 t 次迭代计算包含的个体数量为 $P(t)$，它们代表着优化问题的一些可能解的集合，每个个体都以"适应度"来衡量。通常情况下，适应性与优化目标函数有着紧密的关系。在第 $t+1$ 迭代过程中，从上次迭代产生的群体中选取适应度较高的的个体，并采用一系列遗传算子对他们进行重组（交配），从而构造出一个新的群体。遗传算子大体上分为两种类型：一种是一元算子（变异）——以概率选择的方式对某一个体的某一基因或多个基因发生变异，从而使该个体发生变化；另一种级别更高，称为"交叉"——通过两个或更多个体的部分基因的组合来形成多个个体。适应度越高的个体（代表着较优的解），其交配的机会越多，因而产生的后代也越多，在接下来的迭代过程中，具有高适应度的个体的优势地位越来越明显。经过许多代以后（假设迭代过程是收敛的），最优的个体就近似于最优解[①]。

Kim 和 Mays（1994）在考虑更换（或维修）管道和增加抽水量（以满足各节点需水）的费用的基础上，提出一种关于管道更换与修缮的决策支持方法。Halhal 等（1997）也运用遗传算法，建立了一个关于管网维修的多目标优化模型。其目标函数包括两大类目标：系统维修成本和维修收益。维修成本受资金预算约束，而维修收益包括系统水力性能的改进、系统灵活性的增加、系统维护与运行费用的节省以及水质改善。决策者对各分项目标设定权重，将各分项目标加权组合在一起形成总的目标函数，两类目标间形成一个选择曲线（或称帕累托曲线）。Dandy 和 Engelhardt（2001）在对基于遗传算法的配水管网维修支持工具进行综述的基础上，提出了一个基于遗传算法的单目标（使资产现值、维修及损毁成本最小化）优化求解工具，并将其应用在对澳大利亚阿德莱德的实例研究中。有趣的是，在给定的预算约束条件下，以更新管道的直径作为决策变量，该工具具有对工作进度进行安排的能力（如可以确定应在什么时候更换某根水管）。鉴于这种能力，有人提议说，可以运用遗传算法工具对各修缮策略不同力度产生的结果进行敏感性分析。这一说法对间接维修成本来说尤其适用，因为在关于维修政策的讨论中，间接维修成本仍是一个存有争议的话题（Dandy and Engelhardt，2001）。

Makropoulos 等（2003）和 Makropoulos 和 Butler（2004a；2004b）运用遗传算法和基于规则的模糊推理技术，建立了一个空间决策支持系统，可支持三种需

---

① 读者若想了解更为详细的关于（基于模式定理的）自然选择过程中遗传算法收敛性质的理论，请参阅关于遗传算法的入门教材，如 Michalewicz（1996）。

求管理策略：减少漏损（制定管道更换优先次序）、安装水表以及安装灰水回用系统。该系统具备如下功能：①对不同的削减需水情景进行比较；②运用 GIS 图，对各情景方案的实地实施作出规划；③对实现某特定需水削减目标所需的投资作出评估；④对给定投资预案下的情景方案组合进行优化。系统运行分为 5 步：①用户选择打算考虑的需水策略（可多选）；②将每项策略分解为各种属性（包括水管的直径、类型与材料、系统水压、道路类型、土壤酸碱度、建筑物年龄、各建筑单元的用水类型、经济收入和教育程度），这些属性将影响所对应的策略在具体地点的适用性；③输入属性数据作为 GIS 栅格图层，进行基于规则的模糊推理，作出与该属性相关的策略适用度分布图；④采用一系列综合考虑各空间变量风险指数（如洪水风险、环境与健康风险等）及决策者对风险的态度的方法，将既定策略对于各相关属性的适用度分布图集成起来，得到所对应策略总的适用度分布图（Makropoulos 和 Butler，正在出版中）；⑤采用多目标遗传算法，得到既满足需水削减目标，又使得投资成本最小化和社会经济效益（空间变量）最大化的策略组合方案。如同所有的多目标优化求解技术一样，使用该工具得到的结果并不是唯一解，而是一个帕累托最优解集，可以作为进一步谈判和政治选择的基础。图 13.5 是运用该工具得到的需水管理策略组合分布图。

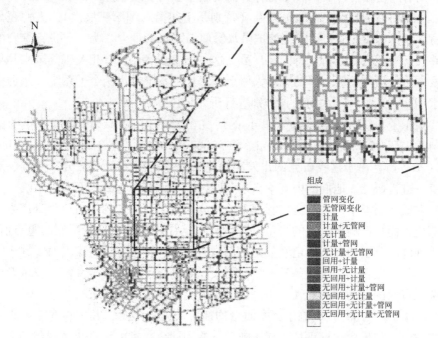

组成
- 管网变化
- 无管网变化
- 计量
- 计量+无管网
- 无计量+管网
- 计量+管网
- 无计量+无管网
- 回用+计量
- 回用+无计量
- 无回用+计量
- 无回用+计量+管网
- 无回用+无计量
- 无回用+无计量+管网
- 无回用+无计量+无管网

图 13.5　需水管理组合策略示例（根据 Makropoulos 等（2003）的工具得到的结果）

13.5 系统层次需水管理支持工具

从系统的角度来看，需水管理不仅包括需水预测和实施需水削减策略，还包括对整个输水和供水系统从水源到自来水龙头、从水资源到用水户及其间的一切进行管理。显然，要做到后者，就必须在考虑众多子系统之间相互作用关系的基础上，进行全面综合的规划。处理这种大型系统显然是个复杂的问题（Poch et al.，2004），Funtowicz 和 Ravetz（1990）把该问题的复杂性看做是问题不确定性和决策的重要性这两个变量的函数，并按复杂程度把问题分为三个层次。

（1）第一层次：简单的、低不确定性系统，其待解决问题涉及的范围十分有限。使用单一观点和简单的模型就足以把系统描述清楚。

（2）第二层次：系统的不确定性很大，简单的模型无法完全描述该系统；知识的重要性增加，解决问题时需要专家的参与。

（3）第三层次：巨复杂系统，存在很多认识论或伦理上的不确定性。系统不确定性并非一定体现在系统内数量众多的构成要素或其相互关系上。处理问题时，面对的是相互冲突的多重目标，需要从多个角度或观点来认识问题。

尽管面临的问题可能十分复杂（特别是上述第二和第三层次），人们还是越发意识到（WHO，2004），应该把供水管理和需水管理合二为一，进行综合的分析并开发出相应的分析支持工具。虽然这一思想必然代表着相关工具未来几年的研发方向，当前发展水平的工具大体上依然是把系统分为两个子系统（水源—自来水厂，自来水厂—水龙头）分别进行研究。

关于子系统一的决策支持工具的研究已经有很多了（仅最近几年的就有Westphal 等（2003），Koutsoyiannis 等（2003），Mysiak 等（2005）以及 Holmes 等（2005））。由于这些研究的出发点是把整个系统分为两个部分，并且仅对子系统一进行研究，他们的内容不在本章所讨论的范围内，故这里不作详谈。

在城市环境中，实施需水管理策略和技术使子系统二的各组成部分产生了不同响应，而与该响应相关的决策支持研究正是针对子系统二的研究的重点所在。鉴于问题的复杂性和不确定性如此之大，研究者们在研发支持工具时，并不指望通过工具可以获得"最优解"，而是倾向于利用工具来探索子系统、技术及管理策略三者间的互动与可能性。

Balkema（2003）研制了一个质量均衡决策支持工具，其中包含多种现有的研究方法，如生命周期评估、成本效益分析和社会存货。该系统体现出整体大于部分之和的组合效应：对系统间的相互作用进行了明确的描述，制定了一套用于衡量系统状态的可持续性指标，采用面向过程设计的建模方法，以及有多种多目标优化求解技术可供选择。与多水源管理（饮用水、生活用水和雨水）、家庭用水消毒、节水和污水处理等相关的大量可选（技术）方案是该工具的核心，可以运用优化算法选出合适的技术，并以可持续性指标对它们作出评价。该工具是在 Matlab/Simulink（MathWorks 公司产品）平台上开发的，其核心部分结构示意图如图 13.6 所示。

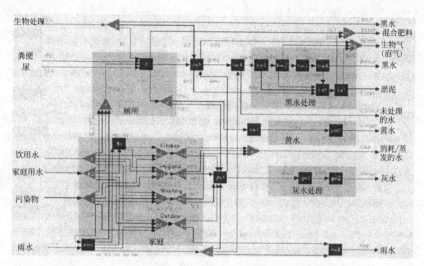

图 13.6　基于 Simulink 平台的质量均衡水资源管理工具的原理（Balkema，2003）

Foxon 等（2000）开发了一个综合性更强但细节处理能力稍弱的工具，称为"参考可持续性系统"（RSS）。它可以对整个水循环系统进行模拟，从而对削减渗漏、用水计量、低流量马桶和灰水再生利用等一系列需水管理措施作出评价。其方法是对城市物质和资源流进行模拟，其中包括能源流和水流（资源），以及废纸和瓶装水（物质）。通过该工具，可以对许多与需水相关的系统的未来发展情景进行模拟。以"可持续性指标"为衡量尺度，参照人均用水上升基准情景，使用者可以对各种需水管理措施进行比较，以选出其中合适的几种。该研究中使用的三个可持续性指标是：供水过程中的节水量、污水削减量以及单位节水量的成本。这项研究的重要意义在于，它开启了对需水管理的配水与排污系统影响的分析先河。

为促进城市水管理（包括需水管理）决策支持快速发展，Morley 等（2004）提出了一个更具通用性的方法，即构建一个决策支持工具的开发平台。该平台具有可扩展、交互式的开发环境，通过对相互动态联系着的"面向对象的组件"进行拖放，用户可以构建出自己的决策支持系统，以解决城市水管理中的各种问题。通过对现有的一些具有综合模拟、空间可视化以及高级决策支持功能的工具进行改装，他们已经在该平台中添加了大量组件。

13.6　谈判工具

基于某些方法和工具来提出或寻找"适当的"的解决方案是一回事，而作出"适当的"的决策则是另外一回事。Brunner 和 Starkl（2004）对可持续城市水管理的评价方法与工具进行了综述后认为，决策制定过程由两大技术环节构成：首先是在利益相关者的承受范围内选择一个既有效又可行的解决方案；其次是向利益相关者解释为什么该解决方案是最好的，是可以让他们满意的。各种文献中论述的决策支持方法和技术多达数百种（Brunner 和 Starkl（2004）就对 PROMETHEE、ELECTRE、NAIADE 等最重要的几种进行了专门探讨，并指出了各自的局限性）。除了以上这些通用的技术外，人们还研制了专门用于辅助复杂系统决策的计算机支持工具。这些工具使用通信和数据库技术、专家系统以及信息报告系统等，使众多利益相关者可以共同参与决策制定过程。由于利益相关者之间形成有效的沟通是谈判达成共识的前提（尤其是对于涉及利益分配而不仅仅表明立场的谈判来说，沟通对于谈判的成功就更为重要了），因此，以下内容将会就需水管理中用到的后面几种技术进行重点讨论（Brown et al.，1995；Crowfoot and Wondolleck，1990）。

Becu 等（2003）提出的"多代理系统"（multi-agent system，MAS）既可以模拟全流域层次的决策，也可以模拟各利益相关者的个人决策。"代理"是复杂动态环境中一个一个的计算系统，他们可以各自独立地对环境作出感应和行动，从而完成或实现一系列设定的任务或目标（Maes，1995）。代理系统中的代理成员具有如下特征：自治独立性——代理成员独立作出行动，不受其他代理成员的控制；社会能力——代理与代理之间存在互动；通信能力——代理之间可以通过某种语言明白无误地进行通讯；响应能力——代理对环境变化进行观测并做出反应；主动性——代理的行为受目标驱动（Ferber，1999）。Hare 和 Deadman（2004）就环境与水资源管理领域中的代理系统模拟及应用情况进行了综述，并对代理系统模型进行了分类。Becu 等（2003）将他们研制的工具应用于灌溉需水管理中，从广义上来说，他们所做的也是一种需水管理谈判支持工作。"多代理系统"的优势在于它以代理为基础，具有很强的系统性和高度动态性。这种模型不仅可以对人类行为进行预测，还可以对其进行解释（Bousquet et al.，1999）。各利益相关者的期望和信念对最终能否达成均衡的谈判结果起着重要作用，而均衡的谈判结果有助于增强经济社会和生物物理过程之间的互动，从而有助于我们对经济社会、自然和工程挑战进行情景假设分析（Feuillette et al.，2003）。

干旱管理政策中往往包括促使用户节约用水的一些措施，为了研究社会结构和社会学习之于这些措施的成效的影响，Moss 等（2001）研制了一个"多代理系统"，其中的代理成员包括家庭和政策制定者。

还有一种基于博弈论的谈判建模方法，如 Adams 等（1996）基于多方谈判的非合作模型研制出一个工具，并将其应用于美国加利福尼亚州的水政策制定过程。谈判的结果取决于博弈的"体制"结构：各博弈参与者的输入、各方的合作性、谈判的范围以及谈判失败的后果。

为促进公众对水资源管理措施的理解，Stave（2003）提出了一种系统动力学的问题分析方法。系统动力学的假设是：系统各主要构成要素之间的相互作用方式导致系统行为的产生（Sterman，2000；Stave，2003）。如果说系统的动态行为是由系统内部的反馈造成的，那么只有在了解了系统的结构以后，人们才能制定出有效的政策，从而对系统行为进行干预。Stave（2003）认为：对于那些具备反馈关系和长期性问题的系统来说，系统动力学方法十分适用，而需水管理系统就是其中之一。他们的系统动力学模型在多次需水管理政策谈判中都得到了测试；利益相关者可以对政策发表修改意见并提出具体措施，然后将其输入系统并观察系统对上述干预行为的反应。他们的结果和经验表明，此工具的潜力巨大，通过它可以使更多普通群众参与到谈判过程中，还可以使我们以一种互动直观的方式来认识各种需水管理措施带来的成效。

13.7　总结及未来发展趋势

由于过去 10 年中关于决策支持系统的科学文献大量增加，本章关于决策支持系统及工具的综述难以涉及所有的相关研究，只是针对需水管理领域的决策支持系统的发展作了论述，以期为感兴趣的读者查询相关信息和文献提供指引。信息论的发展速度如此之快，以至于我们难以对其未来发展情况作出可靠的预测。本节针对一些关键问题进行了解答，从这些问题中我们可以看出当前决策支持工具的研发水平以及近期发展趋势。

（1）未来谁将运用这些工具？人们在多方合作下使用这些工具的趋势越来越明显，或者说工具发展趋势是研发用于多方合作决策的支持工具，如基于网络的工具（Salewicz and Nakayama，2004）。

（2）工具开发过程将会变得有多简单？面向对象的编程、GIS 对象以及工具开发平台（Morley et al.，2004）概念的出现都表明：开发人员只需根据用户需求用鼠标从大量已封装好的组件中"拖拉"出合适的组件，这使得工具开发工作变得越来越简易可行。

（3）数据从何而来？基于网络的数据库与数据挖掘技术的配合使用（Poch et al.，2004），使得通过网络对数据进行储存、获取、共享和分析变得越来越方便廉价。

（4）工具中将会使用哪些数学方法？本章已经探讨了多种在需水管理领域得到运用的先进技术（如模糊逻辑、系统动力学、遗传算法、代理等）。开放式的平台、数学求解、决策支持系统开发环境（如 MATLAB）与开发平台相结合，意味着我们可以更加灵活地针对具体问题选择合适技术。

（5）工具中将包含何种知识？人们对如何以智能和语言的形式将知识融入决策支持中越来越感兴趣。将知识、偏好、认知及其他与人的决策过程相关的特征进行"编码"，使之融入决策支持工具之中，这一类的研究成果已有很多，交互式代理（Ferber，1999）和语言模型（Zadeh，1999）只是少数几个例子。

（6）分析速度将有多快？并行计算和近来出现的栅格计算（Berman et al.，2003）使我们解决大计算量的需求问题的能力大幅提升。现在，计算能力似乎已经不是个问题，问题在于我们对所面临的问题如何认知和理解，这才是真正的限制因素。

随着近几十年来 IT 技术的迅猛发展和各种越来越智能化的工具与方法的出现，我们希望通过决策支持工具，能加深我们对问题或事实的认识与理解，从而提高我们的管理水平。然而目前还不能说这一愿望已经得到实现。事实上，可能常常遇到完全相反的情况：决策支持系统的用户缺乏培训，对系统的使用规则甚至是决策过程本身的理解不到位，从而导致系统运行结果不切实际，并最终导致决策者作出错误的决策。Parker 等（1995）在其关于需水管理工具误用现象的文章中已经指出了上述问题。文中指出，为水资源综合管理而作出的各种努力，包括需水管理的方方面面（技术手段、法律手段和公众认知等），使得决策空间更加复杂，多方参与者之间的利益冲突也随之加剧。正如 Brunner 和 Starkl（2004）所说，在可持续水资源管理背景下，"凭直觉作决策"这种初级的决策方法是不能解决以上冲突的，许多领域的决策都需要借助计算机来完成。正如本章前文所述，我们现在已经拥有大量的工具和决策支持系统来帮助我们完成评估、规划和决策过程中的部分工作。这些工具背后的原理和方法或许各不相同，导致它们面对相似的决策问题时产生不同的结果输出（Brunner and Starkl，2004）。从这个意义上来讲，我们不应该把它们看成是用于"制定"决策的工具，而应看作"支持"决策的一种辅助手段；通过它们可以增强我们对需求管理相关问题的理解（包括表明决策者的态度和偏好）——这本身就是个很大的进步。如何在制定决策的过程中应用这些工具，如何根据具体需求来调整工具，如何理解各决策产生的结果而不是使用工具来证明已有决策的正确性，这些都是重要的问题，但已经超出了本章的讨论范围。从一般性的科学探讨（Ravetz, 1999）到关于可持续水资源管理的讨论（Brunner and Starkl, 2004），都有大量文献可供欲深入了解以上问题的读者参考。在结束讨论之前，我们应当谨记：过去人们关于工具的认识经历了两个极端。在20世纪七八十年代，人们认为工具在决策制定过程中无所不能；而到了90年代，随着对社会和政治因素在决策过程中的重要地位的深入理解，人们又认为工具一无是处。在此，我们希望人们能够抛弃对工具的极端性认识，使得决策制定和决策支持领域更加成熟。这样，工具就不会再被人捧上天堂又或贬入地狱，而是回归到它应有的位置——只是工具而已。

13.8　参考文献

Adams, G., Rausser, G., and Simon, L. (1996) Modelling multilateral negotiations: An application to California water policy. *Journal of Economic Behavior & Organisation* **30**, 97-111.

An, A., Shan, N., Chan, C., Cercone, N. and Ziarko, W. (1996) Discovering rules for water demand prediction: An enhanced rough-set approach. *Engineering Applications in Artificial Intelligence* **9** (6), 645-653.

Babovic, V., Drécourt, J.P., Keijzer, M. and Hansen, P. F. (2002) A data mining approach to modelling of water supply assets. *Urban Water* **4** (4), 401-414.

Balkema, A. J. (2003) *Sustainable Wastewater Treatment: Developing a methodology and selecting promising systems.* PhD Thesis, University of Eindhoven.

Becu, N., Perez, P., Walker, A., Barreteau, O. and Le Page, C.(2003) Agent based simulation of a small catchment water management in northern Thailand Description of the CATCHSCAPE model. *Ecological Modelling* **170**, 319-331.

Berman, F., Fox, G. and Hey, T. (2003) *Grid Computing: Making the Global Infrastructure a Reality,* Wiley, New York.

Bousquet, F., Barreteau, O., Le Page, C., Mullon, C. and Weber, J., (1999) An environmental modelling approach. The use of multi-agent simulations. In: *Advances in Environmental and Ecological Modelling,* (Ed. F. Blasco, and A. Weill), pp. 113-122, Elsevier, Amsterdam.

Brown V., Smith, D.I., Wiseman, R. and Handmer, J., (1995) *Risks and Opportunities: Managing Environmental Conflict and Change.* Earthscan Publications Ltd., London.

Brunner, N., and Starkl, M. (2004) Decision aid systems for evaluating sustainability: a critical survey. *Environmental Impact Assessment Review* **24**, 441-469.

Cooper, N.R., G. Blakey, C. Sherwin, T. Ta, J.T., Whiter and Woodward, C.A. (2000) The use of GIS to develop probability-based trunk main burst risk model. *Urban Water* **2**, 97-103.

Crowfoot, J.E. and Wondolleck, J.M. (1990) *Environmental Disputes: Community Involvement in Conflict Resolution.* Island Press, Washington.

Dandy, G. C. and Engelhardt, M. (2001) Optimal Scheduling Of Water Pipe Replacement Using Genetic Algorithms. *Journal of Water Resources Planning and Management* **127** (4), 214-223.

Fedra, K., (1996) Distributed models and embedded GIS: integration strategies and case studies. In: *GIS and environmental modelling: progress and research issues*, (Eds. M. Goodchild, L.T. Steyaert, B.O. Parks), pp. 413-417, GIS-World, Fort Collins.

Fenner, R. A. and Sweeting, L. (1999) A decision support model for the rehabilitation of "non-critical" sewers. *Water Science and Technology* **39** (9), 193-200.

Ferber, J. (1999) *Multi-Agent Systems: An Introduction to Distributed Artificial Intelligence*, Addison-Wesley, New York.

Feuillette, S., Bousquet, F., and Le Goulven, P. (2003) SINUSE: a multi-agent model to negotiate water demand management on a free access water table. *Environmental Modelling & Software* **18**, 413-427.

Foxon, T., Butler, D., Dawes, J., Hutchinson, D., Leach, M., Pearson, P. and Rose, D. (2000). An assessment of water demand management options from a systems approach. *Journal of Chartered Institution of Water and Environmental Management* **14**, 171-178.

Froukh, M.L. (2001) Decision-Support System for Domestic Water Demand Forecasting and Management. *Water Resources Management* **15**, 363-382.

Funtowicz, S. and Ravetz, J. (1990) *Uncertainty and quality in science for policy*. Kluwer Academic Publisher, Dordrecht.

Goulter I. and Kettler, A. (1985) An analysis of pipe breakage in urban water distribution networks. *Canadian Journal of Civil Engineering* **12**, 286-293.

Halhal, D., Walters, G. A., Ouzar, D., and Savic, D. (1997) Water network rehabilitation with a structured messy genetic algorithm. *Journal of Water Resources Planning and Management*, ASCE, **123** (3), 137-146.

Hare, M. and Deadman, P (2004) Further towards a taxonomy of agent-based simulation models in environmental management. *Mathematics and Computers in Simulation* **64** (1), 25-40.

Holmes, M. G. R., Young, A. R., Goodwin, T. H. and Grew, R. (2005) A catchment-based water resource decision-support tool for the United Kingdom. *Environmental Modelling & Software* **20** (2), 197-202.

Jain, A and Ormsbee, L. (2002) Short-Term water demand forecast modelling techniques: conventional methods versus AI. *Journal American Water Works Association* **94** (7), 64-72.

Jamieson, D.G. and Fedra, K. (1996) The WaterWare decision-support system for river basin planning: I. Conceptual Design. *Journal of Hydrology* **177** (3-4), 163-175.

Kim, J. H., and Mays, L. W. (1994) Optimal rehabilitation model forwater-distribution systems. *Journal of Water Resources Planning and Management* ASCE, **120** (5), 674-692.

Koutsoyiannis, D., Karavokiros, G., Efstratiadis, A., Mamassis, N., Koukouvinos, A. and Christofides, A. (2003) A decision support system for the management of the water resource system of Athens. *Physics and Chemistry of the Earth*, Parts A/B/C, **28**(14-15), 599-609.

Lertpalangsunti, N, Chan, C.W., Mason, R., and Tontiwachwuthikul, P. (1999) A toolset for construction of hybrid intelligent forecasting systems: application for water demand prediction. *Artificial Intelligence in Engineering* **13**, 21-42.

Liu, J., Savenije, H., Xu, J., (2003) Forecast of water demand in Weinan City in China using WDF-ANN model. *Physics and Chemistry of the Earth* **28**, 219-224.

Maes, P (1995) Artificial Life Meets Entertainment: Life like Autonomous Agents *Communications of the ACM* **38** (11), 108-114.

Makropoulos C. and Butler, D. (2004a) Spatial Decisions under Uncertainty: Fuzzy Inference in Urban Water Management. *Journal of Hydroinformatics* **6** (1), 3-18.

Makropoulos C. and Butler, D. (2004b) Planning site-specific Water Demand Management Strategies. *Journal of the Chartered Institution of Water and Environmental Management* **18** (1), 29-35.

Makropoulos C., Butler, D. and Maksimovic, C. (2003) Fuzzy Logic Spatial Decision Support System for Urban Water Management. *Journal of Water Resources Planning and Management*, ASCE, **129** (1) 69-78.

Makropoulos, C. and Butler, D. (in press) Spatial Ordered Weighted Averaging: Incorporating spatially variable attitude towards risk in spatial multicriteria decision-making, *Environmental Modelling & Software*.

Maltczewski, J., (1999) *GIS and multicriteria decision analysis.* John Wiley & Sons, New York.

Michalewicz, Z., (1996) *Genetic Algorithms + Data Structures = Evolution Programs.* 3rd edition, Springer- Verlag, New York.

Mohamed, A.S. and Savenije H.H.G. (2000) Water Demand Management: Positive Incentives, Negative Incentives or Quota Regulations? *Physics and Chemistry of the Earth* **25** (3), 251-258.

Mohammed O, Park D, Merchant R, Dinh T, Tong C, and Azeem A. (1995) Practical experiences with an adaptive neural network short-term load forecasting system. *IEEE Transactions on Power Systems* **10** (1), 254-265.

Morley, M., Makropoulos, C., Savic, D. and Butler, D. (2004) Decision-Support System Workbench for Sustainable Water Management Problems. In *Proc. International Environmental Modelling and Software Society Conference*, University of Osnabrück, Germany.

Moss, T. Downing, J. Rouchier, (2001) *Demonstrating the Role of Stakeholder Participation: An Agent Based Social Simulation Model of Water Demand Policy and Response*, CPM Report 00-76, Centre for Policy Modelling, Manchester Metropolitan University, Manchester, UK.

Mysiak, J., Giupponi, C. and Rosato, P., (2005) Towards the development of a decision support system for water resource management. *Environmental Modelling & Software* **20** (2), 203-214.

Parker, M., Thompson, J. G., Reynolds, R. R. and Smith, M. D., (1995) Use and Misuse of Complex-Models - Examples from Water Demand Management. *Water Resources Bulletin* **31**(2), 257-263.

Pawlak, Z. (1991). *Rough Sets: Theoretical Aspects of Reasoning about Data.* Kluwer Academic Publishers, Dordrecht.

Poch, M., Comas, J., Rodriguez-Roda, I., Sanchez-Marre, M., and Cortes, U. (2004). Designing and building real environmental decision support systems. *Environmental Modelling & Software* **19**, 857–873.

Ravetz, J. (1999) What is Post-Normal Science. *Futures*, **31**, 647-653.

Salewicz, K.A. and Nakayama, M. (2004) Development of a web-based decision support system (DSS) for managing large international rivers. *Global Environmental Change*, 14, Supplement 1 , 25-37.

Seder, I., R. Weinkauf and T. Neumann (2000) Knowledge–based databases and intelligent decision support for environmental management in urban systems. Computers. *Environment and Urban Systems* **24**, 233-250.

Shi, Y and Mizumoto, M. (2001) An improvement of neuro-fuzzy learning algorithm for tuning fuzzy rules. *Fuzzy Sets and Systems* **118**, 339-350.

Simon, H. A., (1960) *The new science of management decision.* Harper & Row, New York.

Sinske, S. A. and Zietsman, H. L. (2004) A spatial decision support system for pipe-break susceptibility analysis of municipal water distribution systems. *Water SA* **30** (1), 71-79.

Stave, K.A (2003) A system dynamics model to facilitate public understanding of water management options in Las Vegas, Nevada. *Journal of Environmental Management* **67** (4), 303-313.

Sterman (2000) *Business Dynamics: Systems Thinking and Modelling for a Complex World.* McGraw-Hill, Boston.

Wang, L.X. and Mendel, J. (1992) Back-propagation fuzzy system as nonlinear dynamic system identifiers. In *Proc. IEEE Int. Conf. on Fuzzy Systems*, San Diego, 1409-1416.

Westphal, K.S. Vogel RM, Kirshen P and Chapra, S. (2003) Decision support system for adaptive water supply management. *Journal of Water Resources Planning and Management*, ASCE **129** (3), 165-177.

WHO (2004) *Guidelines for Drinking-water Quality*, vol. 1, 3rd Edition. Geneva.

Zadeh, L.A. (1999) From computing with numbers to computing with words – From manipulation of measurement to manipulation of perceptions. *IEEE Transactions on Circuits and Systems* **45** (1), 105-119.